Lang / Müller
**Von Augmented Reality bis KI –
Die wichtigsten IT-Themen,
die Sie für Ihr Unternehmen
kennen müssen**

Michael Lang
Michaela Müller

Von Augmented Reality bis KI –
Die wichtigsten IT-Themen,
die Sie für Ihr Unternehmen
kennen müssen

Die Herausgeber:
Michael Lang, Fürth
Michaela Müller, Fürth

Bibliografische Information der Deutschen Nationalbibliothek:

Die Deutsche Nationalbibliothek verzeichnet diese Publikation in der Deutschen Nationalbibliografie; detaillierte bibliografische Daten sind im Internet über <http://dnb.de> abrufbar.

Print-ISBN 978-3-446-45915-1
E-Book-ISBN 978-3-446-46435-3
ePub-ISBN 978-3-446-46464-3

© 2020 Carl Hanser Verlag GmbH & Co. KG, München
www.hanser-fachbuch.de
Lektorat: Lisa Hoffmann-Bäuml, Damaris Kriegs
Herstellung: Carolin Benedix
Satz: Kösel Media GmbH, Krugzell
Coverrealisation: Claudia Alt, Max Kostopoulos
Titelmotiv: © shutterstock.com/inamar
Druck und Bindung: Druckerei Hubert & Co. GmbH und Co. KG BuchPartner, Göttingen
Printed in Germany

Wissen für die Ohren
Der Podcast von HANSER

Jetzt Podcasts zu diesem Buch hören und abonnieren unter:
https://soundcloud.com/user-436278995

Vorwort

IT bietet herausragende Geschäfts- und Innovationspotenziale für Unternehmen. Dies beschränkt sich nicht nur darauf, dass mithilfe von IT die Geschäftsprozesse von Unternehmen besser, schneller und kostengünstiger gestaltet werden können. Vielmehr ermöglicht IT immer häufiger Produkt-, Dienstleistungs- und Geschäftsmodellinnovationen. Damit verändert der Einsatz von IT zunehmend die Art und Weise, wie Unternehmen ihr Geld verdienen.

Im IT-Umfeld gibt es immer mehr Entwicklungen, die als erfolgskritisch für Unternehmen gelten. Augmented Reality, Blockchain, Big Data Analytics, Künstliche Intelligenz und das Internet der Dinge sind nur einige Beispiele dafür.

Insgesamt ergeben sich für Unternehmen dadurch zentrale Fragen:

- Was sind die entscheidenden IT-Themen der nächsten Jahre?
- Welche Chancen und Herausforderungen ergeben sich dadurch für das Unternehmen?
- Und wie können diese IT-Themen erfolgreich für das Unternehmen genutzt werden?

Antworten auf diese Fragen – und viele weiterführende hilfreiche Impulse – erhalten Sie in diesem Buch.

Wir freuen uns, dass dazu 13 ausgewiesene Experten als Autorinnen und Autoren an diesem Buch mitgewirkt haben und Ihnen die besonders bedeutenden IT-Themen vorstellen, die Sie für Ihr Unternehmen kennen müssen.

Wir wünschen Ihnen viel Spaß beim Lesen des Buchs und viel Erfolg beim Umsetzen der dabei gewonnenen Erkenntnisse!

Ihre Herausgeber

Michaela Müller und Michael Lang

Inhalt

3   Distributed Ledger und Blockchain – von Bitcoin zur Token-Ökonomie 41

Andreas Mitschele

1 Mobile Business und Mobile IT

Michael Gröschel, Sandro Leuchter

Wächter spricht von einem Tsunami, der durch die mobile Technologiewelle ausgelöst wurde (vgl. Wächter 2016). Damit Unternehmen von diesen Entwicklungen nicht überrollt werden, sondern auf der Welle bleiben können, beschreibt dieser Beitrag Trends in der *Mobile IT*. Diese Trends sollten in der vielbeschworenen Digitalen Transformation aufgegriffen werden und im Rahmen eines strukturierten Trendmanagements bewertet werden.

> In diesem Beitrag erfahren Sie,
> - wie Trends (in der Mobile IT) erkannt werden können und im Rahmen des Trendmanagements behandelt werden,
> - wie die Digitale Transformation von Veränderungen im Mobile Marketing und Mobile Commerce sowie vom mobilen Arbeiten beeinflusst wird,
> - welche technologischen Entwicklungen im Mobile-IT-Bereich relevant sind und welchen Einfluss sie auf Entwicklung und Betrieb von mobilen Anwendungen haben.

Die *Digitale Transformation* stellt Unternehmen aller Branchen und Größen vor die Frage, welche Auswirkungen neue Ideen, neue Technologien und neue Arbeitsformen auf das eigene Geschäftsmodell oder sogar auf das Überleben des eigenen Unternehmens haben. Dieser Beitrag untersucht in diesem Kontext das Thema *mobile Technologien* und *Business-Trends*. Das Thema „Mobile" ist nicht neu, aber ständig ergeben sich neue Entwicklungen – Trends –, die eingeschätzt werden müssen. Dazu wird zunächst der Rahmen der Digitalen Transformation aufgespannt und dann beschrieben, wie Trends im Rahmen eines *Trendmanagements* erkannt und bewertet werden. Danach werden Trends im Mobile Business und technologische Trends im Hinblick auf die drei Handlungsfelder der Digitalen Transformation – Unternehmensprozesse, Kundenerlebnisse und Geschäftsmodell – eingeordnet.

Mobile Marketing und *Mobile Commerce* verändern sich durch sich wandelnde Gewohnheiten der Nutzer massiv; die diesbezüglichen Trends wie beispielsweise die Nutzung des Smartphones als primäres Video-Device werden eingeordnet. *Mobiles*

Arbeiten setzt sich zunehmend durch, wobei Homeoffice nur eine Spielart ist. Um als Arbeitgeber für die jüngeren Arbeitnehmer attraktiv zu sein, sind neue mobile Arbeitsformen wie *Coworking Spaces* aufzugreifen. Das mobile Endgerät wird immer leistungsfähiger, wodurch sich neue Möglichkeiten ergeben, was beispielsweise die Unterstützung der Sinneswahrnehmung und die Verbindung von realer und virtuellen Welten zur Augmented Reality (AR) angeht. Außerdem verändern sich die Szenarien, was das Angebot, die Nutzung und die Anwendungsbereiche von Apps angeht.

Es ist zudem erforderlich, laufend aktuelle technologische Trends zu bewerten, die Entwicklung und Betrieb von mobilen Anwendungen beeinflussen können. So sollte die Einführung von *5G als Grundlage neuer Breitbandfunknetzwerke* Auswirkungen auf zukünftige mobile Anwendungen haben. Viel Bewegung gibt es auch bei den unterschiedlichen Modellen für die effiziente Entwicklung von Apps für mehrere Zielplattformen. *Webanwendungen, hybride Apps und Progressive Web Apps* sowie die *Cross-Plattform-Entwicklung* mit Xamarin, React Native und Flutter werden hierfür zueinander ins Verhältnis gesetzt. Schließlich werden *Enterprise-Mobility-Management-Systeme* und das neue *Mobilbetriebssystem Fuchsia* als Trends erörtert.

■ 1.1 Trendmanagement im Rahmen der Digitalen Transformation

1.1.1 Erkennung und Bewertung von Trends

Der Begriff des Trends ist nicht einheitlich definiert. Üblicherweise handelt es sich um aufkommende Veränderungen und Auffassungen im Bereich von Technologien, Produkten, Verhaltensweisen, Lebensstilen, Zeitgeist etc. *Trends* werden meist mit *nachhaltigen Veränderungen* beschrieben und können damit von eher kurzfristigen Modeerscheinungen abgegrenzt werden. Trends werden in den Medien thematisiert, d. h. nicht über Medien kommunizierte Trends gibt es nicht (vgl. Zukunftsinstitut o. J.). Damit sind Medien aller Art eine von vielen Möglichkeiten, Trends zu erkennen.

Für Unternehmen ist es wichtig, relevante Trends zu erkennen und zu bewerten, um das eigene Geschäftsmodell, die eigenen Produkte und Dienstleistungen (Services) weiterzuentwickeln. Das Verfolgen gängiger Medien, Blogs, Konferenzen, einschlägiger Twitter-Kanäle und weiterer Social-Media-Kanäle bietet sich an. Im speziellen Umfeld können auch Kundenbefragungen, Expertenurteile, Delphi-Methoden, Best-Practice-Beispiele sowie themen- und branchenspezifische Trendanalysen, die oft von Verbänden und ähnlichen Organisationen herausgegeben werden, herangezogen werden. Bei der Einschätzung dieser Publikationen sollten allerdings immer auch die Eigeninteressen der Auftraggeber berücksichtigt werden. Des Weiteren gibt es Unternehmen, die Trendforschung als Dienstleistung anbieten und sich in konkreten Fällen als Trendscouts anbieten. Generell werden bei schnellem Wandel auf fast allen Gebieten sehr rasch Trends ausgerufen, deren tatsächliche Bedeutung, Praxistauglichkeit und Nachhaltigkeit regelmäßig ungewiss sind.

Ist ein Trend identifiziert, so stellt sich die Frage der Bewertung. Diese Bewertung hat zwei Dimensionen, eine allgemeine Bewertung und die Bewertung im Hinblick auf den konkreten Einsatz im jeweiligen Unternehmen.

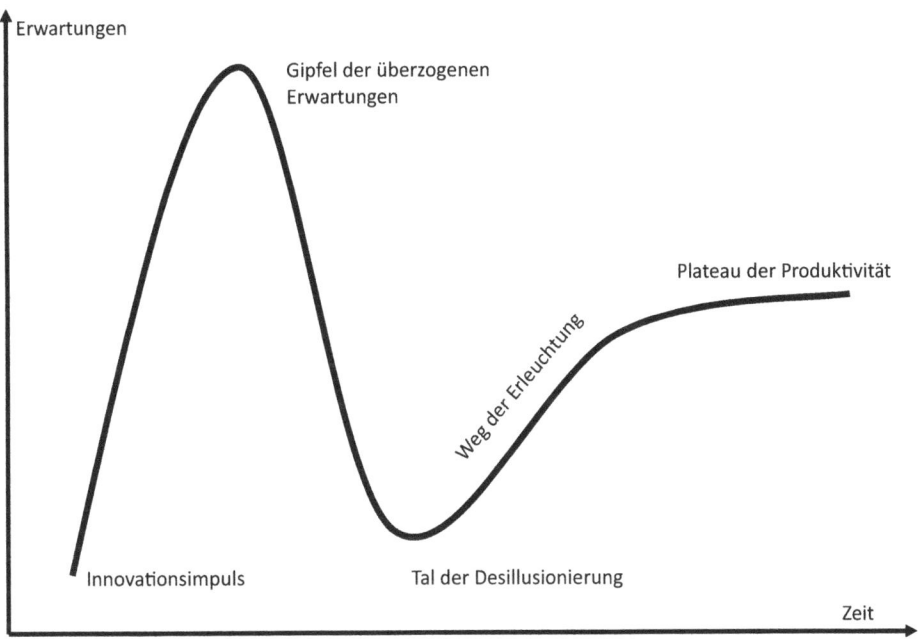

Bild 1.1 Allgemeine Darstellung des Gartner Hype Cycle (in Anlehnung an Gartner 2019c)

Der *Gartner Hype Cycle* (Bild 1.1) ist ein etabliertes Hilfsmittel zur Einordnung und Einschätzung des Reifegrads und zur Bewertung von Technologien aller Art (vgl. Gartner 2019c). Der Hype Cycle unterscheidet verschiedene *Phasen*, die eine Technologie üblicherweise durchläuft, vom ersten Aufkommen bis zur möglichen Marktreife und Marktdurchdringung. In der ersten Phase wird durch einen technologischen Durchbruch ein Innovationsimpuls eingeläutet, der in der Öffentlichkeit Aufmerksamkeit erregt. Es entstehen Ideen und vielfältige Erwartungen an mögliche Einsatzgebiete werden geschürt, ohne dass diese auch in der Breite tatsächlich belegt sind. Diese Erwartungen erreichen einen inflationären Höhepunkt.

Fehlschläge und nichterfüllte Projekterfolge führen sodann irgendwann zu einem oft übertriebenen Absturz der Erwartungen, sodass auch das öffentliche Interesse erlahmt und die Technologie im sogenannten Tal der Desillusionierung und Enttäuschungen ankommt. Durch die Behebungen von „Kinderkrankheiten" der Technologie und durch realistische Betrachtungen der Möglichkeiten erfolgt ein weiterer Lernprozess. Dabei eröffnen sich auf dem sogenannten Weg der Erleuchtung sinnvolle und erfolgreiche Einsatzgebiete, die letztlich zu einem breiten Einsatz der Technologie führen können. Bei Erreichen des Plateaus der Produktivität sind schließlich ausgereifte Produkte zu angemessenen Preisen verfügbar. Damit kann sich die Technologie im Massenmarkt etablieren.

Dieser idealisierte Verlauf kann in der Realität unterschiedliche Ausprägungen annehmen. Die Phasen können sehr unterschiedliche Zeiträume einnehmen, beispielsweise je nach Granularität der Technologie. Zieht man beispielsweise das Internet als Ganzes in Betracht, so zieht sich die Entwicklung über mehrere Jahrzehnte hin. Andere Technologien erreichen auch nie eine große Verbreitung und scheitern oder werden durch andere neuartige Technologien überflüssig, bevor sie sich durchsetzen konnten.

Gartner veröffentlicht regelmäßig zu verschiedenen Themenbereichen spezielle Hype Cycles. Im Bereich Mobile wurden in 2017 und 2018 beispielsweise eigene – üblicherweise kostenpflichtige – Reports zu den Themen Applikationsentwicklung und Sicherheit veröffentlicht (vgl. Leow 2017, Leow 2018, Girard/Zumerle 2017). Diese bieten Orientierungspunkte für die eigene Bewertung.

Ein frühes Aufgreifen und Erproben von Technologietrends bietet einerseits die Chance, innovative Produkt- und/oder Serviceangebote zu realisieren und im Sinne der Digitalen Transformation das eigene Geschäftsmodell zu erneuern. Andererseits sind damit Risiken verbunden. Falls sich der Nutzen nicht wie erwartet realisieren lässt oder die Technologie insgesamt scheitert bzw. noch zusätzlich reifen muss oder sich gar für die individuellen Anwendungszwecke als ungeeignet herausstellt, kann sich die Investition nicht als rentabel erweisen. Ein zu langes Abwarten birgt hingegen das Risiko, dass Konkurrenten einen Wettbewerbsvorteil generieren, der schwierig aufzuholen ist, weil beispielsweise die Marktanteile bereits verteilt sind.

1.1.2 Digitale Transformation

Digitale Transformation, ein Schlagwort, das derzeit in aller Munde ist, beschäftigt sich mit dem Management, also der Steuerung von Unternehmen, im Hinblick auf die fortschreitende Digitalisierung zur Sicherstellung einer nachhaltigen Wertschöpfung (vgl. Gimpel, Röglinger 2015; Roth-Dietrich, Gröschel 2018).

Die Digitale Transformation umfasst regelmäßig *drei Handlungsfelder*: die *Unternehmensprozesse*, die *Kundenerlebnisse (user experience)* und das *Geschäftsmodell* (vgl. Ruoss 2015). Alle diese Handlungsfelder sind potenziell durch Trends in mobilen Technologien beeinflusst. Unternehmensprozesse können beispielsweise durch Smartphone-Apps beschleunigt werden, insbesondere im B2B-Umfeld. Mit Endkunden kann durch Einsatz mobiler Technologien viel besser und schneller kommuniziert werden. Dem Kunden können passgenauere Angebote an erweiterten Kundenkontaktpunkten gemacht werden, da durch Datenerhebung ein besseres Kundenverständnis vorliegt. Und schließlich kann das Geschäftsmodell selbst modifiziert und erweitert werden, indem beispielsweise über das mobile Endgerät zusätzliche digitale Dienstleistungen zu einem physischen Produkt angeboten werden. Alle nachfolgend erläuterten Trends können in diesen skizzierten Handlungsfeldern Anwendung finden.

Um die Digitale Transformation als übergeordnete (Management-)Aufgabe anzugehen, bedarf es einer soliden Basis. So ist zunächst grundlegende digitale Kompetenz erforderlich oder aufzubauen, was den Umgang mit digitalen Technologien im umfassenden Sinne angeht. Aufbauend darauf ist der sinnvolle und durchdachte Einsatz dieser Technologien im Unternehmen und Arbeitsalltag anzustreben. Auf dieser Basis kann dann die eigentliche Digitale Transformation angegangen werden. Damit wird deutlich, dass das Erkennen und Einordnen von Trends einer Führung, also eines Trendmanagements, bedarf.

1.1.3 Trendmanagement

Das Trendmanagement als Teil eines umfassenderen Innovationsmanagements kümmert sich um die Frage und die Fähigkeit, mit erkannten Trends umzugehen und diese für das eigene Umfeld nutzbringend einsetzen zu können. Dabei bietet sich ein Vorgehensmodell an, das aus mehreren Phasen besteht (vgl. Finke, Siebe 2006, S. 163 ff.; Durst et al. 2010). Nach der *Trendidentifikation* (Trendforschung) erfolgt die *Trendbewertung*. Danach schließt sich eine detaillierte *Trendanalyse* gefolgt von einem *Trendreporting* an. Parallel erfolgt fortwährend ein *Trendmonitoring*. Folgende Aufgaben sind Gegenstand dieser Aktivitäten im Phasenmodell des Trendmanagements.

- Trendidentifikation: Auf Basis verschiedenster Quellen und Beteiligter werden Trends identifiziert und bewertet. Neben den bereits o. g. Ansätzen können auch Open Innovation und Crowdsourcing sinnvolle Maßnahmen zum Erkennen von Trends sein. Mit Social-Enterprise-Werkzeugen können beispielsweise Quellen und Metainformationen zu Trends erfasst und verschlagwortet werden.
- Trendbewertung: Im Sinne eines kollaborativen Trendmanagements können Mitarbeiter und andere Stakeholder mit Intranet-Werkzeugen auf einfache Weise

Trends bewerten und diese Bewertung dann als Indikator für eine tiefere Beschäftigung herangezogen werden (vgl. Durst et al. 2010, S. 80).

- Trendanalyse: Experten können die relevanten Trends detaillierter untersuchen und im Hinblick auf Kriterien wie Wettbewerbsvorteil oder Passung zum Geschäftsmodell bewerten. Passende Handlungsoptionen können sodann ausgewählt werden. Hier reicht das Spektrum von unmittelbarem Handlungsbedarf bis hin zum abwartenden Beobachten oder Ignorieren.

- Trendreporting: Das Trendreporting fasst alle relevanten Trends übersichtlich zusammen und kann beispielsweise in Form eines Ampelsystems oder eines Trendradars erfolgen. Die Trendanalyse liefert damit die Informationen, die das Management für die Auswahl von Projekten benötigt.

- Trendmonitoring: Das Trendmonitoring dient der fortlaufenden Bewertung der als relevant erachteten Trends durch Kennzahlen.

Neben den grundsätzlichen Aufgaben beim Trendmanagement sind auch die Rahmenbedingungen wichtig, die im eigenen Unternehmen gesetzt werden können, um Trends angemessen zu berücksichtigen. Letztlich ist also eine Führung im Unternehmen zu etablieren, die insbesondere die Digitalisierung berücksichtigt (vgl. Lindner, Greff 2019). Es werden eine Vorgehensweise und die Entwicklung einer Kultur im Unternehmen benötigt, um Trends zu erkennen und die Mitarbeiter zu ermutigen, neue Ideen, Konzepte, Technologien und Anwendungen aktiv auszuprobieren.

Im Zuge der Digitalisierung von Gesellschaft und Arbeitswelt, neuen Arbeitsformen mit der zunehmenden Nutzung von verteilten und virtuellen Teams und Homeoffice sowie dem Eintritt und der Etablierung der digital geprägten oder aufgewachsenen Generationen Y und Z in den Arbeitsmarkt stellen sich neue Herausforderungen an die Führung. Neben virtueller und generationenorientierter Führung wird vor allem das *agile Führen* propagiert (vgl. Lindner, Greff 2019). Agilität als Antwort auf eine komplexere und chaotische Geschäftswelt setzt auf Basis eines groben Zielbilds vor allem auf die Selbstorganisation der (Projekt-)Teams (vgl. Andresen 2019).

Eine Entscheidung zum Einsatz einer bestimmten Technologie im mobilen Umfeld tangiert gleichzeitig weitere Themen des IT-Managements. Es muss beispielsweise in der *IT-Governance* geklärt werden, wer welche Entscheidungen trifft und verantwortet, welche Rolle die Technologien in der längerfristigen *IT-Strategie* spielen und wie sie berücksichtigt werden können. Auch die gesamte IT-Landschaft des Unternehmens (*Enterprise Architecture*) sollte bei aller geforderten Flexibilität und Agilität im Hinblick auf eine nachhaltig beherrschbare und kostengünstige IT-Infrastruktur und einem angemessenen *Business-IT-Alignment* berücksichtigt werden.

Das Konzept der *bimodalen IT* (vgl. Gartner 2019a), das einerseits eine auf Stabilität und Sicherheit achtende IT-Landschaft und andererseits eine experimentelle, agile und kundenfokussierte IT vorschlägt, oder auch die „IT der zwei Geschwindigkeiten", die eine inkrementelle Adaption neuer Technologien vorschlägt, liefern sinnvolle Führungsansätze. Dabei werden z. B. die schwergewichtigen („heavyweight") serverseitigen Back-End-Elemente langsamer als die eher Trends unterliegenden („lightweight") Front-End-Applikationen entwickelt (vgl. Urbach, Ahlemann 2016, S. 97 ff.). Gerade für die sich schnell wandelnden mobilen Endgeräte und der damit verbundenen Software bietet sich eine solche Vorgehensweise an.

■ 1.2 Trends im Mobile Business

Dieses Kapitel beschreibt wichtige Trends, die beim Herangehen und Bewältigen der Digitalen Transformation hilfreich sein können. Diese gehen alle davon aus, dass mobile Endgeräte noch intensiver als bisher genutzt werden und stationäre Rechner zumindest außerhalb der Bürowelt an Bedeutung verlieren. Marketing und Handel werden folglich zunehmend mobil, was in Abschnitt 1.2.1 konkretisiert wird. Außerdem entsteht mehr Flexibilität, was die Wahl und Ausgestaltung des Arbeitsorts angeht. Die Notwendigkeit, mobile Arbeit anzubieten und die damit verbundenen Chancen, zeigt Abschnitt 1.2.2 auf. Leistungsfähigere Endgeräte, auch über das Smartphone hinaus, bieten vielfältige neue Chancen der Integration von physischer und realer Welt (Stichwort „Internet of Things") u. a. mit Veränderungen in der sinnhaften Wahrnehmung, was in Abschnitt 1.2.3 skizziert wird. In diesem Zusammenhang verändert sich auch die Nutzung von Apps (Abschnitt 1.2.4), die sich nach bisherigem allgemein starken Wachstum auf die wirklich nutzbringenden Aspekte, schwerpunktmäßig im B2B-Bereich, konzentriert.

1.2.1 Mobile Marketing und Mobile Commerce

Mobile Marketing ist Teil des digitalen Marketings, das einen immer größeren Anteil am Gesamtmarketing einnimmt. Da das Smartphone bei vielen Personen ständiger Begleiter im Alltag ist und die Nutzung und Nutzungsmöglichkeiten der mobilen Endgeräte insgesamt weiter zunehmen, sind die damit verbundenen Ökosysteme und Apps im Rahmen des Marketings, das sich Eigenschaften der mobilen Endgeräte zunutze macht, zu adressieren. Fast untrennbar verbunden mit dem Mobile Marketing ist der Mobile Commerce, also der direkte Geschäftsabschluss, der ebenfalls mobil stattfinden können soll.

Mehrere Entwicklungen sind beim Mobile Marketing von Interesse. Videos werden das Marketing dominieren, und das Smartphone wird das wichtigste Gerät zum Abspielen von Videos. Das digitale Marketing mit seinen vielfältigen Facetten entwickelt sich stark in Richtung *Content Marketing*, wobei Videos einen wichtigen Beitrag leisten. Die Bedeutung von Social-Media-Plattformen nimmt zukünftig eher ab. An deren Stelle treten Messenger-Plattformen wie WhatsApp, die in der privaten Kommunikation bereits führend sind. Messenger-Plattformen werden zunehmend für marketingrelevante Themen erschlossen – be where your customers are. Die Daten, die beim Nutzer/Kunden anfallen und potenziell analysiert werden können, werden durch die zunehmende Leistungsfähigkeit der Geräte und die zunehmende Nutzung umfangreicher, beispielsweise können auch biometrische Daten genutzt werden. Ein Blick über das Marketing hinaus zeigt außerdem, dass Nutzer immer mehr über mobile Endgeräte kaufen. Mobiles Bezahlen nimmt auch in Deutschland langsam Fahrt auf, wenn auch von einem niedrigeren Niveau als in anderen Ländern. Die beschriebenen Trends und Aufgaben adressieren vor allem die Kundenerlebnisse und Unternehmensprozesse als Handlungsfelder der digitalen Transformation. Die in diesem Abschnitt beschriebenen Aspekte werden nachfolgend detaillierter ausgeführt und belegt.

Die ARD/ZDF-Onlinestudie 2018 hat gezeigt, dass insbesondere für die Altersgruppe 14 bis 29 Jahre, aber auch für alle anderen Altersgruppen, die mediale Internetnutzung enormen Raum einnimmt (vgl. Frees, Koch 2018). Bei der o. g. jüngeren Altersgruppe beträgt die tägliche mediale Internetnutzung über drei Stunden, wobei Online-Videos und Videoportale wie YouTube und Video-Streamingdienste am häufigsten genutzt werden (vgl. Kupferschmitt 2018). Es empfiehlt sich also, Inhalte – nicht nur im Marketing – bevorzugt in Videoform anzubieten. Das Smartphone ist hierbei das bevorzugte mobile Endgerät (vgl. Deloitte 2017; Reker 2017), das zudem für Social Media und Kommunikation via Messenger eingesetzt wird.

Unternehmen sollten Information, *Kommunikation und Kundenservice* zukünftig auch über *Messenger-Plattformen* wie WhatsApp, Telegram oder WeChat anbieten. Da die Bereitschaft zur Installation und Nutzung von einzelnen, beispielsweise unternehmenseigenen Apps, abnimmt, kann damit recht einfach ein mobiler Kommunikationskanal über Messenger-Plattformen angeboten werden (vgl. Jörg 2019). Dies bietet den Vorteil, dass Anwender und Kunden in der gewohnten „Umgebung" bleiben und kein Lernaufwand für die Nutzung besteht. E-Mail und Social Networks bleiben weiterhin als Kommunikationsmedien relevant, aber mit abnehmender Bedeutung (vgl. Deloitte 2017). Messenger-Plattformen dienen darüber hinaus auch als Plattform für *Chatbots*, mit denen Standardanfragen im Service bis hin zur Abwicklung (einfacher) Transaktionen automatisiert bearbeitet werden können.

Als weiterer Trend zeichnet sich ab, dass die bei vielen Smartphones vorhandenen Funktionen zur Sprach-, Gesichts-, Fingerabdruckerkennung genutzt werden. Dies sollte bei eigenen Apps berücksichtigt werden und dient der Sicherheit, da *biometrische Daten* jeden Menschen identifizierbar machen. Verlässlichkeit und Geschwindigkeit der Nutzung sind hoch, was für guten Komfort sorgt. Gerade im Konzept des mobilen Bezahlens ist diese Sicherheit ein wichtiges Feature (vgl. Blair 2018). Gleichzeitig besteht das grundsätzliche Risiko, dass die biometrischen Daten gehackt werden.

Das Smartphone wird zunehmend auch für das *Onlineshopping* genutzt. Bereits 2016 nutzten mehr als zwei Drittel der Anwender mobile Endgeräte zum Einkauf über das Internet. Der Anteil der Online-Käufe lag bereits 2018 bei etwa einem Viertel der Umsätze. Eine eigene App oder noch besser ein Online-Shop, der via Smartphone benutzbar ist, sind also dringend empfohlen. Neuentwicklungen und Anpassungen sollten also „mobile first" und „*responsive* Webdesign" unbedingt berücksichtigen.

Über die Zeit hinweg verzeichnen *Online-Bezahldienste* wie PayPal höhere Zahlungsvolumina. Die recht neu auf dem Markt verfügbaren mobilen Bezahldienste Google Pay und Apple Pay werden an Bedeutung zunehmen, sowohl analog als auch online (vgl. Blair 2018). Auch wenn diese Bezahldienste in Deutschland noch ein geringes Niveau einnehmen – nur etwa 5,5 Prozent der Deutschen zahlen mit Smartphone oder Smartwatch im Laden (vgl. Rondinella 2019) –, sollten sich Unternehmen darauf einstellen, mobile Bezahldienste als Standardverfahren anzubieten.

- Videos im Marketing werden immer wichtiger, und das Smartphone ist das bevorzugte Endgerät für Videokonsum.
- Messenger-Plattformen wie WhatsApp werden über die private Nutzung hinaus ein wichtiger Kanal für Kundenkommunikation und Service. Hauptvorteil: Der Kunde bleibt in der gewohnten App-Umgebung.
- Messenger-Plattformen bieten gleichzeitig auch die Basis für die mit viel Potenzial versehenen Chatbots.
- Onlineshopping muss auch mit mobilen Endgeräten funktionieren.
- Mobiles Bezahlen, auf dem Vormarsch mit der Nutzung biometrischer Daten, sollte als Standardverfahren angeboten werden.

1.2.2 Mobiles Arbeiten

Mobiles Arbeiten umfasst sämtliche neuen Arbeitsformen, in denen Mitarbeiter ihre Tätigkeiten erledigen können, ohne dass sie einen festen Arbeitsplatz an einem Unternehmensstandort einnehmen. Dabei herrscht eine große Vielfalt an konkreten Formen wie *Homeoffice*, virtuelle Teams oder *Coworking Spaces* und Mischformen aus diesen. Mobile Endgeräte sind grundsätzliche Voraussetzung für mobiles Arbeiten, aber heutzutage als selbstverständliche Standardausstattung anzusehen, zumindest für Mitarbeiter, deren Tätigkeit das Potenzial hat, an einem fast beliebigen Ort erledigt zu werden.

Derzeit bieten etwa ein Viertel der Unternehmen die Möglichkeit für mobiles Arbeiten an, und ungefähr ein Zehntel der Beschäftigten arbeitet teilweise im Homeoffice (vgl. Grunau et al. 2019, S. 1). Im Zuge des weiteren *Ausbaus des Breitband-Internets*, nicht zuletzt auch *5G*, kostengünstigen und leistungsfähigen mobilen Endgeräten und Softwarenutzungsmöglichkeiten besteht hier weiteres Potenzial.

Zahlreiche Argumente sprechen aus Sicht der Arbeitgeber, aber auch der Arbeitnehmer, für und gegen Homeoffice mit (vgl. detailliert Grunau et al. 2019). Beschäftigte können ihre Arbeitszeit produktiver nutzen und sparen die Fahrtzeit zum Arbeitsplatz, die tendenziell für eine längere Arbeitszeit genutzt werden kann. Zudem spricht die Vereinbarkeit von Familie und Beruf für ein Homeoffice. Aus Sicht der Unternehmen ergeben sich weitere Vorteile, wie die höhere Flexibilität und Produktivität der Beschäftigten, die Optimierung der Büroflächennutzung und nicht zuletzt die Steigerung der Arbeitgeberattraktivität. Diese Attraktivität ist insbesondere für die bereits erwähnten Mitarbeiter der Generationen Y und Z von Bedeutung. Unbestritten lassen viele Tätigkeiten Homeoffice oder mobiles Arbeiten allgemein nicht zu. Selbst wenn die Tätigkeit in Homeoffice möglich ist und die technischen Voraussetzungen gegeben sind, haben Beschäftigte Bedenken, wie beispielsweise die (gefühlte) Isolation oder Störungen durch die fehlende Trennung von Beruf und Privatleben. Ebenso sind Erwartungen der Vorgesetzten an die Anwesenheit oder gar ein (vermuteter) Schaden für die Karriere anzuführen. Unternehmen sehen die Kommunikation mit Kollegen, fehlende Kontrollmöglichkeiten und Datenschutzbedenken als problematisch an. Datenschutzaspekte sind aber auch beim Arbeiten im Betrieb zu beachten. Das Entstehen von sogenannter *Schatten-IT* ist im Zuge der zunehmenden Verbreitung von Cloud-Angeboten und dem Phänomen „Consumerization" (vgl. Weiß, Leimeister 2012) ein zu adressierendes Thema der IT-Governance (vgl. Urbach, Ahlemann 2016, S. 67 ff.). Hier ist eine Balance erforderlich zwischen Innovation und Datenschutz bzw. Datensicherheit.

Wie die Argumente zeigen, sind Unternehmen gefordert, die sachlichen Voraussetzungen für mobiles Arbeiten zu schaffen. Mobile Endgeräte, Kommunikationssoftware (z. B. Video-Conferencing-Software) und Vorkehrungen zum Datenschutz sind dabei zu nennen. Ein großer Teil der Managementaufgaben sollte aber auch „softe" Themen adressieren, also einen Kulturwandel in Richtung agile Führung, die durch Vertrauen geprägt ist.

Das sich seit 2005 verbreitende Phänomen der *Coworking Spaces* bietet eine erweiterte Möglichkeit für mobiles Arbeiten, die einen Teil der Homeoffice behindernden Argumente vermeidet. Josef und Back definieren Coworking Spaces folgendermaßen: „Coworking Spaces sind neutrale Orte, welche von Privaten, der öffentlichen Hand oder einer Public-Private-Partnership betrieben werden und wo angestellte und unabhängige Erwerbstätige Seite an Seite oder kollaborativ zusammenarbeiten. Die Räumlichkeiten werden durch Individuen, Teams oder organisationsübergreifende Gruppen während einer bestimmten Projektphase oder auf unbestimmte Dauer genutzt, als ausschließliches oder ergänzendes Arbeit[s]szenario" (Josef, Back 2019, S. 782). Für Coworking Spaces werden enorme Wachstumsraten vorausgesagt (vgl. Butler 2018). Coworking Spaces können in ganz unterschiedlichen Nutzungsszenarien eine Rolle spielen. Wurden Coworking Spaces ursprünglich primär von Freelancern und Startups genutzt, sind mittlerweile Unternehmen aller Größenordnungen als Nutzer zu verzeichnen. Neben den Aspekten der Effizienz, ähnlich dem Homeoffice, können Coworking Spaces einen Beitrag zur Innovation leisten (siehe Bild 1.2). Daher sollten Unternehmen in Betracht ziehen, Coworking Spaces als Option in Betracht zu ziehen. Allerdings zeigen bisherige Erkenntnisse, dass die Akzeptanz und der Nutzen sehr stark von der individuellen Situation und persönlichen Präferenzen abhängt (vgl. Josef, Back 2019, S. 786 ff.). Hier bedarf es also ebenso einer langfristigen Veränderung und Kulturanpassung.

Bild 1.2: Ausprägungen von Coworking (in Anlehnung an: Josef, Back 2019, S. 785)

Die beschriebenen Trends und Aufgaben adressieren vor allem die Unternehmensprozesse als Handlungsfelder der Digitalen Transformation, deren Effizienz durch mobiles Arbeiten gesteigert werden kann. Die Aspekte der Innovation sind darüber hinaus wichtig für alle Handlungsfelder.

- Homeoffice ist bisher in Deutschland noch wenig verbreitet. Es gibt zahlreiche Vor- und Nachteile. Um die Attraktivität als Arbeitgeber für die Generationen Y und Z zu erhöhen, sind diese Angebote sinnvoll.
- Coworking Spaces als relativ neue Form des mobilen Arbeitens verbreiten sich rasch und bieten für Unternehmen aller Größenordnungen eine gute Möglichkeit für Innovation und gleichzeitig wohnungsnahes Arbeiten.

1.2.3 Leistungsfähigere Endgeräte – mehr als Smartphones

Der Markt für Smartphones scheint gesättigt. Die Mehrzahl der Benutzer tätigt nur noch Ersatzinvestitionen in bessere und leistungsfähigere Geräte. Diese Leistungsfähigkeit erlaubt dabei weitere Anwendungen oder Funktionen (Features) in unternehmensspezifischen Apps. Das große Thema *Künstliche Intelligenz* (KI, englisch: Artificial Intelligence) spielt auch bei mobilen Endgeräten eine langfristig zunehmende Rolle, insbesondere bei den Themen Gesichtserkennung, Sprachassistenten, Fotografie und Bildersuche (vgl. Llanasas 2019). Unternehmen können bei der Nutzung Vorreiter sein. Hier gilt es aber für die Branche noch Überzeugungsarbeit zu leisten, da beispielsweise bisher weniger als ein Drittel der Mobilfunknutzer *Sprachassistenten* verwenden. Viele Möglichkeiten der KI werden in Anwendungen aber nicht unbedingt als solche auch vom Benutzer wahrgenommen. Durch die leistungsfähigen Smartphones können diese auch rechenintensive Aufgaben zunehmend selbst übernehmen. Im Bereich der KI spricht man von *„On-device AI"* (vgl. Gartner 2019b).

KI spielt auch im Kontext von *Augmented Reality (AR)* eine Rolle. Bei AR werden Informationen aus der realen Welt mit virtuellen Elementen verbunden, während es sich bei *Virtual Reality (VR)* um rein computergenerierte Umgebungen handelt (vgl. Gartner 2019d, Gartner 2019e). Abgesehen von einzelnen erfolgreichen Anwendungsfällen ist nach derzeitigem Stand vermutlich eher längerfristig eine hohe Verbreitung zu erwarten. Dies gilt auch für ggf. rechenintensive Einsatzszenarien von *Blockchain*-Konzepten.

Beim *Internet of Things (IoT)* geht es um die Verbindung von physischen Geräten, die Daten mittels Sensoren aufzeichnen, und die nutzenbringende Verarbeitung dieser Daten. Smartphones und auch weitere Endgeräte wie Smartwatches und Smart Glasses spielen hier eine zunehmend wichtige Rolle in der Aufbereitung und Steuerung. Auch die Nutzung von *Smart-Home*-Anwendungen wird zunehmen. Wie sich bereits bei Wearables und dem Fitnessmarkt gezeigt hat, wird die Erfassung und Verarbeitung von Daten aus dem physischen Bereich („Consumer IoT") allgemein weiter zunehmen. Gartner bezeichnet die Integration unterschiedlicher Formen der Wahrnehmung und die Sinnenutzung mit umfangreicher Systemunterstützung als „immersive user experience" und stuft dies als wichtigen Trend ein (vgl. Gartner 2019b).

Smartphones werden insgesamt zunehmend zur Schaltzentrale in vielen Lebenssituationen. In allen drei Handlungsfeldern der Digitalisierung – Kundenerlebnisse, Unternehmensprozesse und Geschäftsmodell – sollte diese Entwicklung berücksichtigt werden. Diese Entwicklung dürfte kaum aufzuhalten sein. Als Risiken und ggf. zeitlich bremsende Faktoren sind allerdings Datenschutz- und Datensicherheitsfragen zu berücksichtigen.

1.2.4 Trends im App-Business

Nach rasantem Wachstum in den letzten Jahren schwächt sich die Nachfrage nach Apps ab. Es ist generell schwieriger geworden, ausschließlich mit Apps Geld zu verdienen (vgl. Statista 2018). Als Erlösmodell im App-Bereich scheinen sich In-App-Verkäufe und In-App-Werbung durchzusetzen (vgl. Dörndorfer et al. 2019). Endanwender sind ergänzend immer weniger bereit, sich weitere Apps zu installieren. Installierte Apps werden dafür häufiger genutzt (vgl. Deloitte 2015). Für Unternehmen ist es somit deutlich schwieriger geworden, die Verbreitung einer App zu erreichen. Es ist zu erwarten, dass sich neuere Ansätze der App-Entwicklung durchsetzen, die weniger auf native Apps als auf webbasierte Apps setzt. Hier gibt es unterschiedliche technologische Ansätze, die in der Regel auf eine plattformunabhängige Lösung setzen (s. Abschnitt 1.3.2).

Wachstum bei Apps ist generell bei B2B-Apps zu erwarten, die das Handlungsfeld Unternehmensprozesse der Digitalen Transformation adressieren. Die Automatisierung und Beschleunigung von Prozessen bieten sich beispielsweise für die Bereiche Vertrieb, Logistik und Supply-Chain-Management an. Weiteres Wachstum wird außerdem in den Bereichen Smart Home sowie Mobility und Transportation erwartet.

▪ 1.3 Technologische Trends

Speziell mobile Geschäftsanwendungen stehen unter einem permanenten Anpassungsdruck: Zum einen entwickeln sich die Paradigmen für Benutzungsschnittstellen (User Interface, UI) in der mobilen Welt ständig weiter; im Moment ist z. B. die Gestensteuerung Swipe allgegenwärtig. Zudem wird die Gebrauchstauglichkeit von mobilen Anwendungen im Consumer-Bereich extrem optimiert, u. a. durch *A/B-Testverfahren* und *Mobile Application Benchmarking* mit *Resource Usage Monitoring*, die von den App Stores und Back-Ends direkt unterstützt werden und daher gegenwärtig nahezu flächendeckend angewendet werden. Nutzer erwarten deshalb auch von mobilen Geschäftsanwendungen eine hohe hedonistische Qualität beim Nutzererlebnis (User Experience, UX), wobei das einmal erreichte Ausmaß dieser Güte einer App aufgrund der Weiterentwicklung des Umfelds im Laufe der Zeit wieder abnimmt: Apps „altern" im Vergleich zu ihrem dynamischen Umfeld.

Neben der Anmutung des Front-Ends wird der *Anpassungsdruck* auch von der im Allgemeinen hohen Heterogenität der zu unterstützenden Plattformen u. a. auch wegen „Bring your own Device"-(BYOD)-Richtlinien (s. Abschnitt 1.3.3.1) vieler Unternehmen sowie ständig neuer Hardware und Betriebssystemversionen (z. T. auch mit neuen UI-Designs und Interaktionsparadigmen) verursacht.

Außerdem gibt es Qualitätsdimensionen, deren Optimierung bei geschäftlichen Anwendungen manchmal nicht im Vordergrund stehen, die auf Mobilplattformen aber wegen der Transparenz beispielsweise des Rechtesystems und der App Stores nicht nur für Experten deutlich sichtbar sind und mit der Qualität anderer verbreiteter Apps verglichen werden:

- minimale Rechte für den Zugriff auf geschützte Ressourcen
- geringer Energieverbrauch
- Größe der App und Platzbedarf für Daten auf dem mobilen Gerät
- Fähigkeit zum Offline-Betrieb

Entwicklung und Betrieb mobiler Geschäftsanwendungen müssen deshalb ständig an neue technologische Trends angepasst werden, wenn sie sich als relevant erweisen, indem sie von der Mehrzahl anderer Mobilanwendungen – egal ob im Consumer-Bereich oder bei B2B-Apps – aufgegriffen werden.

Im Folgenden werden aktuelle technologische Trends genauer vorgestellt, die ein hohes Potenzial haben und die Entwicklung und den Betrieb von mobilen Geschäftsanwendungen für Kundenerlebnisse, Unternehmensprozesse und Geschäftsmodelle beeinflussen werden. Sie gehören zu den folgenden Bereichen:

- Breitbandfunknetzwerke (s. Abschnitt 1.3.1)
- Plattformen für die Entwicklung von Apps (s. Abschnitt 1.3.2)
- Plattformen für den Betrieb von Apps (s. Abschnitt 1.3.3)

1.3.1 Neue Technologien für Breitbandfunknetzwerke

Unter dem Begriff 5G *(„Fifth Generation")* wird die kommende Funknetzwerktechnologie vermarktet, die dem aktuellen Breitbandfunkstandard LTE-Advanced („4G") nachfolgen soll. Die 5G-Technologie hat eine Reihe von Eigenschaften, die im Vergleich zur Breitbandvernetzung mit LTE-Advanced neuartige mobile Anwendungen ermöglichen sollen. Zu den verbesserten Eigenschaften gehören die folgenden *Quality-of-Service-Parameter:*

- höhere Spitzendatenraten mit bis zu 10 GBit/s verglichen mit max. 1 GBit/s bei LTE-Advanced bzw. 300 Mbit/s bei LTE
- geringere Latenzzeiten von unter 1 ms verglichen mit mindestens 50 ms bei LTE-Advanced bzw. mindestens 100 ms bei LTE
- höhere mögliche Anzahl gleichzeitig aktiver Nutzer als bei LTE

Bei Verfügbarkeit von 5G ergibt sich somit quasi kein Unterschied mehr zwischen stationärer Netzanbindung und mobilem Breitband. Es ist deshalb aus Systemsicht kaum noch erforderlich, zwischen Technologien für mobile und stationäre Anwendungen zu unterscheiden.

Zwar gilt in allen verteilten (also netzbasierten) Anwendungen, besonders wenn paketvermittelnde Netztechnologien wie beim Internet-Protokoll verwendet werden, dass man nicht von verlässlichen Verbindungen mit konstanten Datenraten ausgehen kann. Dies muss aber aufgrund der Übertragungsphysik noch viel stärker bei Funkvernetzung berücksichtigt werden. Sicherheitskritische und Echtzeitanwendungen sollten daher auch weiterhin – wenn es der Nutzungskontext erlaubt – vorzugsweise mit stationären Technologien (z. B. Echtzeit-Ethernet) umgesetzt werden.

Inwieweit bei zukünftigen mobilen Anwendungen, die für den Betrieb mit 5G-Technologie konzipiert werden, aufgrund der besseren *Quality-of-Service*-Eigenschaften neuartige Systemarchitekturen umgesetzt werden können, ist noch nicht klar. War es bisher erforderlich, die Kommunikation zwischen Front-End auf dem mobilen Endgerät und Back-End in der Cloud z. B. durch den Einsatz von Frameworks wie Volley (vgl. Google o. J. a) unter Android durch Bündelung und Scheduling auf ein Minimum zu beschränken, könnte es nun einfacher werden, größere Datenmengen zwischen Front-End und Back-End hin und her zu übertragen. Jedoch bleibt Energieeffizienz für mobile Anwendungen eines der wichtigsten Themen, die auch bei 5G maßgeblich vom Ausmaß der Funkkommunikation bestimmt wird, was auch für solche Anwendungen für eine Beibehaltung der aktuellen Architekturmuster spricht.

Ob zukünftig für die Car-to-Car- und Car-to-Infrastructure-Kommunikation beim Vernetzten Fahren 5G-Technologie oder der für diese Anwendung angepasste WLAN-Standard (vgl. IEEE 802.11p) Anwendung findet, ist gegenwärtig in der Diskussion, wobei 5G aus technischer Sicht Vorteile hat (vgl. Shah et al. 2018).

Nachdem im Sommer 2019 die Lizenzen für die zum Betrieb von 5G erforderlichen Frequenzbänder um 2 GHz und um 3,6 GHz von den Unternehmen Drillisch Netz AG, Telefónica Germany GmbH & Co. OHG, Telekom Deutschland GmbH und Vodafone GmbH für zusammen ca. 6,5 Mrd. EUR ersteigert wurden (vgl. Bundesnetzagentur 2019), kann man zwar davon ausgehen, dass zügig Infrastruktur für den Betrieb von 5G-Netzen aufgebaut werden wird. Dass vier Bieter in Deutschland (im Vergleich zu drei bei LTE-Advanced) Funklizenzen ersteigern konnten, spricht auch dafür, dass es eine größere Konkurrenz und damit niedrigere Preise für die zukünftigen Breitbanddienste geben wird.

Da jedoch aufgrund der physikalischen Gegebenheiten für die maximale *Quality-of-Service* vergleichsweise kleine Funkzellen aufgebaut werden müssen, ist es unrealistisch, von einer schnellen Vollabdeckung auszugehen, die auch schon bei den vorigen Netzen der Standards LTE-Advanced und seiner Vorgänger bisher nicht erreicht wurde. Beim Aufbau von 5G-Netzen kann damit gerechnet werden, dass in weniger nachfragestarken Gebieten größere Funkzellen entstehen, die nominell zwar mit 5G-Technologie arbeiten, jedoch eine geringere *Quality-of-Service* als die maximal mögliche – ggf. auch in abgetrennten Netzen – umsetzen werden.

▪ Die Einführung von 5G beeinflusst die zukünftige Architektur Ihrer mobilen Anwendungen voraussichtlich nicht.

▪ Sie können aber größere Medien (z. B. 2K- oder 4K-Video) und Daten verwenden.

▪ Sehen Sie für eine Anbindung mit geringerer Bandbreite aber immer Fallback-Medien mit geringerer Größe vor.

Neben den versteigerten Frequenzbereichen mit nationaler Gültigkeit werden in Deutschland erstmalig für 5G auch lokale und regionale Frequenzen aus den Bereichen 3,7 – 3,8 GHz und 26 GHz auf Antrag zugeteilt (vgl. Bundesnetzagentur 2019). Dadurch soll es lokalen und regionalen Netzanbietern sowie großen Nutzern selbst ermöglicht werden, eigene Breitbandfunknetze mit begrenzter Ausdehnung insbesondere unter Verwendung von 5G-Technologien aufzubauen. Das ermöglicht es Unternehmen, ihre eigenen Netze für die Anwendung von industriellem Internet („Industrie 4.0") in ihren Anlagen z. B. der Prozessindustrie oder aber auch für mobile Anwendungen in Land- und Forstwirtschaft zu betreiben.

1.3.2 Plattformen zur Entwicklung mobiler Anwendungen

Die Unterstützung mehrerer Plattformen bei der Entwicklung mobiler Anwendungen wie iOS und Android ist aufwendig. Es gibt unterschiedliche Ansätze, damit zurechtzukommen, die darauf hinauslaufen, eine App zu entwickeln, die dann auf mehreren Plattformen verwendet werden kann.

1.3.2.1 Webanwendungen, hybride Apps und Progressive Web Apps (PWA)

Eine Möglichkeit, zu mobilen Anwendungen für mehrere Mobilbetriebssysteme zu kommen, ist es, einen Webbrowser als Plattform zu nutzen. Durch die Unterstützung von JavaScript und die Integration von Back-Ends aus der Cloud lassen sich *Webanwendungen* erstellen, die funktional komplexe Anforderungen umsetzen. Nachteile von Webanwendungen sind, dass der Zugriff auf Ressourcen des mobilen Endgeräts wie Sensoren begrenzt ist und dass die Anmutung der Benutzungsschnittstelle nicht den Standards des jeweiligen mobilen Betriebssystems entspricht. Außerdem sind bisherige Webanwendungen keine eigenständigen Apps, die im Programmmenü eines Mobilbetriebssystems aufgeführt werden, sondern sie müssen durch Start des Webbrowsers und Laden eines URLs, bspw. Öffnen eines Bookmarks, aufgerufen werden.

Hybride Apps haben einen ähnlichen Ansatz: Im Wesentlichen stellen Frameworks für die Entwicklung von hybriden Apps eine Ablaufumgebung auf der Basis eines Webbrowsers für mehrere Zielmobilbetriebssysteme zur Verfügung (vgl. Brehm 2018). Damit werden dann „native" Apps generiert, die den Rahmen der Ablaufumgebung und eine „verpackte" Web-Anwendung beinhalten. Solche hybriden Apps wirken wie normale Apps in dem Sinn, dass sie installierbar sind und im Programmmenü auftauchen. Zusätzlich erlauben die Ablaufumgebungen auch noch den Zugriff auf Ressourcen der mobilen Plattformen (bspw. Sensoren), die sonst aus reinem JavaScript im Standard-Webbrowser nicht verfügbar sind.

- Apache Cordova („PhoneGap") (vgl. Apache o. J.) und Ionic Capacitor (vgl. Drifty Co. o. J.) sind umfangreiche und erprobte Frameworks für die Entwicklung von hybriden Apps.
- Um die UX-Erwartungen von Mobile-Anwendern zu erfüllen, können diese Anwendungsrahmenwerke mit UI-Frameworks wie React (vgl. Facebook Inc. o. J.) kombiniert werden.

Progressive Web Apps (PWA) sind ein alternativer Ansatz zu hybriden Apps. Die Webbrowser Chrome, Firefox, Safari und Edge unterstützen einen einheitlichen Standard einer JavaScript-Schnittstelle namens *Service Worker*. Webanwendungen können mit eigenem JavaScript-Code einen Service Worker implementieren und bereitstellen. Die Webbrowser entnehmen wesentliche Informationen über die Service-Worker-Schnittstelle (z. B. Icon, App-Name etc.) und integrieren die Webanwendung in die Umgebung des Mobilbetriebssystems. Es handelt sich aber nach wie vor (nur) um eine Webanwendung und keine hybride App.

Neben der Integration in das Startmenü des Mobilbetriebssystems kann der Service Worker noch andere Aufgaben erfüllen: Insbesondere eine „Offline-Funktionalität" kann unterstützt werden. Damit ist gemeint, dass Daten aus der Webanwendung lokal auf dem mobilen Endgerät gespeichert werden können (z. B. wenn keine Internet-Verbindung besteht) und dass Daten später mit einem Service in der Cloud synchronisiert werden können.

Außerdem stellen die unterstützenden Webbrowser auch eine Vielzahl von Schnittstellen zu Ressourcen des Mobilbetriebssystems für JavaScript-Programme bereit, die fast an den Umfang der Ablaufumgebungen der Frameworks für die Entwicklung von hybriden Apps herankommen:

- Generic Sensor API (für den Zugriff auf verbreitete Standardsensoren, vgl. W3C 2019a)
- WebXR API (für VR und AR, s. Abschnitt 1.2.3, vgl. W3C 2019b)
- Web Share API (für „Teilen"-Dialoge, vgl. W3C 2019c)
- Payment Request API (zur mobilen Bezahlung, s. Abschnitt 1.2.1, vgl. W3C 2019d)

- Da die Bereitschaft mobiler Nutzer zur Installation von einzelnen Apps abnimmt (s. Abschnitt 1.2.1), bieten PWAs eine vorteilhafte Variante von Apps: Sie haben die meisten Vorteile von nativen und hybriden Apps, verbrauchen aber wie Webanwendungen kaum Speicherplatz auf dem mobilen Endgerät.
- Die Performanz ist jedoch im Vergleich zu nativen Apps geringer und die Anmutung des UIs entspricht nicht zwingend der Zielplattform.

1.3.2.2 Cross-Plattform-Entwicklung mobiler Anwendungen

Um native Apps für mehrere Plattformen gleichzeitig zu entwickeln, gibt es gegenwärtig drei praxisrelevante Technologien: Xamarin, React Native und Flutter.

Xamarin bzw. Xamarin.Forms verwendet das von Microsoft entwickelte .NET-Framework und C#, um native Apps für unterschiedliche Zielplattformen zu entwickeln. Der C#-Code, der über mitgelieferte Bibliotheken auf die spezifischen Fähigkeiten der Zielplattformen zugreifen und der über nativen Code in Java/Kotlin und Objective-C/Swift plattformspezifisch erweitert werden kann, wird zu nativen Apps für die jeweilige Zielplattform iOS oder Android kompiliert (vgl. Öz 2017). Die Benutzungsoberflächen werden deklarativ mit der XML-basierten Sprache XAML spezifiziert. Die daraus generierten UIs können sich für unterschiedliche Zielplattformen in der Anmutung, aber auch in der konkreten Anordnung unterscheiden (vgl. Krieger 2017).

Der Ansatz von *React Native* (vgl. Facebook Inc. o.J.) ist mit hybriden Apps vergleichbar, geht aber darüber hinaus. Als Ausführungsumgebung wird nämlich kein Webbrowser mit der Webanwendung verpackt, sondern eine Umgebung aus Node.js und einer angepassten Ablaufumgebung speziell für das React UI Framework. Dessen UI-Komponenten werden in der angepassten Ablaufumgebung mit nativen UI-Elementen der Zielplattform umgesetzt. Es ergibt sich also auf allen Zielplattformen eine nativ anmutende Benutzungsschnittstelle.

Flutter (vgl. Google o.J.b) ist das jüngste relevante System zur Cross-Plattform-Entwicklung mobiler Anwendungen. Statt Quellcode zu nativen Anwendungen zu kompilieren wie Xamarin oder eine Ablaufumgebung mit Anbindung an die nativen UI-Elemente zu liefern wie React Native, baut Flutter auf einer eigenen Rendering Engine auf, die für alle unterstützten Zielplattformen bereitgestellt wird. Anwendungen werden bei Flutter in der Programmiersprache Dart geschrieben. Im Gegensatz zu JavaScript wird Dart wie bei Xamarin zu ausführbaren Programmen für die Zielplattform übersetzt. Das UI wird bei Flutter im Gegensatz zu Xamarin aber nicht deklarativ spezifiziert, sondern programmatisch mit Dart-Aufrufen aufgebaut. Obwohl die Rendering Engine keine Anbindung an die jeweiligen nativen UI-Elemente hat, ist die Anmutung und Interaktionsqualität des gerenderten Ergebnisses täuschend echt an die Zielplattform angepasst (vgl. Brehm 2018, Aldefai 2019). Aufgrund der hohen Geschwindigkeit der Rendering Engine wirken Flutter-

Anwendungen sogar ausgesprochen reaktiv (vgl. Aldefai 2019). Wegen der Flexibilität des Rendering-Ansatzes können bei Flutter sehr einfach besondere grafische Effekte und neuartige Interaktionsmuster in die Cross-Plattform-Apps eingebaut werden.

- Cross-Plattform-Entwicklung ist mit den drei Systemen React Native, Xamarin und Flutter möglich und wirtschaftlicher als getrennte Einzelentwicklungen für mehr als eine Zielplattform. Jedoch erfordern alle drei Systeme, dass in begrenztem Umfang auch plattformspezifische Code-Teile angelegt und getrennt gepflegt werden müssen, wenn Plattformspezifika verwendet werden sollen.
- Xamarin eignet sich dafür von den dreien am besten für stationäre Anwendungen. Die Plattform-Sprache ist C#. Xamarin ist im Trend-Lebenszyklus („Gartner Hype Cycle", s. Abschnitt 1.1.1) am weitesten von den dreien vorangeschritten.
- React Native hat zusammen mit Xamarin den Vorteil, dass die wirklich nativen UI-Elemente der Zielplattformen verwendet werden. Die Plattform-Sprache von React Native ist JavaScript. Kleine Projekte lassen sich sehr leicht mit React Native umsetzen.
- Flutter hat im Trend-Lebenszyklus („Gartner Hype Cycle", s. Abschnitt 1.1.1) noch nicht den ersten Peak erreicht. Die Plattformsprache ist Dart. Obwohl nicht die nativen UI-Elemente der Zielplattformen angesprochen werden, gelingt es mit Flutter sehr effizient, nativ aussehende und sich verhaltende Apps zu erstellen, die viel stärker als die anderen beiden Systeme auch individuell entwickelte UI- und Interaktionsdesigns ermöglichen. Das kann für eine hohe hedonistische UI-Qualität der Cross-Plattform-Apps sorgen.

1.3.3 Plattformen für den Betrieb

1.3.3.1 Konfiguration von mobilen Anwendungen über Enterprise-Mobility-Management-Systeme

Inzwischen haben sich mehrere grundsätzlichen Richtlinien *(Policies)* herausgebildet, wie Unternehmen mit mobilen Endgeräten umgehen:

- *COBO:* „company owned, business only" (mobiles Endgerät ist Firmeneigentum, es sind nur Geschäftsanwendungen erlaubt)
- *BYOD:* „bring your own device" (Mitarbeiter sind Eigentümer eigener mobiler Endgeräte, die für berufliche und private Zwecke verwendet werden)
- *COPE:* „company owned, personally enabled" (mobiles Endgerät ist Firmeneigentum, darf aber vom Mitarbeiter privat verwendet werden)

Mobile Anwendungen werden gewöhnlich über die App Stores der Zielplattformen (z. B. Google Play Store für Android, App Store für iOS oder Amazon App Store für Fire-Tablets) verteilt. Das ermöglicht es, unternehmenseigene Geräte (COBO und

COPE), solche von Mitarbeitern bei BYOD-Policy und solche von Kunden zu beschicken. Zumeist ist es aber erforderlich, einer Anwendung auch eine spezifische auf den jeweiligen Mitarbeiter passende Konfiguration mitzugeben. Dazu sollten Unternehmen für ihre eigenen Anwendungen eine Deployment-Strategie unter Berücksichtigung marktrelevanter *Enterprise-Mobility-Management*-(EMM)-Systeme entwickeln (vgl. Kneis 2018), die über die Verteilung von Konfigurationsdaten hinaus noch weitere Vorteile haben. EMM beschreibt ein ganzheitliches Verfahren, mit dem die folgenden Funktionen bei Bereitstellung und Betrieb von mobilen Systemen umgesetzt werden können:

- Verwaltung der mobilen Endgeräte
- Verwaltung der installierten Geschäftsanwendungen und ihrer Versionen bzw. Konfigurationen auf allen EMM-gemanagten Endgeräten
- Verwaltung installierter Daten *(Mobile Content Management)*
- Verwaltung der Sicherheit der mobilen Endgeräte durch Umsetzung von Richtlinien z. B. für Passwortlänge, Vorhandensein von Antivirus-Software etc., Bereitstellen von sicherheitsrelevanten Funktionen wie zentrales Löschen und Sperren von Endgeräten
- Incident- und Problemmanagement

Die Funktionen von EMM können nur durch eine Kombination von Verfahrensregeln, einer zentralen Datenbank mit Daten über alle gemanagten Geräte, einen Server, der mobile Anwendungen, Konfigurationen und Daten bereitstellt, und eine Client-Anwendung auf dem mobilen Endgerät umgesetzt werden. Speziell die sicherheitsrelevanten Funktionen benötigen zusätzlich noch Unterstützung vom Betriebssystem wie bei *Android Enterprise* mit der Kombination von *Google Play Protect* mit *SafetyNet API* und einem Hardware *Trusted Execution Environment* (vgl. Reiter 2017).

Die EMM-Systeme von MobileIron, VMware Airwatch, Microsoft Intune und Datomo unterstützen über den AppConfig-Standard (vgl. AppConfig Community o. J.) die Verteilung von nutzerspezifischen Konfigurationsdaten für iOS und Android (vgl. Kneis 2018). Bei der Entwicklung von mobilen Anwendungen für iOS und Android kann dann beim Zugriff auf Konfigurationsdaten gegen die Schnittstelle des AppConfig-Standards programmiert werden und die resultierenden Apps können mit den genannten EMM-Systemen mit nutzerspezifischen Konfigurationen, die über das jeweilige EMM verwaltet werden, ausgeliefert werden.

Da AppConfig unter Android nur funktioniert, wenn das Gerät *Android Enterprise* unterstützt, wofür hardwareseitig ein *Trusted Execution Environment* vorhanden sein muss, ist dieses Verfahren nicht allgemeingültig: Zwar ist AppConfig für COPE- und COBO-Policies prinzipiell anwendbar. Bei einer BYOD-Policy ist dies aber nicht ausreichend. Einige der EMM-Systeme unterstützen deshalb neben dem AppConfig-Standard auch eigene proprietäre Frameworks, die kein *Trusted Execu-*

tion Environment benötigen, dafür aber die Installation eines Clients auf dem mobilen Endgerät erfordern.

- Führen Sie ein EMM-System zur Verwaltung mobiler Endgeräte und mobiler Anwendungen ein, falls noch nicht geschehen.
- Falls Sie COPE- und COBO-Policies haben und iOS- oder Android-Enterprise-fähige mobile Endgeräte einsetzen, sollte der AppConfig als Schnittstelle aus den mobilen Anwendungen zur Sicherstellung der Portierbarkeit benutzt werden.
- Falls Sie andere Android-Geräte oder BYOD unterstützen wollen, wählen Sie ein EMM aus, das ein eigenes SDK mitbringt, welches andere Plattformen unterstützt.

1.3.3.2 Das Mobilbetriebssystem Fuchsia

Fuchsia ist ein neues Betriebssystem für mobile Computer. Es wird gegenwärtig von Google entwickelt. Im Moment ist noch unklar, ob es tatsächlich wie von einigen Marktbeobachtern erwartet die Betriebssysteme Android und ChromeOS ablösen soll oder ob Fuchsia nur eine Experimentalplattform zur Untersuchung neuer Konzepte für Mobilbetriebssysteme darstellt. Warum sollte Fuchsia also als technologischer Trend für die Entwicklung von mobilen Geschäftsanwendungen behandelt werden?

Android als meistgenutztes Mobilbetriebssystem beruht in wesentlichen Teilen auf Java-Technologie. Es ist aber zwischen Google, dem Android-Hersteller, und Oracle als Java-Rechteinhaber strittig, ob Java für Android korrekt lizenziert wurde (vgl. Finley 2018). Wegen des großen kommerziellen Risikos der eventuell fehlenden Lizenzierung ist es für Google sinnvoll, einen Neuanfang mit einem neuen eigenen Betriebssystem zu unternehmen, das frei von solchen Problemen ist. Was Google daran hindert, ist der Erfolg von Android bei App-Entwicklern. Um viele Nutzer zum Umstieg zu bewegen, ist ein großes App-Ökosystem notwendige Voraussetzung, wie der Misserfolg von Windows Mobile bzw. Windows Phone zeigt. Wie ChromeOS beinhaltet Fuchsia deshalb ein Konzept zum Betrieb von Android-Applikationen, sodass bei einer zukünftigen Einführung bereits eine große Anzahl von Anwendungen bereitstehen würde. Deshalb ist es möglich, dass Google von Android zu Fuchsia als Mobilbetriebssystem wechseln kann.

Fuchsia beinhaltet eine Vielzahl neuartiger Konzepte, die speziell für mobile Geschäftsanwendungen nützlich sind und von denen man annehmen kann, dass sie nach dem etwaigen Erscheinen von Fuchsia von Nutzern als Standard erwartet werden würden (im Sinne des Alterns von mobilen Anwendungen, s. Abschnitt 1.3):

- *Ledger:* Mit dieser Komponente stellt das Betriebssystem einen einheitlichen Mechanismus für die Speicherung von Daten aus Anwendungen bereit. Dies geht über die bisher in Mobilbetriebssystemen angebotenen Funktionen hinaus, da ein einheitlicher Mechanismus zur Synchronisation zwischen Cloud und mehreren mobilen Endgeräten und die Unterstützung für den Offline-Betrieb integraler Bestandteil von Ledger ist. Zudem ist die Nutzung von Speicherplatz auf den im Vergleich zur nahezu unbegrenzten Kapazität der Cloud beschränkten mobilen Endgeräten optimiert.

- *Stories:* Das Komponentenmodell von Fuchsia zergliedert Anwendungen stärker aufgabenorientiert als bei herkömmlichen Apps von Android und iOS. Die einzelnen Teile werden dann flexibler als bisher über eine sog. *Story* zu einem Arbeitsablauf orchestriert. Eine Story setzt sich somit aus Teilen einzelner Apps zusammen, mit denen gemeinsam in einer Abfolge eine komplexere Aufgabe abgearbeitet wird. Der wesentliche Unterschied zur Interaktion einzelner Apps bspw. über *Intents* ist, dass die Orchestrierung in einer Story nun nicht bottom-up entsteht, sondern als eigenständiges Objekt geplant, dargestellt und weitergegeben werden kann.
- Security des Ausführungsmodells: Bei Fuchsia werden Anwendungen in Form von Binaries ausgeführt. Während dies das konventionelle Ausführungsmodell auf stationären Plattformen ist, verwendet bspw. Android ein anderes Modell, das auf der Dalvik JVM als Teil der Plattform *Android Runtime* (ART) beruht. Es hat sich speziell bei Android gezeigt, dass es kaum möglich ist, auf dieser Basis nachträglich eine sichere Isolation von Apps und ein abgestuftes Rechtesystem einzuführen. In Fuchsia hingegen wird jedes Binary, also jede einzelne mobile Anwendung, in einer eigenen *Sandbox* ausgeführt, deren Rechte in Bezug auf Betriebssystemdienste als auch Ressourcen wie Teile des Dateisystems feingranular konfiguriert werden können. Damit sind alle Anwendungen unter Fuchsia voneinander isoliert. Zudem bietet Fuchsia auf Betriebssystemebene virtuelle Maschinen zur Ausführung von Binaries.
- *Flutter* (s. Abschnitt 1.3.2.2) ist als vorgefertigte Ausführungsumgebung integraler Bestandteil von Fuchsia.

So wie Android Linux als Kernel verwendet, hat Fuchsia *Zircon* als Basis. Das ist ein *Microkernel*, der eine Weiterentwicklung des Open-Source-Systems *Little Kernel* (vgl. Littlekernel o. J.) ist. Im Gegensatz zum monolithischen Linux-Kernel beinhaltet ein *Microkernel* nur eine minimale Menge von Funktionen, die Anwendungsprogrammen bereitgestellt werden, denn die Betriebssystemfunktionen des Kernels werden immer exklusiv (d. h. ohne, dass andere Prozesse gleichzeitig ausgeführt werden können) in einem privilegierten Ausführungsmodus ausgeführt. Eine Minimierung auf das absolut Notwendige ermöglicht, dass weniger Programmteile mit erweiterten Rechten ausgeführt werden. Außerdem ist es möglich, Teile, die sonst im Kernel liegen, während des Betriebs z. B. als Update auszutauschen.

Die Entwicklung für Fuchsia ist im Moment noch unkomfortabel. Es gibt die Open-Source-Komponenten von Fuchsia zum Download (vgl. Google o. J.) sowie ein SDK mit QEMU-basierter virtueller Maschine. Fuchsia selbst läuft auf den Rechner-architekturen x86 und ARM.

- Fuchsia befindet sich zwar noch am Beginn des Trend-Lebenszyklus („Gartner Hype Cycle", s. Abschnitt 1.1.1). Es empfiehlt sich aber trotzdem schon, Fuchsia als vielversprechendes zukünftiges Mobilbetriebssystem zu beobachten, da die Auswirkungen eines möglichen Wechsels von Android zu Fuchsia immens sind.
- Damit beim möglichen zukünftigen Umstieg von Android die eigenen Anwendungen schnell portiert werden können, sollten neue Apps für iOS und Android bereits mit dem Cross-Plattform Framework Flutter (s. Abschnitt 1.3.2.2) entwickelt werden.

■ 1.4 Die wichtigsten Punkte in Kürze

- Die *Digitale Transformation* wird laufend von neuen Trends im Mobile Business und in der Mobile IT stark beeinflusst. Um herauszufinden, welche Trends für das eigene Geschäft relevant sind, müssen sie im Rahmen eines *Trendmanagements* systematisch in ihren Auswirkungen untersucht werden.
- In *Mobile Marketing* werden Smartphone-optimierte Videos und Messenger-Plattformen für Kundenkommunikation und Service immer wichtiger. Messaging kann mit Chatbots sogar teilautomatisiert werden. *Mobile Commerce* entwickelt sich inzwischen zum wichtigsten Kanal für Onlineshopping, was dementsprechend auch mit mobilen Endgeräten funktionieren muss und auch mobiles Bezahlen unter Nutzung biometrischer Daten unterstützen sollte.
- *Mobiles Arbeiten* in Form von Homeoffice und der Nutzung von Coworking Spaces ist bisher in Deutschland noch wenig verbreitet und es gibt zahlreiche Vor- und Nachteile. Um die Attraktivität als Arbeitgeber für die Generationen Y und Z zu erhöhen, sind diese Angebote aber sinnvoll.
- Es ist damit zu rechnen, dass *mobile Endgeräte und Breitbandnetze* immer leistungsfähiger werden, was neue Anwendungen mit KI und VR/AR ermöglicht, womit neuartige Dienste entwickelt und vermarktet werden können.
- Die *Neu- und Weiterentwicklung* von mobilen Anwendungen muss sich immer an den aktuellen Trends orientieren, damit sie nicht in ihrer hedonistischen Qualität altern und die Gunst der Benutzer verlieren. Die Heterogenität der zu unterstützenden Endgeräte verlangt zudem nach effizienten Entwicklungsmethoden, wie sie hybride Apps, Progressive Web Apps und Cross-Plattformsysteme bieten.
- *Betrieb und Konfiguration* von mobilen Anwendungen sollten über Enterprise-Mobility-Management-Systeme unterstützt werden und Portierungsstrategien

für das neue Mobilbetriebssystem Fuchsia sollten bspw. durch die Verwendung des Cross-Plattform-Systems Flutter frühzeitig angegangen werden.

Literatur

Aldefai, Thaer (2019): Effektivität und Effizienz von Flutter im Vergleich zu React Native, Bachelorarbeit, Informatik, B. Sc., Fakultät für Informatik, Hochschule Mannheim.

Andresen, Judith (2019): Führung – der entscheidende Erfolgsfaktor. In: Lang, Michael; Scherber, Stefan (Hrsg.): Der Weg zum agilen Unternehmen – Wissen für Entscheider. Hanser Verlag, München 2019, S. 129 – 152.

AppConfig Community (o. J.): Introducing The AppConfig Community. URL: https://www.appconfig.org/. Abgerufen am 30. 08. 2019.

Blair, Ian (2018): 23 Mobile Technology Waves for 2019. URL: https://buildfire.com/mobile-waves-for-2018/. Abgerufen am 26. 8. 2019.

Brehm, Steffen (2018): Vergleich der Cross-Plattform-Frameworks Flutter und Cordova anhand der prototypischen Entwicklung einer Messenger App. Bachelorarbeit, Informatik, B. Sc., Fakultät für Informatik, Hochschule Mannheim.

Bundesnetzagentur (2019): Mobilfunknetze. URL: https://www.bundesnetzagentur.de/DE/Sachgebiete /Telekommunikation/Unternehmen_Institutionen/Frequenzen/OeffentlicheNetze/Mobilfunk netze/mobilfunknetze-node.html. Abgerufen am 29. 08. 2019.

Butler, Mihaela Lica (2018): Coworking Spaces Revolution – Innovation & Trends 2019. URL: https://www.carmelon-digital.com/articles/coworking-spaces-revolution-innovation-trends-2019/. Abgerufen am 27. 8. 2019.

CSUN (2018): Gartner: Immersive Experiences Among Top Tech Trends for 2019. URL: https://www.csun.edu/it/news/gartner-immersive-experiences-among-top-tech-trends-2019. Abgerufen am 27. 8. 2019.

Deloitte (2015): Global Mobile Consumer Survey 2015. URL: https://www2.deloitte.com/de/de/pages/ technology-media-and-telecommunications/articles/global-mobile-consumer-survey-20151.html. Abgerufen am 29. 8. 2019.

Deloitte (2017): Global Mobile Consumer Survey 2017 – Mobile Evolution, Ausgewählte Ergebnisse für den deutschen Mobilfunkmarkt. URL: https://www2.deloitte.com/content/dam/Deloitte/de/ Documents/technology-media-telecommunications/Global%20Mobile%20Consumer%20Survey%20 2017%20Study%20Deloitte1.pdf. Abgerufen am 26. 8. 2019.

Dörndorfer, Julian; Schmidtner, Markus; Seel, Christian; Kan, Erdi (2019): Der Mobile Revenue Model Catalogue – Eine Analyse mobiler Erlösmodelle. Landshuter Arbeitsberichte zur Wirtschaftsinformatik (Lab WI) (8). URL: https://opus4.kobv.de/opus4-haw-landshut/frontdoor/index/index/ docId/121. Abgerufen am 26. 8. 2019.

Drifty Co. (o. J.): Capacitor: Universal Web Applications. URL: https://capacitor.ionicframework.com/. Abgerufen am 30. 08. 2019.

Durst, Michael; Stang, Stefanie; Stößer, Lena; Edelmann Fritz (2010): Kollaboratives Trendmanagement. In: HMD Praxis der Wirtschaftsinformatik, Volume 47 (2010), S. 78 – 86.

Facebook Inc. (o. J.): React – A JavaScript library for building user interfaces. URL: https://reactjs.org/. Abgerufen am 30. 08. 2019.

Fink, Alexander; Siebe, Andreas (2006): Handbuch Zukunftsmanagement. Werkzeuge der strategischen Planung und Früherkennung. Campus Verlag, Frankfurt/Main, 2006

Finley, Klint (2018): The Case That Never Ends: Oracle Wins Latest Round vs. Google. Wired. URL: https://www.wired.com/story/the-case-that-never-ends-oracle-wins-latest-round-vs-google/. Abgerufen am 30. 08. 2019.

Frees, Beate; Koch, Wolfgang (2018): ARD/ZDF-Onlinestudie 2018: Zuwachs bei medialer Internet-nutzung und Kommunikation. URL: http://www.ard-zdf-onlinestudie.de/files/2018/0918_Frees_Koch.pdf. Abgerufen am 21.8.2019.

Gartner (2019a): Bimodal IT, IT glossary. URL: http://www.gartner.com/it-glossary/bimodal. Abgerufen am 23.8.2019.

Gartner (2019b): Gartner Highlights 10 Uses for AI-Powered Smartphones. URL: https://www.gartner.com/en/newsroom/press-releases/2018-03-20-gartner-highlights-10-uses-for-ai-powered-smartphones. Abgerufen am 27.8.2019.

Gartner (2019c): Gartner Hype Cycle. URL: https://www.gartner.com/en/research/methodologies/gartner-hype-cycle. Abgerufen am 15.8.2019.

Gartner (2019d): Augmented Reality (AR). URL: https://www.gartner.com/it-glossary/augmented-reality-ar. Abgerufen am 28.8.2019.

Gartner (2019e): Virtual Reality (VR). URL: https://blogs.gartner.com/it-glossary/vr-virtual-reality/. Abgerufen am 28.8.2019.

Gimpel, Henner; Röglinger, Maximilian (2015): Digital Transformation: Changes and Chances –Insights based on an Empirical Study. URL: http://publica.fraunhofer.de/documents/N-391990.html. Abgerufen am 21.8.2019.

Girard, John; Zumerle, Dionisio (2017): Hype Cycle for Mobile Security, 2017. URL: https://www.gartner.com/en/documents/3766263. Abgerufen am 15.8.2019.

Google (o.J.a): Volley overview. URL: https://developer.android.com/training/volley. Abgerufen am 30.08.2019.

Google (o.J.b): Flutter – Beautiful native apps in record time. URL: https://flutter.dev/. Abgerufen am 30.08.2019.

Google (o.J.c): Fuchsia Project. URL: https://fuchsia.dev/. Abgerufen am 30.08.2019.

Grunau, Philipp; Ruf, Kevin; Steffes, Susanne; Wolter, Stefanie (2019): Mobile Arbeitsformen aus Sicht von Betrieben und Beschäftigten: Homeoffice bietet Vorteile, hat aber auch Tücken. IAB Kurzbericht Nr. 11, Nürnberg. URL: https://www.iab.de/194/section.aspx/Publikation/k190604j02. Abgerufen am 27.8.2019.

Hilker, Claudia (2017): Content Marketing in der Praxis, Ein Leitfaden – Strategie, Konzepte und Praxisbeispiele für B2B- und B2C-Unternehmen, Springer Gabler Verlag, Wiesbaden 2017

IEEE 802.11p (2010): IEEE Standard for Information technology – Local and metropolitan area networks – Specific requirements – Part 11: Wireless LAN Medium Access Control (MAC) and Physical Layer (PHY) Specifications Amendment 6: Wireless Access in Vehicular Environments.

Jörg, Marianna (2019): These will be the Messaging trends for 2019. URL: https://www.grape.io/blog/messenger-trends-2019/. Abgerufen am 26.8.2019.

Josef, Barbara; Back, Andrea (2019): Coworking aus Unternehmenssicht – Out of Office, into the Flow? In: HMD Praxis der Wirtschaftsinformatik, Volume 56 (2019), S. 780–794.

Kneis, Lucas (2018): Implementierung einer generischen Android und iOS App Deployment-Strategie für marktrelevante Enterprise Mobility Management Systeme. Bachelorarbeit, Unternehmens- und Wirtschaftsinformatik, B. Sc., Fakultät für Informatik, Hochschule Mannheim.

Krieger, Peter (2017): Entwicklung einer Cross-Plattform App-Oberfläche mit Xamarin für die Darstellung und Verarbeitung generischer Daten. Bachelorarbeit, Informatik, B. Sc., Fakultät für Informatik, Hochschule Mannheim.

Kupferschmitt, Thomas (2018): Onlinevideo-Reichweite und Nutzungsfrequenz wachsen, Altersgefälle bleibt. URL: http://www.ard-zdf-onlinestudie.de/files/2018/0918_Kupferschmitt.pdf. Abgerufen am 21.8.2019.

Leow, Adrian (2017): Hype Cycle for Mobile Applications and Development, 2017. URL: https://www.gartner.com/en/documents/3762279. Abgerufen am 15.8.2019.

Leow, Adrian (2018): Hype Cycle for Mobile Apps and Multiexperience Development, 2018. URL: https://www.gartner.com/en/documents/3885386. Abgerufen am 15.8.2019.

Lindner, Dominic; Greff, Tobias (2019): Führung im Zeitalter der Digitalisierung – was sagen Führungskräfte? In: HMD Praxis der Wirtschaftsinformatik, Volume 56 (2019), S. 628 – 646

Littlekernel (o. J.): LK embedded kernel. URL: https://github.com/littlekernel/lk. Abgerufen am 30.08.2019.

Llanasas, Ralf (2019): How AI is Transforming Mobile Technology. URL: https://greenbookblog.org/2019/02/11/how-ai-is-transforming-mobile-technology/. Abgerufen am 27.8.2019.

Öz, Nurcan (2017): Entwurf und Evaluierung eines Softwarearchitekturmodells für Cross-Plattform-Entwicklung mit Xamarin. Bachelorarbeit, Informatik, B.Sc., Fakultät für Informatik, Hochschule Mannheim.

Reiter, Andreas (2017): Secure policy-based device-to-device offloading for mobile applications. In: Proceedings of the Symposium on Applied Computing (SAC '17). ACM, New York, NY, USA, 516 – 521. DOI: 10.1145/3019612.3019719. URL: https://doi.org/10.1145/3019612.3019719.

Reker, Anika (2017): Infografik: Mobile Video-Nutzung soll bis 2021 um fast 900 Prozent wachsen. URL: https://mobilbranche.de/2017/02/infografik-mobile-video-cisco. Abgerufen am 26.8.2019.

Rondinella, Giuseppe (2019): Kaum ein Deutscher nutzt mobile Bezahldienste. URL: https://www.horizont.net/tech/nachrichten/trotz-google-pay-und-apple-pay-kaum-ein-deutscher-nutzt-mobile-bezahldienste-173469. Abgerufen am 26.8.2019.

Roth-Dietrich, Gabriele; Gröschel, Michael (2018): Digitale Transformation: Herausforderung für das Geschäftsmodell und Rolle der IT. In: Lang, Michael (Hrsg.): IT-Management: Best Practices für CIOs. De Gruyter Verlag, Berlin, Boston 2018, S. 141 – 166.

Ruoss, Sven (2015): Was wird unter digitaler Transformation genau verstanden? URL: https://svenruoss.ch/2015/06/16/teil-2-was-wird-unter-digitaler-transformation-genau-verstanden/. Abgerufen am 21.8.2019.

Shah, Syed Adeel Ali; Ahmed, Ejaz; Imran, Muhammad; Zeadally, Sherali (2018): 5G for Vehicular Communications. IEEE Communications Magazine 56 (1), 111 – 117. DOI: 10.1109/MCOM.2018.1700467. URL: https://doi.org/10.1109/MCOM.2018.1700467.

Statista (2018): Mobile Apps – Statista-Dossier zum Thema Mobile Apps. URL: https://de.statista.com/statistik/studie/id/11697/dokument/mobile-apps-statista-dossier/. Abgerufen am 29.8.2019.

Urbach, Nils; Ahlemann, Frederik (2016): IT-Management im Zeitalter der Digitalisierung – Auf dem Weg zur IT-Organisation der Zukunft. Springer Gabler Verlag, Berlin Heidelberg 2016.

W3C (2019a): Generic Sensor API, W3C Working Draft, 7 March 2019. URL: https://www.w3.org/TR/2019/WD-generic-sensor-20190307/. Abgerufen am 30.08.2019.

W3C (2019b): WebXR Device API, W3C Working Draft, 21 May 2019. URL: https://www.w3.org/TR/2019/WD-webxr-20190521/. Abgerufen am 30.08.2019.

W3C (2019c): Web Share API – Level 1, W3C Editor's Draft 10 August 2019. URL: https://w3c.github.io/web-share/. Abgerufen am 30.08.2019.

W3C (2019d): Payment Request API, W3C Candidate Recommendation 16 April 2019. URL: https://www.w3.org/TR/2019/CR-payment-request-20190416/. Abgerufen am 30.08.2019.

Wächter, Mark (2016): Mobile Strategy – Marken- und Unternehmensführung im Angesicht des Mobile Tsunami. Springer Gabler Verlag, Berlin Heidelberg 2016.

Weiß, Frank; Leimeister, Jan Marco (2012): Consumerization – IT-Innovationen aus dem Konsumentenumfeld als Herausforderung für die Unternehmens-IT. In: Wirtschaftsinformatik, Volume 54 (2012), S. 351 – 354

Zukunftsinstitut (2019): Trends – Grundlagenwissen. URL: https://www.zukunftsinstitut.de/artikel/trends-grundlagenwissen/. Abgerufen am 21.8.2019.

2 Cloud Computing/ Anything as a Service (XaaS)

Thomas Barton

Unternehmen müssen sich mit dem Thema Digitalisierung auseinandersetzen. Cloud Computing ist einer von vielen IT-Trends, mit denen Verantwortliche in Berührung kommen, wenn sie sich mit Digitalisierung beschäftigen. Da Cloud Computing einen starken Bezug zu anderen Trends besitzt und als Infrastruktur für diese dienen kann, ist Cloud Computing ein wichtiges Thema bei der Digitalisierung eines Unternehmens. Daher ist für Entscheider eine Beschäftigung mit dem Thema Cloud Computing besonders wichtig.

In diesem Beitrag erfahren Sie,
- welche Chancen die Nutzung von Cloud Computing bietet,
- welche Formen und Ausprägungen Cloud Computing besitzt,
- welche Bedenken gegen den Einsatz von Cloud Computing sprechen,
- in welchen Bereichen/Anwendungen Cloud Computing verbreitet ist,
- Tipps für den Einsatz von Cloud Computing.

■ 2.1 Begriff und allgemeine Beschreibung

Bei Cloud Computing handelt es sich nicht um eine reine Technologie. Der Begriff ist entstanden, um einen Trend zu beschreiben, der einhergeht mit verschiedenen Entwicklungen, welche Cloud Computing erst ermöglicht haben. Hierbei handelt es sich andererseits um technologische Fortschritte, die von der Miniaturisierung von Komponenten bis hin zur Entwicklung von mobilen Endgeräten reichen. Cloud Computing umfasst daher unter anderem die Bereitstellung von Computing-Ressourcen wie Server, Speicher, Datenbanken oder auch Analysen. Diese technologischen Entwicklungen werden angereichert um Erkenntnisse und Methoden aus der industriellen Fertigung, auch als Industrialisierung der Informationstechnologie bezeichnet. Beispiele hierfür sind die Entwicklung und Verbreitung von Standards sowie eine Verringerung der unternehmensinternen IT-Wertschöpfungstiefe (IT-Outsourcing). Durch das Internet und seine schnelle Verbreitung steht darüber hinaus eine globale Kommunikationsinfrastruktur bereit, die – und das könnte die bedeutsamste dieser Entwicklungen sein – auf Nutzer trifft, die Verhaltensweisen aus ihrem privaten Umfeld in das Geschäftsumfeld übertragen (Metzger u.a. 2011, Münzl u.a. 2015, Barton und Münzl 2012).

Als Definition für Cloud Computing findet häufig die der US-amerikanischen Standardisierungsstelle NIST (National Institute of Standards and Technology) Verwendung. In der englischen Version lautet sie:

„Cloud computing is a model for enabling ubiquitous, convenient, on-demand network access to a shared pool of configurable computing resources (e.g., networks, servers, storage, applications, and services) that can be rapidly provisioned and released with minimal management effort or service provider interaction" (Mell und Grance 2011).

Nach dieser Definition ist Cloud Computing ein Modell, welches Ressourcen zur Verfügung stellt, um Computing zu betreiben. Computing findet nach dieser Definition in einem Reservoir aus gemeinsam nutzbaren Ressourcen statt, wobei die Ressourcen konfigurierbar sind. Hierbei können beispielsweise Netze, Server, Speicher, Anwendungen und Dienste genutzt werden. Der Zugang erfolgt bei Bedarf über ein Netzwerk und ist von überall aus barrierefrei nutzbar. Die Ressourcen können kurzfristig vorgehalten und mit minimalem Aufwand an Steuerung oder Wechselbeziehung mit einem Dienstleister zur Verfügung gestellt werden. Eine veraltete Bezeichnung für Computing im engeren Sinne ist Datenverarbeitung.

Die deutsche Übersetzung der obigen Definition, wie sie auch vom Bundesamt für Sicherheit in der Informationstechnik (BSI) verwendet wird, lautet: „Cloud Computing ist ein Modell, das es erlaubt bei Bedarf, jederzeit und überall bequem über ein Netz auf einen geteilten Pool von konfigurierbaren Rechnerressourcen (z.B. Netze, Server, Speichersysteme, Anwendungen und Dienste) zuzugreifen, die schnell und mit minimalem Managementaufwand oder geringer Serviceprovider-Interaktion zur Verfügung gestellt werden können."

Ein Nachweis zur Herkunft des Begriffs Cloud Computing gestaltet sich nicht einfach. Der Begriff Cloud Computing ist wohl erstmalig auf einer internen Präsentation bei der Compaq Computer Corporation verwendet worden. Auf einer wissenschaftlichen Konferenz ist der Begriff erstmalig im Jahr 1997 aufgetaucht in einem Beitrag von Prof. Ramnath K. Chellappa. Auch der ehemalige CEO von Google, Eric Schmidt, gilt mit der Verwendung von „Computer in der Cloud" in den 90er-Jahren als ein Wegbereiter für den Begriff Cloud Computing (Oppitz und Tomsu 2018, Hentschel und Ley 2018, Münzl u.a. 2015, Regalado 2011).

Aus Sicht einer betrieblichen Nutzung verspricht Cloud Computing einige Beson-
derheiten, die äußerst vielversprechend beim Einsatz von Informationstechnologie
sind (Barton 2014):

- Informationstechnologie wird schnell und flexibel verfügbar.
- Eine Anpassung an individuelle Nutzerbedürfnisse erfolgt über eine einfache
  Bedienung.
- Ressourcen beispielsweise zur Berechnung von betrieblichen Vorgängen und
  zur Speicherung von Dokumenten können ebenso wie die Nutzung ganzer An-
  wendungen etwa im Bereich des Kundenbeziehungsmanagements als Dienst-
  leistung bezogen werden.
- Der Einsatz von Informationstechnologie ist mit keinen oder nur mit geringen
  Vorabinvestitionen verbunden.
- Eine Abrechnung der Dienstleistung erfolgt nach Nutzung („pay as you go"), es
  entstehen keine fixen Kosten. Wobei sich die Abrechnung von SaaS-Dienstleis-
  tungen zum einen nach einem Seat (z. B. nach einem Nutzeraccount) oder nach
  Nutzungsintervallen (z. B. Anzahl der Abfragen) richten kann.

 Im Jahr 2017 betrug der weltweite Umsatz mit Cloud Computing 145 Mrd. US-$.
Für das Jahr 2020 wir mit einem Umsatz von 240 Mrd. US-$ gerechnet (Die Daten
beziehen sich nur auf Public-Cloud-Dienste, Gartner 2018). Für Deutschland wird
für das Jahr 2020 ein Umsatz von 17 Mrd. € prognostiziert (Experton 2017).

■ 2.2 Formen/Ausprägungen

2.2.1 Serviceebenen

Die Nutzung von Informationstechnologie in Form von Dienstleistungen erfolgt
in drei Kategorien, die allgemein akzeptiert werden. Diese werden auch Serviceebenen oder Servicemodelle (Bild 2.1) genannt (Mell und Grance 2011, Barton und
Münzl 2012, Münzl u. a. 2015):

- Die oberste Ebene wird mit SaaS oder „Software as a Service" bezeichnet. In
  dieser Kategorie stehen ganze Anwendungen in einer standardisierten Form zur
  Verfügung, die als Dienstleistung für einen gewissen Zeitraum zur Verfügung
  gestellt werden. Eine einzelne Anwendung ist in der Regel vom Anbieter mit
  einem unterschiedlichen Umfang an Funktionalität versehen worden, sodass ein
  Kunde über die Auswahl bestimmter Arten von Benutzern (während manche
  Anbieter die Funktionalität in Form von unterschiedlichen Benutzern zur Ver-

fügung stellen, verwenden andere Anbieter die Bezeichnung Edition) den Umfang der Nutzung bestimmt. Der Preis hängt dann von der gewählten Edition ab und ergibt sich für eine Edition aus der Anzahl der Benutzer multipliziert mit diesem Preis. Die Abrechnung erfolgt als Abonnement periodisch, meist monatlich oder jährlich.

- Für die mittlere Ebene hat sich der Begriff PaaS oder „Platform as a Service" etabliert. In dieser Kategorie stehen Entwicklungsplattformen zur Verfügung, um Anwendungen zu entwickeln oder um bestehende Anwendungen auf unternehmensspezifische Anforderungen hin anzupassen. Hierbei wird die benötigte Infrastruktur wie Hardware und Betriebssystem automatisch von dem PaaS-Dienstleister zur Verfügung gestellt. Diese Ebene wendet sich an Softwarearchitekten oder Anwendungsentwickler. PaaS wird genutzt für die Entwicklung, für das Deployment und für den Betrieb von Anwendungen.

- Die unterste Ebene wird mit „Infrastructure as a Service" (oder kurz IaaS) bezeichnet. Sie stellt Services in Form von Rechen-, Speicher- oder Netzkapazität und Schnittstellen für den Aufbau einer Infrastruktur zur Verfügung. Die Abrechnung erfolgt anhand einer Vielzahl von Messgrößen und ist nur schwer vorab abschätzbar.

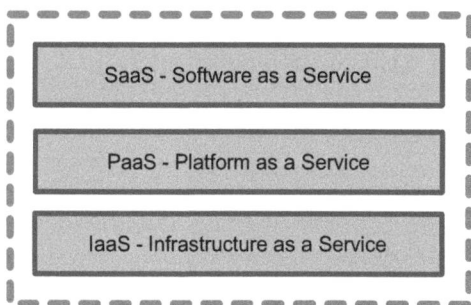

Bild 2.1 Serviceebenen (oder Servicemodelle) für Cloud Computing

 Da die Nutzung von Cloud Computing auf eine vielfache Weise in Form von Diensten erfolgen kann, hat sich auch die Bezeichnung „Everything as a Service" oder auch „Anything as a Service", abgekürzt als XaaS, eingebürgert. XaaS ist damit sozusagen ein Paradigma für Cloud Computing (Baun et al. 2011).

Auch Datenbanken stehen als Cloud-Dienste zur Verfügung und werden in einer eigenen Kategorie als Database as a Service (oder kurz DBaaS) geführt (Seibold und Kemper 2012). Es gibt heute schon eine Vielzahl von Anwendungen aus dem Bereich der Künstlichen Intelligenz, die als „Artificial Intelligence as a Service" – kurz AIaaS – zur Verfügung stehen. So hatten AWS, Google und Microsoft Azure bereits im Jahre 2018 zusammen 61 Dienste für Künstliche Intelligenz und Machine Learning im Angebot (Elger und Shanaghy 2019).

Typische Anwendungen, die als SaaS genutzt werden, sind: Office, Groupware wie z. B. Kalender und E-Mail, Enterprise Resource Planning (ERP) und Customer Relationship Management (CRM) (KPMG AG Wirtschaftsprüfungsgesellschaft 2017). Führende SaaS-Anbieter waren nach Umsatz 2017 u. a. Microsoft, Salesforce, Oracle, SAP und Google (IDC 2017).

Die weltweit führenden Anbieter im Bereich der Cloud-Infrastrukturen, die PaaS und IaaS einschließen, waren im 2. Quartal 2017 Amazon, Microsoft, IBM und Google (Synergy Research Group 2017).

Folgende Umsatzvolumina werden für 2020 prognostiziert: SaaS 99 Mrd. US-$, PaaS 23 Mrd. US-$ (Gartner 2018).

2.2.2 Form oder Bereitstellung

- Bei einer „Public Cloud" handelt es sich um eine öffentlich zugängliche Form von Cloud Computing, die von einem Dienstleister zur Verfügung gestellt wird. Sie wird auch als External Cloud bezeichnet.
- Eine „Private Cloud" dagegen bezeichnet die Organisationsform einer Cloud, die im Auftrag eines Unternehmens oder einer Organisation betrieben wird und den Zugang beispielsweise auf Mitarbeiter, Kunden und Lieferanten beschränkt. Nicht nur der Zugang, auch die Daten und Informationen werden in einer Private Cloud exklusiv gehalten. Das bedeutet, es werden keine Daten anderer Cloudnutzer innerhalb derselben Infrastruktur abgebildet. Diese Form einer Cloud wird auch als Internal Cloud oder Enterprise Cloud bezeichnet.
- Eine „Hybrid Cloud" bezeichnet eine Mischform von verschiedenen Cloud-Diensten oder die Verknüpfung einer Cloud mit einer traditionellen IT-Landschaft.

Einer Umfrage zufolge werden Private Clouds gegenüber Public Clouds als sicherer angesehen. Sie erreichen sogar minimal bessere Werte als On-Premise-Umgebungen (IDG Research Services 2019).

■ 2.3 Einsatz- und Anwendungspotenziale

Der Einsatz von Cloud Computing liefert für Unternehmen nach eigener Aussage einen großen Beitrag zur Digitalisierung. Eine Zusammenstellung zum aktuellen Stand der Digitalisierung in Unternehmen kann bei (Barton u. a. 2018) eingesehen werden. Eine aktuelle Umfrage zeigt, dass dies insbesondere für die internen Prozesse gilt (KPMG AG Wirtschaftsprüfungsgesellschaft 2019). Im Vergleich mit den europäischen Nachbarn liegt Deutschland bei der Nutzung von Cloud Computing in Unternehmen mit mindestens zehn Beschäftigen allerdings klar auf den hinteren Plätzen (Eurostat 2018).

2.3.1 Unternehmensformen

Der Einsatz von Cloud Computing in Unternehmen lag im Jahr 2018 in Deutschland bei etwa 40 % und ist gleichmäßig verteilt auf Kleinstunternehmen, Mittelständler und Großunternehmen. Unterschiede gibt es in der Planung für die weitere Nutzung. Hier liegen Großunternehmen deutlich vorne (Bundesministerium für Wirtschaft und Energie 2018).

2.3.2 Bereitstellung

Die Nutzung von Cloud Computing ist nicht auf jede Form gleichmäßig verteilt. Der Einsatz einer Private Cloud ist mit einer Nennung von 55 % die am häufigsten eingesetzte Organisationsform in Unternehmen ab 20 Mitarbeitern. Die Nutzung einer Public Cloud hängt hier mit 35 % deutlich zurück (KPMG AG Wirtschaftsprüfungsgesellschaft 2019). In einer Public Cloud werden vorzugsweise unkritische geschäftliche Informationen und Kommunikationsdaten (zum Beispiel E-Mails) gespeichert, aber vermehrt auch Kunden- und andere personenbezogene Daten sowie allerdings auch kritische geschäftliche Informationen (KPMG AG Wirtschaftsprüfungsgesellschaft 2017).

2.3.3 Bereiche

Bei der Nutzung von kostenpflichtigen Cloud-Diensten durch Unternehmen rangierte im Jahre 2016 die Speicherung von Daten ganz vorne, mit deutlichem Abstand folgt die Nutzung von E-Mails. Mit deutlicher Distanz belegen der Betrieb von Unternehmensdatenbanken, Office-Anwendungen und Softwareanwendungen im Finanz- oder Rechnungswesen die weiteren Plätze. Allerdings werden auch unternehmenseigene Anwendungen in einem beträchtlichen Maß in der Cloud ausgeführt. In dieser Liste wird auch die Nutzung von CRM-Software aufgeführt (KPMG AG Wirtschaftsprüfungsgesellschaft 2017).

2.3.4 Branchen

Beim Einsatz in den verschiedenen Branchen gibt es erhebliche Unterschiede. Im Jahr 2016 waren in Deutschland der Energiesektor, die Chemie- und Pharmaindustrie sowie die IT- und Telekommunikationssparte die drei Branchen mit einer Durchdringung von durchschnittlich mindestens 80 %. Bei der Nutzung von Cloud-Lösungen hinkten Banken, Versicherungen und der Handel hinterher (KPMG AG Wirtschaftsprüfungsgesellschaft 2017).

2.3.5 Wichtige Faktoren für den Einsatz

Bei der Entscheidung für die Nutzung von Cloud Computing spielen zwei Faktoren eine wichtige Rolle:

- Mit der Wahl der Organisationsform entscheidet man sich mit einer Public Cloud für die Nutzung eines Dienstes, der in einer standardisierten Form allgemein zugänglich ist. Eine Private Cloud erlaubt den Aufbau einer individuellen und unternehmensspezifischen Cloud unter eigener Regie.
- Mit der Wahl der zu verwendenden Technologie trifft man eine Entscheidung, mit der man sich mittelfristig auch auf ein Ökosystem festlegt. Bei der Nutzung einer Public Cloud erfolgt häufig eine Wahl zwischen den Big Playern.

Für den Aufbau einer Private Cloud kann eine quelloffene Software wie z. B. Open-Stack genutzt werden. Damit lassen sich professionelle Anwendungen nicht nur für E-Commerce, Big Data oder High Performance Computing betreiben (OpenStack 2016). OpenStack gehört zu den drei aktivsten Projekten für quelloffene Software (Seidel 2019).

OpenStack ist ein globales Projekt, das eine offene Standardplattform für Cloud Computing erstellt, um Private oder Public Clouds zu betreiben. Es besitzt nach eigenen Angaben mehr als 100 000 Mitglieder in 199 Ländern. 687 Unternehmen unterstützend das Projekt (OpenStack 2019). Die Gemeinschaft arbeitet nach eigenen Angaben nach vier Prinzipien (OpenStack 2016):

- Der Code ist als Open Source unter einer Apache-2.0-Lizenz verfügbar.
- Es handelt sich um eine offene Gemeinschaft mit dokumentierten und transparenten Prozessen, die Entscheidungen im Konsens trifft.

> ▪ Die Entwicklung erfolgt offen, Code Review und Roadmaps werden veröffentlicht.
>
> ▪ Alle sechs Monate findet eine Konferenz (mit den Namen OpenStack Summit) statt, um Anforderungen zu sammeln und Spezifikationen für das nächste Release zu erfassen.

▪ 2.4 Chancen und Risiken

Kleine und mittlere Unternehmen können ohne Investitionsrisiko moderne Informationstechnologien flexibel nutzen. Für diese Unternehmen bietet sich eine Nutzung in Form von standardisierten Lösungen in einer Public Cloud an. Über die Nutzung von Software as a Service ist eine einfache und transparente Abrechnung der genutzten Dienste möglich. Kleine und mittlere Unternehmen können auf diese Weise sehr innovative Dienste einsetzen. Auch neue Geschäftsmodelle können auf dieser Basis schnell und mit geringem Risiko entwickelt werden. Das bietet insbesondere für Start-ups große Chancen.

Bereits für mittelständische Unternehmen bietet sich nicht nur die oben genannte Nutzung von Cloud Computing an. Über die Nutzung von Platform as a Service ist es mit relativ geringem Aufwand möglich, einerseits standardisierte SaaS-Dienst branchen- oder unternehmensspezifisch anzupassen oder auf der anderen Seite auch eigene Dienste als Software as a Service zu entwickeln. Darüber hinaus kann es auch für mittelständische Unternehmen bereits notwendig sein, Infrastructure as a Service zu nutzen, um eigene Anwendungen in der Cloud zu betreiben oder um Daten über eine Schnittstelle abzuspeichern und wieder auszulesen.

Für ein Großunternehmen kann die bisher genannte Nutzung von Public-Cloud-Diensten auch auf das Betreiben von Rechenzentren als Infrastructure as a Service ausgedehnt werden, um nur den tatsächlichen Bedarf an IT-Ressourcen vorzuhalten. Vor allen Dingen stellt sich die Frage, ob eine Private Cloud einzurichten ist. Private Clouds bieten die Chance, Cloud-Technologien individuell einzusetzen und exklusiv zu nutzen. Auf diese Weise bleiben durchgeführte Entwicklungen für die Konkurrenz verborgen.

Hemmnisse für den Einsatz von Cloud Computing resultieren insbesondere aus Bedenken beim Datenschutz und bei der Datensicherheit. Für die Entscheidung von Cloud-Diensten eines Anbieters spielen daher Sicherheit und Vertrauen eine herausragende Rolle.

In einer Studie wurden IT-Manager und IT-Spezialisten nach wichtigen Kriterien zur Auswahl von Cloud-Diensten gefragt. Mit absteigender Priorität nach Wichtigkeit werden u. a. die folgenden fünf Kriterien genannt: gesicherter Zugriff, Verschlüsselung von Daten, Zuverlässigkeit des Anbieters, Vertrauen in den Anbieter, gesicherte Kommunikation. Auf einer Frage nach dem größten Sicherheitsrisiko werden in dieser Studie u. a. die folgenden fünf Gefahren benannt: Hacker-Angriffe, Datendiebstahl, Cloud-Ausfall (mangelnde Belastbarkeit), unsichere Cloud-Schnittstellen, mangelhafter Datenschutz nach EU-DSGVO. In der Studie haben fast die Hälfte der befragten Unternehmen berichtet, dass sie von Cyber-Angriffen auf ihre Cloud-Services betroffen sind (IDG Research Services 2019).

Daher ist es nur konsequent, dass folgende Anforderungen mit hoher Priorität an Cloud-Dienstleister gerichtet werden: Konformität mit der seit Mai 2018 geltenden Datenschutzgrundverordnung (DSGVO), mögliche Datenverschlüsselung durch Cloud-Nutzer, Rechenzentren ausschließlich in Deutschland, Hauptsitz im Rechtsgebiet der EU, Rechenzentren ausschließlich im EU-Rechtsgebiet, unabhängige Zertifikate (KPMG AG Wirtschaftsprüfungsgesellschaft 2019).

■ 2.5 Technologien

2.5.1 In aller Kürze

Ein System in Form einer Cloud-Anwendung besteht in der einfachsten Form technisch gesehen aus einer Softwareanwendung, einer Plattform und Infrastruktur-Komponenten. Von der Architektur des Systems aus gesehen spielen service-orientierte Architekturen, die auf Microservices basieren, eine große Rolle. Nur damit können IT-Ressourcen schnell und flexibel zur Verfügung gestellt werden. Als Basistechnologien dienen virtuelle Maschinen und Container, um IT-Ressourcen über eine multimandantenfähige Infrastruktur für eine geteilte Nutzung auszuliefern. Ressourcen müssen lastabhängig skalierbar sein. Dann kann eine performante und flexible Nutzung erfolgen, die auch Lastspitzen kompensieren kann. Der Zugriff auf Dienste erfolgt in der Regel über das Internet unter Ausnutzung von Standards und Internettechnologien. Um den Umfang der Nutzung von Ressourcen zu bewerten, bedarf es einer umfangreichen Erfassung von verschiedenen Messgrößen, die für ein Monitoring zur Verfügung zu stellen sind. Dabei gilt es auch, z. B. die genutzte Rechenleistung, die Menge der übertragenen und abgespeicherten Daten sowie die Anzahl von Dienstaufrufen für eine Abrechnung aufzubereiten.

2.5.2 Public oder Private Cloud?

Die Nutzung von Diensten ist in Form einer Public Cloud ebenso möglich wie auf Basis einer Private Cloud. Tabelle 2.1 stellt verschiedene Dienste für den Aufbau einer Cloud-Infrastruktur dar, wobei die jeweiligen Dienste von drei führenden Public-Cloud-Anbietern einem Private-Cloud-Dienst am Beispiel von OpenStack gegenübergestellt werden. Bei den Public-Cloud-Anbietern handelt es sich um Amazon Web Services (AWS), Microsoft Azure und Google Cloud Platform. Bei den Diensten in Form einer Private Cloud erfolgt die Darstellung für OpenStack (Open-Stack 2016, Amazon Web Services 2019, Google Cloud Platform 2019, Microsoft Azure 2019).

Tabelle 2.1 Vergleich von IaaS-Diensten bei der Nutzung einer Public und einer Private Cloud (Auswahl)

Dienst	Amazon Web Services (AWS)	Microsoft Azure	Google Cloud Platform	OpenStack
Virtuelle Server	Elastic Compute Cloud (EC2)	Virtual Machines	Compute Engine	Nova
Speicher: Object Storage Block Storage	Simple Storage Service (S3) Elastic Block Store (EBS)	Blob Storage Disk Storage/ Page Blobs	Cloud Storage Persistent Disk	Swift Cinder
Orchestrierung	Cloud Formation	Resource Manager	Deployment Manager	Heat
Container	EC2 Container Service	Container Service	Container Engine	Magnum
Datenbank	Relational Database Service (RDS)	SQL Database	Cloud SQL	Trove
Benutzer-schnittstelle	Command Line Interface (CLI)	Command Line Interface (CLI), PowerShell	Cloud SDK	Horizon

Die Zusammenstellung zeigt, dass äquivalente Dienste sowohl in Form einer Public Cloud als auch in Form einer Private Cloud vorhanden sind.

 Die Zufriedenheit mit OpenStack bei der Erstellung einer Cloud-Infrastruktur wurde im Vergleich mit den Technologien von AWS, Microsoft und Google untersucht. OpenStack landet auf dem dritten Platz bei der Zufriedenheit und erhält nur ein geringfügig schlechteres Ergebnis als der Sieger (IDG Research Services 2019).

■ 2.6 Vorgehensweise zur Umsetzung

- Für die erstmalige Einführung einer Cloud-Anwendung wird empfohlen, eine unabhängige Anwendung als Software as a Service einzusetzen, die in Form einer Public Cloud genutzt wird.
- Für den weiteren Ausbau der Nutzung von Cloud-Diensten sind wichtige Faktoren wie Organisationsform und Ökosysteme zu berücksichtigen (wie unter Abschnitt 2.3.5 beschrieben).
- Der Einsatz einer agilen Vorgehensweise bei der Durchführung von Projekten sollte eine Selbstverständlichkeit sein. Das ist insbesondere bei Entwicklungsprojekten ein Muss (aber bitte erst in einem kleinen Rahmen ausprobieren!). Bei einem erstmaligen Einstieg in Scrum wird der Einsatz des Scrum-Guides (Schwaber und Sutherland 2007) empfohlen.
- Der Einsatz von Cloud Computing in einem Unternehmen sollte immer im Kontext der Entwicklung einer Digitalisierungsstrategie erfolgen.

■ 2.7 Weitere Entwicklung

Bei Cloud Computing handelt es sich nicht mehr um einen Trend. Der Einsatz von Cloud-Lösungen ist heute eine Selbstverständlichkeit und ein Treiber für die Digitalisierung in Unternehmen. Andreas von Bechtolsheim bezeichnet es in einem Vortrag an der Stanford University als neues Paradigma.

> *What is Cloud Computing? The Fifth Generation of Computing*
> *(after Mainframe, Personal Computer, Client-Server Computing, and the web).*
> *Andreas von Bechtolsheim, 2008*

Eine heute neue und noch nicht ausgereifte Technologie ist Quantum Computing. Funktionalität aus dem Bereich des Quantum Computing wird als „Quantum as a Service" zur Verfügung gestellt (Nieminen u. a. 2016).

■ 2.8 Die wichtigsten Punkte in Kürze

- Die Nutzung von Cloud Computing bietet eine hohe Flexibilität und ein großes Anwendungspotenzial bei der betrieblichen Anwendung von Informationstechnologie.
- Bei Cloud Computing wird Informationstechnologie in Form von Diensten und Computing-Ressourcen zur Verfügung gestellt, die sich in grober Näherung in Dienste für Infrastruktur, für die Entwicklung und für die Nutzung von Anwendungen einteilen lassen.
- Die Grundformen sind Public Cloud und Private Cloud.
- Bedenken beim Datenschutz und bei der Datensicherheit stellen Hemmnisse bei der Nutzung von Cloud Computing dar.
- Neben der Nutzung von Dienstleistern, die vielfältige Cloud-Lösungen für Unternehmen bereitstellen, gibt es die Möglichkeit, eine Private Cloud auf Basis von quelloffener Software zu erstellen.
- Cloud Computing bietet für jedes Unternehmen und für jede Organisation interessante Einsatzmöglichkeiten.
- Cloud Computing hat sich von einem Trend zu einem Standard entwickelt.

Literatur

Amazon Web Services: Service-Katalog. URL: https://aws.amazon.com/servicecatalog/. Abgerufen am 17.08.2019.

Barton, Thomas; Münzl, Gerald: Cloud Computing als neue Herausforderung für Management und IT. In: Barton, Thomas; Erdlenbruch, Burkhard; Herrmann, Frank; Müller, Christian; Schuler, Joachim (Hrsg.): Management und IT. Verlag News & Media, Berlin 2012, S. 77 – 104.

Barton, Thomas: E-Business mit Cloud Computing: Grundlagen, praktische Anwendungen, verständliche Lösungsansätze. Springer Vieweg, Wiesbaden 2014.

Barton, Thomas; Müller, Christian; Seel, Christian: Digitalisierung in Unternehmen. Von den theoretischen Ansätzen zur praktischen Umsetzung. Springer Vieweg, Wiesbaden 2018.

Baun, Christian; Kunze, Marcel; Nimis, Jens; Tai, Stefan: Cloud Computing: Web-basierte dynamische IT-Services. Springer Verlag, Berlin 2011, 2. Auflage.

Bundesministerium für Wirtschaft und Energie (BMWi): Monitoring-Report Wirtschaft DIGITAL 2018. URL: https://www.bmwi.de/Redaktion/DE/Publikationen/Digitale-Welt/monitoring-report-wirtschaft-digital-2018-langfassung.pdf. Abgerufen am 16.08.2019.

Elger, Peter; Shanaghy, Eóin: AI as a Service, Manning MEAP. URL: https://www.manning.com/books/ai-as-a-service. Abgerufen am 17.08.2019.

Eurostat: Nutzung von Cloud-Computing-Diensten in Unternehmen in Ländern in Europa 2018. URL: https://de.statista.com/statistik/daten/studie/183491/umfrage/nutzung-von-cloud-computing-diensten-in-unternehmen-in-europa. Abgerufen am 01.08.2019.

Experton: Umsatz mit Cloud-Computing-Services in Deutschland bis 2020. URL: https://de.statista.com/statistik/daten/studie/165458/umfrage/prognostiziertes-marktvolumen-fuer-cloud-computing-in-deutschland. Abgerufen am 01.08.2019.

Gartner: Prognose zum Umsatz mit Software-as-a-Service weltweit bis 2021. URL: https://de.statista. com/statistik/daten/studie/194117/umfrage/umsatz-mit-software-as-a-service-weltweit-seit-2010. Abgerufen am 01.08.2019.

Google Cloud Platform: Zuordnung von AWS-Diensten zu Google Cloud Platform-Produkten. URL: https:// cloud.google.com/free-trial/docs/map-aws-google-cloud-platform. Abgerufen am 17.08.2019.

Hentschel, Raoul; Ley, Christian: Cloud Computing. Status quo, aktuelle Entwicklungen und Herausforderungen. In: Reinheimer, Stefan (Hrsg.): Cloud Computing. Die Infrastruktur der Digitalisierung. Springer Vieweg, Wiesbaden 2018, S. 3 – 20.

Herzwurm, Georg; Henzel, Robert: Cloud-Computing – gekommen um zu bleiben. In: Kollmann, Tobias (Hrsg.): Handbuch Digitale Wirtschaft. Springer Reference Wirtschaft, 2019. URL: https://doi. org/10.1007/978-3-658-17345-6_64-1.

IDC: Public SaaS Cloud. 2017. URL: https://de.statista.com/statistik/daten/studie/817910/umfrage/ marktanteile-am-umsatz-mit-software-as-a-service-weltweit. Abgerufen am 01.08.2019.

IDG Research Services: Studie Cloud Security 2019. URL: https://www.nttsecurity.com/docs/ librariesprovider3/default-document-library/de_idg_cloudsecuritystudie_2019.pdf. Abgerufen am 16.08.2019

KPMG AG Wirtschaftsprüfungsgesellschaft: Cloud-Monitor 2017. Cyber Security im Fokus. URL: https://hub.kpmg.de/cloud-monitor-2017. Abgerufen am 16.08.2019.

KPMG AG Wirtschaftsprüfungsgesellschaft: Cloud-Monitor 2019. Public Cloud und Cloud Security sind kein Widerspruch. URL: https://hub.kpmg.de/cloud-monitor-2019. Abgerufen am 01.08.2019.

Nieminen, Risto M; Bonella, Sara; Drury, Luke; Scheffler, Matthias; Molinar, Elisa: Three European Centers of Excellence in Computational Science, Scientific Highlight Of The Month, Volume 133 (2016). URL: https://pure.mpg.de/rest/items/item_2382340/component/file_2383393/content. Abgerufen am 17.08.2019.

Metzger, Christian; Reitz, Thorsten; Villar, Juan: Cloud Computing: Chancen und Risiken aus technischer und unternehmerischer Sicht. München, Hanser Verlag, 2011.

Microsoft Azure: Vergleich von AWS mit Azure-Diensten. URL: https://docs.microsoft.com/en-us/ azure/guidance/guidance-azure-for-aws-professionals-service-map. Abgerufen am 17.08.2019.

Mell, Peter; Grance, Timothy: The NIST Definition of Cloud Computing. 2011. URL: https://nvlpubs.nist. gov/nistpubs/legacy/sp/nistspecialpublication800-145.pdf. Abgerufen am 17.08.2019.

Münzl, Gerald; Pauly, Michael; Reti, Martin: Cloud Computing als neue Herausforderung für Management und IT. Springer Vieweg, Berlin Heidelberg 2015.

OpenStack: Open Stack Essentials. Designing, migrating and deploying applications. 2017. URL: https://object-storage-ca-ymq-1.vexxhost.net/swift/v1/6e4619c416ff4bd19e1c087f27a43eea/www- assets-prod/enterprise/OpenStack-AppDevMigration8x10Booklet-v10-online.pdf. Abgerufen am 17.08.2019.

OpenStack: OpenStack. A Business Perspective. 2016. URL: https://object-storage-ca-ymq-1.vexxhost. net/swift/v1/6e4619c416ff4bd19e1c087f27a43eea/www-assets-prod/pdf-downloads/business- perspectives.pdf. Abgerufen am 17.08.2019.

OpenStack. URL: https://www.openstack.org/. Abgerufen am 17.08.2019.

Oppitz, Marcus; Tomsu, Peter: Cloud Computing. In: Oppitz, Marcus; Tomsu, Peter: Inventing the Cloud Century. Springer, Cham 2018, S. 267–318.

Regalado, Antonio: Who Coined 'Cloud Computing'? MIT Technology Review, 2011. URL: https://www. technologyreview.com/s/425970/who-coined-cloud-computing. Abgerufen am 17.08.2019.

Reinheimer, Stefan (Hrsg.): Cloud Computing: Die Infrastruktur der Digitalisierung. Springer Vieweg, Wiesbaden 2018.

Schwaber, Ken; Sutherland, Jeff: The Scrum Guide™, The Definitive Guide to Scrum: The Rules of the Game. 2017. URL: https://www.scrum.org/resources/scrum-guide. Abgerufen am 16.08.2019.

Seibold, Michael; Kemper, Alfons: Database as a Service, Datenbank Spektrum, Volume 12 (2012), S. 59 – 62.

Seidel, Udo: Neuausrichtung der OpenStack Foundation, IX, Volume 6 (2019), S. 18.

Synergy Research Group: Marktanteile der Anbieter am Umsatz im Bereich Cloud Infrastructure weltweit Q2 2017. URL: https://de.statista.com/statistik/daten/studie/779775/umfrage/marktanteile-der-anbieter-am-umsatz-im-bereich-cloud-infrastructure-weltweit. Abgerufen am 01.08.2019.

Von Bechtolsheim, Andreas: Cloud Computing. URL: http://netseminar.stanford.edu/past_seminars/seminars/Cloud.pdf. Abgerufen am 15.08.2019.

3 Distributed Ledger und Blockchain – von Bitcoin zur Token-Ökonomie

Andreas Mitschele

Im Jahr 2008 wurde die Blockchain als Basis der heute weithin bekannten Kryptowährung Bitcoin entwickelt. Nach wie vor allerdings gehen die Expertenmeinungen zum Potenzial des neuen Ansatzes weit auseinander. Während Enthusiasten der Blockchain zutrauen, das gesamte Wirtschaftssystem zu revolutionieren, halten Kritiker diese weiterhin für einen vorübergehenden und substanzarmen Hype.

In diesem Beitrag erfahren Sie,

- wie die Blockchain als Basis für Bitcoin entwickelt worden ist und wie diese funktioniert,
- wie sich die Distributed-Ledger-Ansätze systematisieren lassen und wann ihr Einsatz sinnvoll ist,
- welche Anwendungsfelder und welche aktuellen Entwicklungen es gibt,
- welche Potenziale die Token-Ökonomie für alle Unternehmen mit sich bringen kann.

■ 3.1 Einleitung

Bei allem Dissens bezüglich der langfristigen Aussichten von Blockchain-Ansätzen steht eines fest: Diese erleben seit Jahren einen fulminanten Hype. Auf dem vielzitierten „Hype Cycle for Emerging Technologies" des US-Marktforschungsinstituts Gartner wurde die Blockchain im Jahr 2016 erstmalig aufgeführt. Zwischenzeitlich hat Gartner ihr sogar zwei eigene „Hype Cycles" gewidmet und zwar für „Blockchain Business" und „Blockchain Technologies". Man ist überzeugt, dass verteilte, auf Technologien wie Blockchain basierende Ökosysteme neue Geschäfts- und Betriebsmodelle hervorbringen werden (Blosch 2019).

Auch das unabhängige Weltwirtschaftsforum hat Blockchain-Ansätze bereits seit Längerem auf der Agenda, beurteilt den andauernden Hype um die Thematik allerdings deutlich kritischer. Eine Vielzahl von „Blockchain-Evangelisten" wecke laut Forum vollkommen überzogene Erwartungen an die Technologie, indem diese als Lösung für die hartnäckigsten Probleme auf der Welt angepriesen werde. Diese irreführende und zugleich fehlerhafte Darstellung erschwere es Entscheidungsträgern, sich ein ausgewogenes Urteil zu bilden, und beschädige zudem die langfristigen Erfolgsaussichten der Blockchain (Mulligan et al. 2018).

In Deutschland hat die Bundesregierung im September 2019 nach einem umfangreichen Konsultationsprozess mit 158 Stellungnahmen ihre „Blockchain-Strategie" veröffentlicht. Bereits der Untertitel „Wir stellen die Weichen für die Token-Ökonomie" lässt ein deutliches Commitment für die Blockchain und verbundene Technologien erwarten (Bundesregierung 2019a). Tatsächlich finden sich darin einige klare Ansagen – beispielsweise soll das deutsche Recht für elektronische Wertpapiere geöffnet werden. Die Veröffentlichung ist in jedem Fall ein wichtiger Schritt, um eine intensive Auseinandersetzung mit der Technologie zu fördern.

Während das Internet veränderte, wie wir Informationen austauschen und erhalten, könnten die Blockchain und verwandte Technologien verändern, wie wir untereinander Werte jeglicher Art austauschen. Da ihre Implementierung oftmals einen erheblichen Eingriff in bestehende technische Infrastrukturen mit sich bringt, wird ihr tatsächliches Potenzial vermutlich erst in fünf bis zehn Jahren erkennbar werden. Derweil sollten potenzielle Hype-Bildungen weiterhin kritisch hinterfragt werden.

Dieses Kapitel vermittelt zunächst ein grundlegendes Verständnis der Technologie und ihrer Hintergründe. Am Beispiel des Peer-to-Peer-Zahlungssystems Bitcoin, dem Ursprung und zugleich ersten Proof of Concept der Blockchain, werden die technologischen und ökonomischen Grundlagen des Verfahrens prägnant und nachvollziehbar aufbereitet. Dieses Verständnis ist wichtig, um die bahnbrechende Neuerung des Bitcoin-Ansatzes zu begreifen. Anschließend werden die verschiedenen Verfahren systematisiert sowie exemplarische Anwendungsfelder dargestellt. Der Beitrag schließt mit einem Ausblick auf die Herausforderungen und Potenziale.

 Ein tiefgehendes Verständnis der Distributed Ledger bzw. Blockchain-Technologie erfordert komplexe Fachkenntnisse in Informatik (z. B. Hash-Funktionen, Digitale Signaturen), Ökonomie (z. B. Spieltheorie, Plattform-/Marktdesign) und Recht (z. B. Verträge, Ledger/Kassenbuch). Im Weiteren werden die wesentlichen Zusammenhänge so aufbereitet, dass diese weitestgehend auch ohne Expertenwissen nachvollzogen werden können.

3.2 Bitcoin – die Disruption des Intermediärs

Die Ursprünge der Kryptowährung Bitcoin bleiben weiter im Dunkeln verborgen: Am 01.11.2008 veröffentlichte eine bis heute unbekannte Person oder Gruppe mit dem Pseudonym „Satoshi Nakamoto" im Internet ein neunseitiges White-Paper mit dem Titel „Bitcoin: A Peer-to-Peer Electronic Cash System" (Nakamoto 2008). Darin wird das Bitcoin-Konzept in kompakter Form dargestellt und damit der später als „Blockchain" bezeichnete Ansatz erstmalig beschrieben. Am 03.01.2009 wurde das darauf basierende Open-Source-Projekt mit der ersten Transaktion („Genesis-Transaktion") gestartet und damit Bitcoin ins Leben gerufen (https://bitcoin.org/de). Seitdem läuft das System ohne Unterbrechung: Ungefähr alle zehn Minuten wird ein neuer Buchungsblock mit aufgelaufenen Transaktionen generiert und dabei werden aktuell 12,5 Bitcoins neu geschöpft.

Vor dem Hintergrund einer Bitcoin-Marktkapitalisierung von ca. 150 Mrd. US-Dollar (Ende September 2019) ist bemerkenswert, dass das Bitcoin-Basissystem bis heute noch nicht kompromittiert werden konnte. Erfolgreiche Angriffe bzw. Coin-Diebstähle gab es bisher lediglich bei Kryptobörsen, die den Handel von Bitcoins gegen Fiatgeld und andere Kryptowährungen ermöglichen, sowie bei Kryptowallets, in denen die Coins bzw. deren Zugriffsrechte verwahrt werden.

 Die Kryptowährung Bitcoin dient als dezentrales Zahlungssystem zwischen Akteuren, die sich gegenseitig weder kennen noch vertrauen müssen. Es handelt sich um das erste funktionierende System ohne zentralen Intermediär (klassischerweise eine Bank), der sonst das Vertrauen zwischen den beteiligten Parteien sicherstellt.

3.2.1 Entstehung von Kryptowährungen

Bereits im Jahr 1983 hatte David Chaum die Idee, ein digitales Zahlungsmittel durch Anwendung kryptografischer Verfahren zu schaffen. Hierauf basierend gründete er 1989 mit „DigiCash" das vermutlich erste Unternehmen zur Lösung des Problems von Online-Zahlungen. Sein Zahlungsmittel „ecash" wurde von einigen Banken eingesetzt und ermöglichte Kunden anonyme Einkäufe, die von Banken nicht nachverfolgt werden konnten. Verkäufer waren dabei allerdings nicht anonym, denn sie mussten die Coins bei einer Bank einlösen. Chaum patentierte seine Ansätze, wodurch eine Weiterverwendung seines Protokolls verhindert wurde. Einige Kryptografen organisierten sich daraufhin über eine „Cypherpunks" genannte Mailingliste, um alternative Verfahren zu entwickeln (Narayanan et al. 2016).

Das Ziel der Cypherpunks war es, die Anonymität von Bargeld in den digitalen Zahlungsverkehr zu übertragen. Bei solchen digitalen Zahlungsmitteln besteht allerdings das Problem des sogenannten „Double Spending". Hierbei wird ein spezifisches Zahlungsmedium (z. B. Coin) von einem Betrüger kopiert und dann mehrfach an verschiedenen Stellen zur Zahlung eingesetzt. Sowohl der Ansatz von Chaum als auch alle nachfolgenden Versuche benötigten eine zentrale Instanz, um bereits verwendete digitale Münzen zu identifizieren und dadurch Betrug durch Double Spending zu verhindern (Sixt 2017).

Durch eine äußerst ausgefeilte Kombination bereits lange bekannter Technologien, insbesondere Peer-to-Peer-Netzwerke, Digitale Signaturen und Hash-Funktionen, sowie ein fundiertes ökonomisches Wissen über Zahlungssysteme, Geld und spieltheoretische Ansätze gelang Satoshi Nakamoto erstmalig die Lösung des Double-Spending-Problems. Seit Start des Bitcoin-Systems sind damit digitale Zahlungen zwischen Personen möglich, die sich nicht kennen und auch nicht vertrauen. Diese bahnbrechende Innovation hat potenzielle Auswirkungen weit über den Bereich von Zahlungssystemen hinaus.

 Seit den Ursprüngen des Wirtschaftens spielt Vertrauen zwischen den beteiligten Akteuren eine zentrale Rolle. Als die Geschäftsbeziehungen komplexer wurden, konnten sich Intermediäre als vertrauensgebende Instanzen im Wirtschaftssystem etablieren. Der Proof of Concept Bitcoin zeigt, dass Vertrauen durch die Kombination von Technologie/Kryptografie und ökonomischen Anreizen für beteiligte Akteure auch dezentral hergestellt werden kann. Dabei wird das Vertrauen bzw. die Intermediärsfunktion auf die Endnutzer des Systems verlagert. Dies könnte langfristig eine grundlegende Transformation bestehender Geschäftsmodelle mit solchen vermittelnden Aufgaben nach sich ziehen.

3.2.2 Technologische und ökonomische Basiselemente

Die verschiedenen technologischen Teilaspekte des Bitcoin-Ansatzes sind bereits seit langem bekannt und werden im Bitcoin-White-Paper zum Teil auch in den Literaturangaben aufgeführt. Neu waren im Wesentlichen die erfolgreiche Kombination der Ansätze sowie der weiterentwickelte Konsensalgorithmus. Nachfolgend werden die wichtigsten Bestandteile im Überblick beschrieben und in Zusammenhang miteinander gebracht.

In Kurzform leisten die Basiselemente folgende Beiträge zum Bitcoin-Zahlungs-system: Das dezentrale Peer-to-Peer-Netzwerk ermöglicht die Kommunikation zwischen den Beteiligten, kryptografische Hash-Funktionen in Verbindung mit dem Konsensalgorithmus stellen die Unabänderlichkeit der Buchungen sicher und digitale Signaturen autorisieren Bitcoin-Besitzer bei Zahlungen.

Peer-to-Peer-Netzwerke als Kommunikationsinfrastruktur

Das Bitcoin-System basiert auf einem **Peer-to-Peer-Netzwerk (P2P)**, das aus Tausenden miteinander verbundenen Einzelcomputern („Knoten") auf der ganzen Welt besteht. Auf einem solchen Ansatz fußte bereits die ursprüngliche Idee des Internets. Dieses wurde in den USA entwickelt, um im Krisen- bzw. Kriegsfall ein möglichst ausfallsicheres Kommunikationssystem sicherzustellen. P2P-Netzwerke sind somit auch sehr stabil gegenüber Hacker-Angriffen, da es kein zentrales Einfallstor gibt und der Ausfall einiger Knoten bei entsprechender Größe nicht ins Gewicht fällt. Die Kombination vieler Einzelrechner führt überdies zur einer hohen Gesamtleistung des Systems.

 Über Peer-to-Peer-Netzwerke können verteilte Anwendungen laufen und Daten ausgetauscht werden (File-Sharing). Durch dezentrale File-Sharing-Plattformen haben diese allerdings auch fragwürdige Berühmtheit erlangt. Beispielsweise konnten über das 2001 veröffentlichte P2P-Angebot Kazaa urheberrechtlich geschützte Werke, wie Musikstücke, Videos oder Texte, illegal heruntergeladen werden.

Im Bitcoin-Netzwerk gibt es somit keine zentrale Koordinierungsstelle, wie das ansonsten beispielsweise beim Buchungssystem einer Bank der Fall ist. Stattdessen sind alle Knoten gleichberechtigt: Jeder kann in das dezentrale Netzwerk eintreten oder auch wieder aussteigen. Das jeweils lokal installierte sogenannte Bitcoin-Core-System organisiert dabei den Informationsaustausch. Es ist als Open-Source-Projekt aufgesetzt und zeichnet sich somit durch eine hohe Transparenz bezüglich seiner Funktionalität aus (https://bitcoin.org/de/download). Änderungen am Quellcode bedeuten dadurch allerdings auch ein langwieriges Unterfangen. Nach zum Teil intensiven Diskussionen muss die Mehrheit der beteiligten Akteure vorgeschlagene Änderungen akzeptieren, damit anschließend das Gesamtsystem durch individuelle Aktualisierung der lokalen Bitcoin-Installationen mehrheitlich auf die neue Version migrieren kann. Es existiert eine lange Liste sogenannter Bitcoin Improvement Proposals (BIPs), die in einem festgelegten Prozess behandelt werden (https://github.com/bitcoin/bips).

Neue Bitcoin-Transaktionen sowie die gebuchten Blöcke mit bestätigten Transaktionen werden über das P2P-Netzwerk an alle Knoten verteilt („Broadcasting"), wodurch alle angeschlossenen Teilnehmer weltweit mit einem gewissen Zeitversatz auf dem aktuellsten Stand bleiben. Je nach Blockgröße kann es dabei deutlich über 30 Sekunden dauern bis ein Block die Mehrheit der Netzwerkknoten erreicht hat (Narayanan et al. 2016). Wenn Nutzer für die Dateneingabe ins Netzwerk ein geeignetes Anonymisierungswerkzeug verwenden (z. B. das Tor-Netzwerk), kann dabei die Herkunft der Daten nicht zum Absender zurückverfolgt werden.

Bestimmte Knoten, die sogenannten „Miner", sammeln die im Netzwerk verteilten neuen Transaktionen, verifizieren diese und buchen sie unabänderlich in das Bitcoin-Kontobuch. Im Gegensatz zu einem zentralen Buchungssystem, beispielsweise bei einer Bank, hält dabei jeder Miner eine lokale Kopie des Kontobuchs mit allen jemals durchgeführten Transaktionen vor und synchronisiert diese fortlaufend (ca. 250 GB mit Stand Oktober 2019). Ein ausgefeilter Konsensmechanismus stellt dabei sicher, dass die teilnehmenden Knoten sich über die Korrektheit aller Buchungen und die zeitliche Abfolge der Buchungsblöcke einig sind. Diese Kombination aus verteiltem Kontobuch und Konsensmechanismus löst das Problem des Double Spending.

 Alle jemals auf der Bitcoin-Blockchain durchgeführten Transaktionen sind öffentlich und können von jedem jederzeit nachvollzogen werden. Verschaffen Sie sich einen Eindruck der Bitcoin-Blockchain über einen „Block-Explorer", z. B. auf https://www.blockchain.com/explorer.

Unabänderlichkeit durch kryptografische Hash-Funktionen

Der nächste wichtige Baustein des Bitcoin-Systems sind **kryptografische Hash-Funktionen**. Darunter versteht man mathematische Funktionen, die eine beliebig lange Zeichenkette (z. B. ein gesamtes Buch) auf eine Zeichenkette mit einer bestimmten Anzahl von Zeichen (z. B. 64 Zeichen) abbilden. Hash-Funktionen haben eine Reihe sehr nützlicher Eigenschaften: Aus einem bestimmten Input generieren sie immer exakt denselben Output (Hash-Wert). Bei sehr guten Hash-Funktionen ist es zudem extrem unwahrscheinlich, dass zwei unterschiedliche Inputs auf dieselbe Output-Zeichenkette abgebildet werden (Kollisionsresistenz). Gleichzeitig ist es praktisch unmöglich aus dem Hash-Wert einer solchen Funktion den Input-Text zu ermitteln. Sie repräsentieren somit eine Art „digitalen Fingerabdruck" eines digitalen Dokuments und stellen dadurch einen wichtigen Baustein dar, um Fälschungssicherheit gewährleisten zu können (Narayanan et al. 2016).

Beim Bitcoin-System kommt der sogenannte SHA256-Algorithmus zum Einsatz. Dieser liefert als Ergebnis immer eine Zeichenkette mit 256 Bits bzw. 64 Stellen als Hexadezimalzahl. Anhand des folgenden Beispiels lässt sich erkennen, dass eine minimale Änderung des Funktionsinputs einen völlig anderen Hashwert-Output erzeugt:

Für Input 1: „Das ergibt Sinn!" liefert SHA-256:
„b592c0754b562773aee0540954d4ffe5c3043e6898405537d5874da02f0f9ff0"

Für Input 2: „Das ergibt Sinn." liefert SHA-256:
„365804ddbbcdb32914d1a9a7c9367105c61d10ccebe06147caf79f90467afae4"

 Kryptografische Hash-Funktionen werden beispielsweise als Prüfsumme bei der Übertragung von Dateien über das Internet verwendet. Dabei berechnet zunächst der Sender den Hash-Wert der betreffenden Datei, basierend auf einer vorab festgelegten Hash-Funktion, und verschickt beides anschließend an den Empfänger. Dieser ermittelt aus der eingegangenen Datei ebenfalls den Hash-Wert und vergleicht diesen mit dem empfangenen Wert. Stimmen beide überein, wurde die Datei mit an Sicherheit grenzender Wahrscheinlichkeit korrekt übermittelt. Ein exemplarischer SHA256-Hash-Rechner findet sich unter http://blockchain.mit.edu/hash.

Besitznachweis und Autorisierung durch digitale Signatur

Um Bitcoin-Transaktionen fälschungssicher zu autorisieren und dadurch den Besitz eines bestimmten Betrags zu belegen, wird überdies ein digitales Signaturverfahren benötigt. Das verwendete **asymmetrische Verschlüsselungsverfahren ECDSA** (Elliptic Curve Digital Signature Algorithm) basiert auf einem privaten und einem öffentlichen Schlüssel, die in einem mathematischen Zusammenhang stehen (Narayanan et al. 2016). Jedem Bitcoin-Betrag ist immer ein korrespondierendes Schlüsselpaar zugeordnet, das beispielsweise von einem Bitcoin-Wallet erzeugt wird. Ein solches Wallet kann in Analogie zu einem Geldbeutel als Aufbewahrungsort für Bargeld zur sicheren Verwahrung der privaten Schlüssel dienen. Wenn eine Person Bitcoins versenden möchte, signiert sie mit dem nur ihr bekannten privaten Schlüssel die beabsichtigte Transaktion. Jeder kann daraufhin mithilfe des zugehörigen öffentlichen Schlüssels verifizieren, dass diese Person tatsächlich der rechtmäßige Besitzer des in die Transaktion eingehenden Bitcoin-Betrags ist. Obwohl der öffentliche Schlüssel bekannt ist und ein eindeutiger mathematischer Zusammenhang besteht, kann der private Schlüssel derzeit nicht in realistischer Zeit aus dem öffentlichen Schlüssel abgeleitet werden.

Betrieb des Systems und Konsensfindung mittels ökonomischer Anreize

Das augenscheinlich chaotische Bitcoin-Netzwerk aus einer unbestimmten Anzahl von Einzelknoten, die sich nicht kennen und einander nicht vertrauen, wird durch ökonomische Anreize aus der Spieltheorie koordiniert und am Laufen gehalten.

Um in dem dezentralen System ohne Intermediär bezüglich der Gültigkeit eines bestimmten Satzes von Transaktionen („Block") eine Einigung unter allen Beteiligten zu erzielen, wird ein **Konsensmechanismus** benötigt. Bei Bitcoin kommt hierbei der sogenannte „Proof of Work" (PoW) zum Einsatz, bei dem die beteiligten Knoten („Miner") ihre Rechenleistung einbringen. Sie versuchen dabei im gegenseitigen Wettbewerb ein sehr rechenintensives mathematisches Rätsel zu lösen. Der Gewinner darf den nächsten Block an die Bitcoin-Blockchain anhängen. Dadurch vereinnahmt er sowohl die Block-Belohnung in Höhe von aktuell 12,5 Bitcoins als auch die verbundenen Transaktionsgebühren. Bei einem aktuellen Bitcoin-Kurs von ca. 8000 US-Dollar (Ende September 2019) ist dies ein lohnenswertes Unterfangen. Genau an dieser Stelle erfolgt somit also die Geldschöpfung im System, die vom Bitcoin-Erfinder zur Vorbeugung inflationärer Tendenzen von Beginn an auf 21 Millionen Bitcoins begrenzt wurde. Da die Block-Belohnung sich ungefähr alle vier Jahre halbiert, wird es voraussichtlich ab dem Jahr 2140 keine neuen Bitcoins mehr geben. Dann kann ein ökonomischer Anreiz für Miner nur noch über Transaktionsgebühren gesetzt werden.

 Das Rätsel beim sogenannten „Mining Race" besteht darin, für den Inhalt des aktuellen Buchungsblocks einen Hash-Wert mit einer bestimmten Anzahl führender Nullen zu finden. Der Block enthält u. a. eine Referenz auf den vorhergehenden Block, im Zeitfenster aufgelaufene valide Transaktionen sowie einen Zeitstempel. Diese fixen Inhalte werden von den Minern mit einer variablen Zahl kombiniert (sogenannte „Nonce"). Sie variieren diese und kalkulieren den Gesamt-Hash-Wert so lange, bis ein Lösungs-Hash mit ausreichend vielen führenden Nullen resultiert. Der erste erfolgreiche Miner gewinnt die Runde des Mining Race.

Für den echten Bitcoin-Block Nr. 598890 (11. 10. 2019) hat dieser SHA256-Hash beispielsweise 19 führende Nullen und wurde mithilfe der Nonce 1963149337 von dem Miner-Verbund „AntPool" gefunden: 0000000000000000000df2343fea905b 9b0ec508c51b960f9dc49fcaec24ccd2

Daraus wird auch der extrem hohe Schwierigkeitsgrad des Mining Race ersichtlich. Derzeit werden im Bitcoin-Netzwerk schätzungsweise 100 Trillionen (10^20) Hashes pro Sekunde berechnet (Quelle: https://www.blockchain.com/charts, Ende September 2019).

Aufgrund der bereits beschriebenen besonderen Eigenschaften von Hash-Funktionen gibt es für die Lösungssuche beim Mining Race bisher kein effizientes Verfahren und alle Miner müssen die Lösung durch simples Iterieren finden. Die Trefferwahrscheinlichkeit steigt dabei proportional zur eingesetzten Rechenleistung an, wodurch das Verfahren grundsätzlich sehr fair ist. Im Bitcoin-Netzwerk wächst die Rechenleistung unter starken Schwankungen immer weiter an. Um das Buchungsintervall für neue Blöcke im Mittel dennoch dauerhaft bei ca. zehn Minuten zu halten, passt das Bitcoin-System die durch die Anzahl von Nullen festgelegte Schwierigkeit nach 2016 Blöcken (14 Tagen) automatisch an.

Durch die Kombination aus aufwendigem „Proof-of-Work" (PoW) zur Konsens-findung, veränderungsresistenter Verkettung der Transaktionsblöcke mittels Kryptografie („Blockchain") und Einbezug des P2P-Netzwerks funktioniert das Bitcoin-System ohne zentralen Intermediär.

Aufgrund des immensen Rechenaufwands durch das PoW-Verfahren konsumieren die Miner auch riesige Mengen von Strom, vergleichbar mit dem Verbrauch eines kleinen Nationalstaats. Zudem kann das Verfahren durch die systemisch beschränkte Blockgröße nur ca. vier Transaktionen pro Sekunde verarbeiten, wodurch es sehr schlecht skaliert. Aufgrund der komplexen Bitcoin-Governance-Strukturen ist noch nicht absehbar, ob bzw. wie hier eine Verbesserung gelingen kann. Die Bitcoin-Miner, von denen das System wesentlich getragen wird, verdienen aktuell jedenfalls noch gut an den vergleichsweise hohen Transaktionsgebühren (Voshmgir 2017).

Es bleibt anzumerken, dass sowohl der hohe Ressourceneinsatz als auch die geringe Geschwindigkeit durchaus erwünschte „Features" des Bitcoin-Systems sind. Genau daraus resultiert nämlich seine hohe Angriffsresistenz. Diese wird dagegen reduziert, wenn Ansätze zur Verfahrensbeschleunigung (z. B. weniger Ressourceneinsatz beim Konsensverfahren oder Kompromisse bei der Dezentralität) verfolgt werden.

Sollte ein Angreifer Bitcoin-Blöcke bzw. Buchungen manipulieren wollen, müsste er die Mehrheit der Rechenleistung des Bitcoin-Netzwerks übernehmen (51 %-Angriff) und dadurch seine manipulierte Blockchain gegen die übrigen Netzwerkteilnehmer durchsetzen. Aufgrund der Vergütung der Miner mit Bitcoins ist ein solches Vorgehen allerdings überhaupt nicht im Sinne der beteiligten Akteure – auch nicht eines potenziellen Angreifers. Das Vertrauen in das Bitcoin-System würde zerstört werden und der Bitcoin-Wert würde kollabieren.

Um einen Double-Spend-Angriff durchzuführen, müsste ein Angreifer eine bereits verbuchte Transaktion in einem früheren Block obsolet machen, indem er eine alternative Blockkette schafft. Aufgrund der bestehenden Blockverkettung müsste er alle auf den Block folgenden Blöcke neu berechnen und somit auch hier versuchen, seine Version der Blockchain im Netzwerk durchzusetzen. Der mit der zunehmenden Anzahl neu zu berechnender Blöcke extrem ansteigende Aufwand kann kaum realistisch aufgebracht werden, weswegen auch ein solcher Angriff bisher nicht erfolgt ist.

3.2.3 Verbuchung einer Transaktion in der Bitcoin-Blockchain

Im Bitcoin-System werden die beschriebenen Technologien und Verfahren einge-setzt, um ein P2P-verteiltes, unabänderliches und mit Zeitstempeln versehenes Kontobuch zu führen, in dem alle vergangenen Transaktionen geführt werden. In der nachfolgenden Tabelle 3.1 wird in vereinfachter Form veranschaulicht und er-läutert, wie die Zahlung eines Bitcoin (1 BTC) durch das Absender-Wallet initiiert, durch das Bitcoin-Netzwerk validiert und anschließend von den Minern dauerhaft in der Bitcoin-Blockchain verbucht wird. Das skizzierte Netzwerk besteht hier aus-schließlich aus sogenannten „Full Nodes" (Miner), die durch Validierung und Bu-chung das Netzwerk am Laufen halten. Die Quelladresse verweist dabei auf die Transaktion, aus der der unverbrauchte Bitcoin-Betrag stammt.

Tabelle 3.1 Schematischer Ablauf einer Transaktionsverbuchung im Bitcoin-System

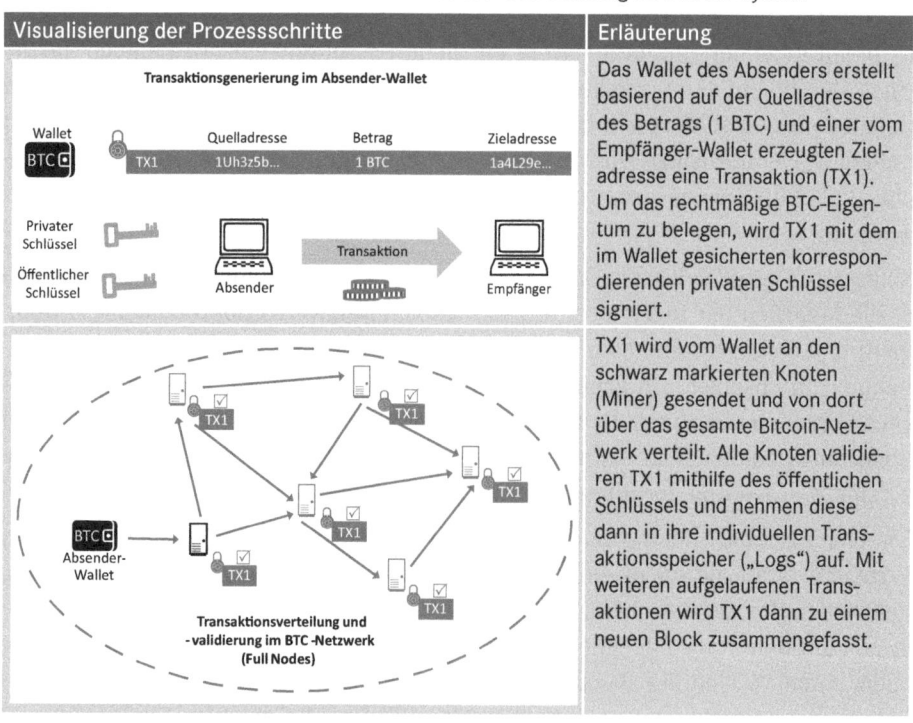

Visualisierung der Prozessschritte	Erläuterung
	Das Wallet des Absenders erstellt basierend auf der Quelladresse des Betrags (1 BTC) und einer vom Empfänger-Wallet erzeugten Ziel-adresse eine Transaktion (TX1). Um das rechtmäßige BTC-Eigen-tum zu belegen, wird TX1 mit dem im Wallet gesicherten korrespon-dierenden privaten Schlüssel signiert.
	TX1 wird vom Wallet an den schwarz markierten Knoten (Miner) gesendet und von dort über das gesamte Bitcoin-Netz-werk verteilt. Alle Knoten validie-ren TX1 mithilfe des öffentlichen Schlüssels und nehmen diese dann in ihre individuellen Trans-aktionsspeicher („Logs") auf. Mit weiteren aufgelaufenen Trans-aktionen wird TX1 dann zu einem neuen Block zusammengefasst.

Visualisierung der Prozessschritte	Erläuterung
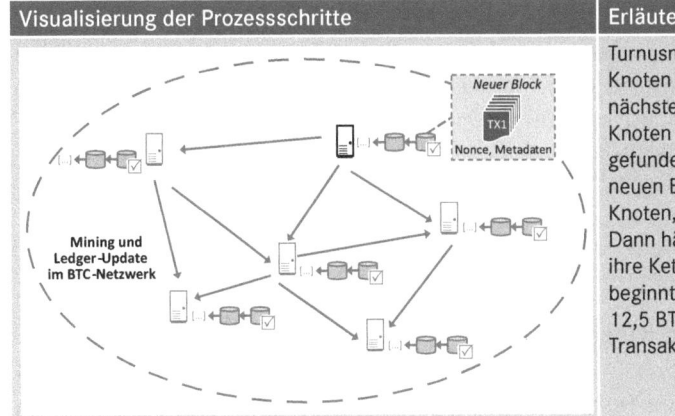	Turnusmäßig konkurrieren alle Knoten um die Buchung dieses nächsten Blocks. Der schwarze Knoten hat einen Lösungs-Hash gefunden und sendet ihn mit dem neuen Block sofort an die übrigen Knoten, die alles nochmals prüfen. Dann hängen diese den Block an ihre Kette an und der Prozess beginnt von Neuem. Grau erhält 12,5 BTC sowie alle verbundenen Transaktionsgebühren.

3.3 Systematisierung und Anwendungsbereiche von Distributed Ledgers

Eine große Herausforderung rund um die Themen Distributed Ledger (engl., „verteiltes Kontobuch oder Register") und Blockchain (engl., „Blockkette") besteht darin, dass die Begriffe oftmals nicht klar abgegrenzt sind und teils unterschiedlich ausgelegt werden. Trotz intensiver Auseinandersetzung, auch seitens der Wissenschaft, haben sie noch immer keine eindeutigen Definitionen herausgebildet. Die nachfolgenden Ausführungen beziehen sich zur Begriffseinordnung auf eine Publikation der University of Cambridge, bei der Forscher verschiedener Universitäten mitgewirkt haben.

Hiernach hat sich die Distributed-Ledger-Technologie (DLT) als Oberbegriff für Mehrparteiensysteme etabliert, die ohne zentrale Autorität in einer feindlichen Umgebung betrieben werden. In einem solchen System oder Netzwerk befinden sich folglich böswillige Akteure mit der Absicht, es durch missbräuchliche Nutzung zu untergraben. Dabei versuchen sie beispielsweise Vermögenswerte ohne Genehmigung zu übertragen oder Transaktionen anderer zu zensieren. Bis zu einem gewissen Grad tolerieren DLT-Systeme sowohl böswillige als auch unzuverlässige Akteure. DLT-Systeme lassen sich somit auch als „Konsensmaschinen" bezeichnen, da die involvierten Parteien sich darin – ohne zentrale Autorität – über einen Bestand geteilter Daten und dessen Gültigkeit einigen (Rauchs et al. 2018).

Der Mehrwert der Distributed-Ledger-Technologie gegenüber traditionellen verteilten Datenbanken besteht darin, dass mittels DLT die Speicherung und Integritätsprüfung von Daten auch in einer feindlichen Umgebung ermöglicht wird. Da diese Eigenschaft auch erhöhte Aufwände nach sich zieht, beispielsweise durch redundante Datenhaltung und ineffiziente Ressourcennutzung, sollte ein DLT-Einsatz wohl überlegt sein.

3.3.1 Definition und Klassifizierung

Die Charakteristika eines Distributed Ledgers werden durch nachfolgende formale Definition gut beschrieben (Rauchs et al. 2018, S. 24):

Ein DLT-System ist ein System elektronischer Aufzeichnungen, das es einem Netzwerk unabhängiger Teilnehmer ermöglicht, einen Konsens herzustellen bezüglich der verbindlichen Ordnung kryptografisch validierter („signierter") Transaktionen. Diese Aufzeichnungen werden persistent gemacht, indem die Daten über mehrere Knoten repliziert werden, und manipulationssicher, indem sie durch kryptografische Hashes verknüpft werden. Das gemeinsame Ergebnis des Abstimmungs-/Konsensprozesses – der „Ledger" – dient als maßgebliche Version für diese Aufzeichnungen.

Zentraler Bestandteil eines DLT-Systems sind demnach die *Transaktionen,* die trotz ihrer Konnotation nicht zwingend die Übertragung ökonomischer Werte beinhalten müssen. Die in einem DLT-System umlaufenden Transaktionstypen lassen sich am einfachsten entlang der Prozesskette systematisieren.

Wie beim Bitcoin-System ausführlich illustriert (Tabelle 3.1), werden von den Nutzern bzw. Nutzer-Wallets zunächst *„unbestätigte Transaktionen"* ins Netzwerk gesendet, durch die Änderungen am Ledger vorgeschlagen werden. Diese werden von validierenden Knoten in individuellen *„Logs"* (auch *„Mempools")* gesammelt. Jeder dieser Knoten trifft dann eine spezifische Auswahl unbestätigter Transaktionen aus seinem Log und erstellt daraus einen potenziellen *Datensatz.* Die Vorgehensweise dazu basiert auf dem jeweiligen DLT-Protokoll und umfasst bei der Bitcoin-Blockchain beispielsweise die Validierung der signierten Transaktionen mit dem öffentlichen Schlüssel sowie das Mining Race zur unabänderlichen Verbuchung durch Verkettung der Blöcke. Den generierten Datensatz sendet der Knoten an verbundene Knoten, die diesen im Hinblick auf die Protokollregeln validieren. Bei erfolgreicher Prüfung fügen die Knoten ihn ihrem *Journal* hinzu, das ebenfalls noch knotenindividuell ist. Aus dem zwischen allen Knoten synchronisierten Journal resultiert schließlich der *„Ledger"* als global vereinbarte, maßgebliche Zusammenstellung aller Datensätze des Systems (Rauchs et al. 2018).

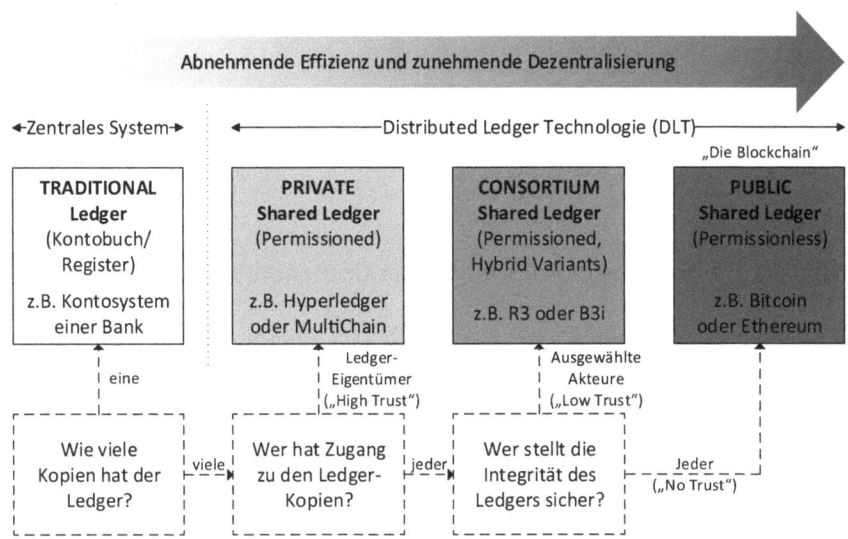

Bild 3.1 Klassifizierung der Distributed-Ledger-Technologie in Anlehnung an (Walport 2016)

Distributed Ledger lassen sich ebenfalls in verschiedene Typen einteilen (vgl. Bild 3.1). Im Gegensatz zu traditionellen Ansätzen besitzen diese viele Kopien des Ledgers. Wenn der Zugang zu diesen beschränkt ist, spricht man von „Permissioned Shared Ledgers" (Genehmigungsbasiertes, verteiltes Register). Dabei wird noch unterschieden, ob nur eine fest definierte Gruppe Zugang zu den Kopien hat („Private", Privat) und ob bei öffentlichem Zugang die Prüfung der Ledger-Integrität auf ausgewählte Akteure beschränkt ist („Consortium", Konsortium). Wenn das global vereinbarte Register (Ledger) für jedermann zugänglich ist und sich auch jeder an der Validierung und Prüfung von Transaktionen beteiligen kann, spricht man von einem „Permissionless, Public, Shared Ledger" (Genehmigungsfreies, öffentliches, verteiltes Register). Das ist auch der Ansatz von Bitcoin, der daher oftmals als „die Blockchain" bezeichnet wird. DLT-Systeme entstanden konzeptionell bereits 1982, während die Ursprünge der Blockchain ins Jahr 1991 zurückgehen (Rauchs et al. 2018).

 Ein Beispiel für einen Distributed Ledger ohne Blockchain ist „IOTA" (https://www. iota.org). Das System möchte sich als sichere Kommunikations- und Zahlungsplattform im Internet der Dinge etablieren. Transaktionen werden dabei in einem sogenannten gerichteten azyklischen Graphen („Tangle") erfasst, was geringere Transaktionskosten und eine gute Skalierbarkeit mit sich bringt. Allerdings muss das System dabei teilweise noch auf eine zentrale Instanz zurückgreifen (eco 2019).

Anhand der Klassifizierung (vgl. Bild 3.1) lassen sich die beiden zentralen Zielkonflikte von Distributed Ledgers gut verdeutlichen: die Abwägung zwischen Sicherheit und Geschwindigkeit sowie zwischen Transparenz und Vertraulichkeit. Ein Public Shared Ledger gewährleistet höchste Sicherheit und Transparenz auf Kosten von Verarbeitungsgeschwindigkeit und Datenvertraulichkeit. Je „privater" der Ledger gestaltet wird, desto höher sind seine Geschwindigkeit und Vertraulichkeit (Drescher 2017).

3.3.2 Dezentrale Applikationen und Smart Contracts

Zuweilen werden Kryptowährungen wie Bitcoin als „Blockchain 1.0" bezeichnet. Konsequenterweise heißen dann dezentrale Applikationen (dApps) und sogenannte Smart Contracts, die wie Kryptowährungen ebenfalls auf einer Blockchain gespeichert werden, „Blockchain 2.0". dApps stellen dezentrale Anwendungen dar, die verteilt auf den Blockchain-Knoten vorgehalten und ausgeführt werden. Dabei kommen einer oder mehrere Smart Contracts zum Einsatz. Der Begriff der „Smart Contracts" wurde bereits Mitte der 1990er-Jahre von dem Visionär Nick Szabo geprägt. Darunter verstand er Verträge, die bei Vorliegen gewisser Bedingungen automatisch ausgeführt werden – im heutigen Sinne also programmierte Verträge mit Wenn-Dann-Bedingungen. Hierdurch entfällt die zentrale Instanz zur Vertragsprüfung und es können potenziell Transaktionskosten eingespart werden (Voshmgir 2019).

 Ein Smart Contract kann beispielsweise automatisiert Entschädigungen an Fluggäste auszahlen, wenn ihr Flug Verspätung hat und wenn die zur Beurteilung notwendigen Daten aus einem neutralen System zuverlässig abrufbar sind. Es lassen sich viele weitere potenzielle Anwendungsmöglichkeiten finden, z. B. bei Objektvermietungen oder -finanzierungen oder der Regelung von Zutrittsbeschränkungen.

Durch Smart Contracts lassen sich darüber hinaus auch neue Organisationsformen schaffen, beispielsweise Dezentrale Autonome Organisationen (DAOs). Hierbei werden die notwendigen Geschäftsregeln und Prozesse über verschiedene Smart Contracts abgebildet und geregelt, sodass kein zentrales Management mehr erforderlich ist (Bundesregierung 2019b).

Die zugrunde liegenden Verträge sind allerdings nicht „smart" im eigentlichen Sinn. Wenn dem Programmierer ein Fehler unterlaufen ist, kann die automatische Ausführung fehlerbehaftet sein. Das Projekt „The DAO" („Decentralized Autonomous Organization") aus dem Jahr 2016 ist ein prominentes Beispiel für eine solche fehlerhafte Programmierung. Dabei wurde auf Basis der Ethereum-Blockchain ein digitaler Beteiligungsfonds programmiert, bei dem sich die Investoren anstelle über traditionelle Fondsmanager virtuell organisiert selbst über die Investments verständigen sollten. Innerhalb von nur vier Wochen warb das Projekt Beteiligungen im Gegenwert von ca. 150 Mio. US-$ in Form der Ethereum-Kryptowährung Ether ein.

Durch einen Programmierfehler in der Applikation war es einem Anteilseigner allerdings möglich, innerhalb kürzester Zeit Ether im Wert von ca. 50 Mio. US-$ aus dem Projekt abzuziehen. Nur durch einen sogenannten „Hard Fork", d. h. eine nachträglich Änderung des Programmcodes, konnte dies wieder rückgängig gemacht werden. Das bedeutete allerdings auch einen Bruch mit der Philosophie der Smart Contracts, da diese eigentlich nicht veränderbar sein sollen bzw. dürfen. Aus diesem Misserfolg kann man lernen, dass es sich bei Blockchain um eine Governance-Technologie handelt, bei der auch menschliches Verhalten berücksichtigt werden muss (Voshmgir 2019).

 Die Ethereum-Plattform basiert auf einer öffentlichen, genehmigungsfreien Blockchain mit der Kryptowährung Ether (https://www.ethereum.org). In Erweiterung des Bitcoin-Ansatzes ermöglicht es Ethereum, mit einfachen Mitteln dApps und Smart Contracts auf der Blockchain zu generieren. Trotz verschiedener Einschränkungen stellt Ethereum hierbei nach wie vor einen Standard dar. Zwischenzeitlich konnten sich aber auch weitere Plattformen etablieren, die verschiedene Nachteile zu beheben versuchen (z. B. eosio mit der Kryptowährung EOS, https://eos.io).

Über Ethereum wurden auch zahlreiche sogenannte Initial Coin Offerings (ICOs) platziert. Der Begriff wurde dabei absichtlich an Initial Public Offerings (IPOs) angelehnt, die zur streng regulierten Neuemission von Aktien dienen. Gründer konnten auf diesem Weg mit geringem Aufwand große Mengen von Kryptogeld zur Entwicklung ihrer Geschäftsideen einwerben. Da der ICO-Markt allerdings vollkommen unreguliert war, hatten Betrüger leichtes Spiel und die meisten Projekte wiesen wenig Substanz auf. Zwischenzeitlich wurde dieser Praxis ein Riegel vorgeschoben und es werden fortgeschrittene Finanzierungsvarianten entwickelt, z. B. strenger regulierte Security Token Offerings (STOs).

3.3.3 Wann ist eine DLT-/Blockchain-Lösung sinnvoll?

 Folgende Charakteristika zeichnen Distributed Ledger zusammenfassend aus: **Dezentralität** durch Daten- und Konsensverteilung, **Manipulationssicherheit** durch Verknüpfung und Datenredundanz, zweifelsfrei nachvollziehbarer **Werttransfer**, **Anonymitätsoption** durch Verschlüsselung und **Automatisierungspotenzial** durch Smart Contracts (Bundesregierung 2019b).

Es wurde bereits erwähnt, dass die DLT-/Blockchain-Technologie im Zuge des aktuellen Hypes zuweilen zur Lösung nahezu jedes Problems ins Spiel gebracht wird. Es gibt jedoch kein System, das für alle Anwendungsszenarien am besten geeignet ist. Die Relevanz der zentralen DLT-Charakteristika muss daher bei potenziellen Anwendungsfällen unter Abwägung der beschriebenen Zielkonflikte Sicherheit vs. Geschwindigkeit sowie Transparenz vs. Vertraulichkeit geprüft werden. Dabei sollte man sich „technologie-neutral" verhalten und hinterfragen, ob ein DLT-/Blockchain-System tatsächlich am besten geeignet ist. Es zeigt sich oftmals bei kritischer Betrachtung, dass eine etablierte Datenbanktechnologie, z. B. eine zentrale Datenbank mit gemeinsamem Zugriff, eine bessere Lösung darstellt.

Im Gegensatz zu einem zentralen System hat sich Bitcoin als hochgradig zensur- und manipulationsresistentes System erwiesen, das in feindlichen Umgebungen sehr gut funktioniert. Allerdings werden diese Charakteristika durch eine Reihe von Nachteilen erkauft: Die vergleichsweise langsame Bestätigungszeit, der geringe Durchsatz bei Transaktionen sowie die Ressourcenineffizienz durch redundante Datenhaltung und den Energieverbrauch des Proof of Work (Rauchs et al. 2018). In der Unternehmenspraxis sind „feindliche" Umgebungen selten anzutreffen, weshalb Kompromisse durch teilweise Genehmigungsbasierung und gegebenenfalls Privatisierung akzeptabel sind.

Eine Vielzahl von Publikationen hat sich damit auseinandergesetzt, in welchen Fällen der Einsatz von DLT/Blockchain sinnvoll erscheint. Eine strukturierte Übersicht zahlreicher Entscheidungsschemata wird von Koens & Poll gegeben, die ihre Analyseergebnisse zudem in einen eigenen Ansatz münden lassen (Koens und Poll 2018). In vereinfachter Anlehnung hieran findet sich in Bild 3.2 eine Entscheidungshilfe, bei der zentrale Aspekte eines möglichen DLT-/Blockchain-Einsatzes abgefragt werden. Die Fragestellungen sind kommentiert und für eine nachfolgende intensivere Prüfung werden voraussichtlich geeignete Ansätze benannt. Der Permissionless Public Shared Ledger alias „Die Blockchain" als Basis von Bitcoin stellt dabei bewusst das „Ziel" dar, denn nur dieser Ansatz sollte als wirklich disruptiv angesehen werden (Voshmgir 2019).

Wie bereits angemerkt, muss die Einsatznotwendigkeit einer der übrigen DLT-Varianten anstelle einer etablierten Datenbanktechnologie intensiv geprüft werden. Auch wenn dadurch die ursprüngliche Philosophie der Blockchain potenziell geopfert wird, können genehmigungsbasierte Systeme dennoch Mehrwerte gegenüber klassischen verteilten Datenbanken mit sich bringen (Drescher 2017).

Exemplarisch zieht ein regional tätiger Stromversorger einen potenziellen DLT-Einsatz in Betracht, um die Energieeinspeisungen privater Haushalte in das Stromnetz sowie korrespondierende Vergütungen zu dokumentieren. Da potenziell weitere Unternehmen Datensätze beisteuern werden, wird Frage 1 in Bild 3.2 positiv beantwortet. Es werde überdies angenommen, dass eine dauerhafte und unabänderliche Speicherung dank anonymer Kennungen möglich bzw. zur Auditierung sogar erwünscht ist (Frage 2). Da das Energienetz durch viele verteilte Erzeuger eine deutlich dezentrale Struktur hat, möchte das Energieunternehmen die Rolle des Intermediärs nicht aktiv an sich ziehen (Frage 3). Überdies sind mit den diversen Privaterzeugern einander fremde Akteure aktiv (Frage 4). Um auch der Öffentlichkeit jederzeit Transparenz über die Transaktionen zu gewährleisten, sollen diese öffentlich, aber mit anonymisierten Kennungen versehen, ersichtlich sein (Frage 5). Da viele kleinteilige Transaktionen vorliegen ist Frage 6 zu verneinen. Da die Variante Public Permissionless aus Performancegründen ausscheidet, könnte ggf. ein hybrider Consortium Permissioned Shared Ledger mit einem öffentlichen Leserecht für Transaktionen zum Einsatz kommen.

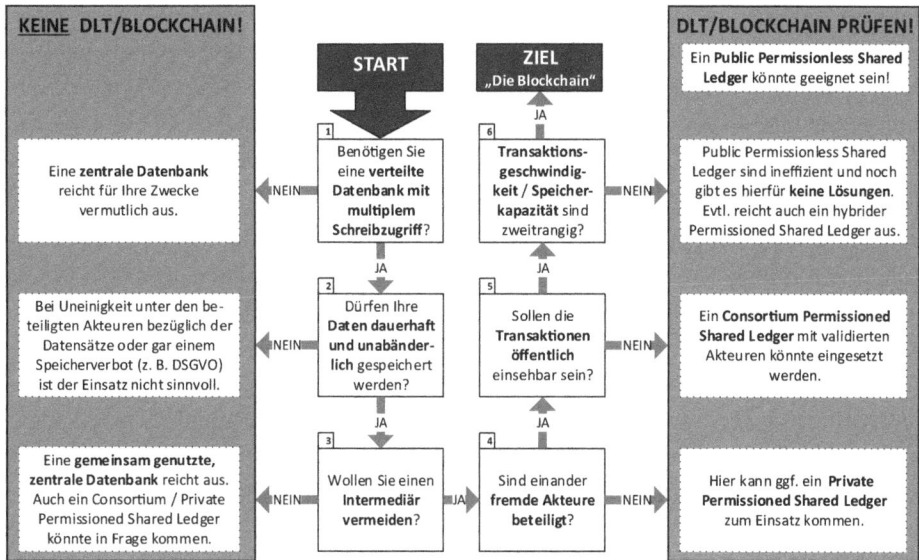

Bild 3.2 Entscheidungshilfe für den Einsatz von Datenbanktechnologien in Anlehnung an (Koens und Poll 2018) sowie (Mulligan et al. 2018)

 Der Einsatz eines Blockchain-/DLT-Systems kann unter folgenden Prämissen einen Mehrwert generieren: Es wird eine geteilte Datenablage benötigt und mehrere Personen, die sich nicht vollständig vertrauen, dürfen Einträge vornehmen. Bei diesen Einträgen kommt es zu Wechselwirkungen bzw. es bestehen Abhängigkeiten. Derzeit wird das notwendige Vertrauen noch durch mindestens eine übergeordnete Instanz sichergestellt, die aus unterschiedlichsten Gründen obsolet gemacht werden soll (Mulligan et al. 2018).

3.3.4 Ausgewählte Anwendungsfelder

Jenseits von Kryptowährungen wie Bitcoin zeigt sich bei der noch recht jungen Technologie, dass teils noch erheblicher Erprobungs- und Forschungsbedarf besteht. Als Querschnittstechnologie wird ihr dennoch zugetraut Wertschöpfungsketten zu revolutionieren, indem digitale Werte ohne zentrale Intermediäre übertragen werden können (eco 2019). Nachfolgend werden einige potenzielle Anwendungsfelder der Technologie skizziert.

Finanzwirtschaft

Mit Sicherheit auch bedingt durch den ersten Anwendungsfall Bitcoin hatte sich die Finanzwirtschaft, insbesondere Banken, bereits frühzeitig mit den Möglichkeiten von Blockchain-/DLT-Ansätzen auseinandergesetzt und es bildeten sich unternehmensübergreifende Zusammenschlüsse zur Erforschung der Technologie. Hier sei beispielsweise die Firma R3 genannt, die 2015 als Bankkonsortium startete und heute mit „Corda" bzw. „Corda Enterprise" Open-Source-basierte Blockchain-Plattformen anbietet. Finanzinstitute hatten schnell erkannt, dass sie als Intermediäre von DLT- bzw. Blockchain-Ansätzen bedroht werden könnten.

Aufgrund teils jahrzehntealter, ineffizienter Systeme besteht In der Finanzwirtschaft ein hohes Potenzial, Vorgänge transparenter abzubilden und stärker zu automatisieren. Dadurch können Zwischenschritte rationalisiert und Transaktionskosten in Milliardenhöhe eingespart werden, weshalb sich zahlreiche Anwendungsfälle der Technologie beispielsweise in den Bereichen Zahlungsverkehr, Wertpapierabwicklung und Handelsfinanzierungen finden. Um die notwendige Vertraulichkeit zu garantieren, setzen Banken überwiegend auf Private Ledgers, wie z.B. die Open-Source-Kollaboration Hyperledger (Bundesregierung 2019b).

 Hyperledger Fabric ist ein privates, genehmigungsbasiertes verteiltes Register, das ebenfalls als Plattform für Smart Contracts dient. Das Ziel besteht darin, ein modular aufgebautes Blockchain-System mit begrenztem Ressourcenbedarf und erhöhter Flexibilität anzubieten (BSI 2019).

Ein spannendes Anwendungsgebiet, in dem bereits erste pilothafte Anwendungsfälle erprobt wurden, stellt die Emission von Wertpapieren dar. Bisher dürfen zivilrechtliche Wertpapiere nicht auf einer Blockchain begeben werden, da zur Verkörperung des Rechts eine (Papier-)Urkunde erforderlich ist. In der Blockchain-Strategie der Bundesregierung vom September 2019 wird die Prüfung dieser formalen Voraussetzungen angekündigt. Eine Änderung könnte die Anzahl der Intermediäre verringern und damit eine schnellere und günstigere Durchführung von Wertpapiergeschäften ermöglichen (Bundesregierung 2019a).

Aufgrund des hohen Bekanntheitsgrads und der intensiven öffentlichen Diskussion werden Kryptowährungen an dieser Stelle nochmals intensiver betrachtet. Seit der Veröffentlichung von Bitcoin Anfang 2009 sind zahlreiche Nachahmer, sogenannte „Altcoins" entstanden. Unverändert dominiert allerdings Bitcoin den Kryptowährungsmarkt mit einem aktuellen Anteil von knapp 70 % an der Gesamtkapitalisierung von ca. 200 Mrd. Euro (Quelle: https://coinmarketcap.com, Stand Oktober 2019). Tabelle 3.2 gibt einen Überblick der derzeit zehn größten Kryptowährungen.

Tabelle 3.2 Zehn größte Kryptowährungen nach Marktwert (Quelle: https://coinmarketcap.com)

#	Symbol	Name	Wert (Mrd.)	Kurzbeschreibung
1		Bitcoin	€ 136,18	Erste voll dezentrale Kryptowährung („Digital Gold")
2		Ethereum	€ 17,51	Plattform für dezentrale Applikationen (dApps)
3		XRP (Ripple)	€ 9,76	Globale Interbank-Zahlungsplattform
4		Tether	€ 3,78	Stable Coin mit US-Dollar als Basis (Preis = 1 USD)
5		Bitcoin Cash	€ 3,71	Bitcoin-Hard-Fork mit erhöhter Blockgröße (8 MB)
6		Litecoin	€ 3,28	Basierend auf Bitcoin-Protokoll, aber Scrypt-PoW
7		EOS	€ 2,54	Plattform für dezentrale Applikationen (dApps)
8		Binance Coin	€ 2,25	Verbreitete Kryptowährung der Binance-Plattform
9		Bitcoin SV	€ 1,37	Hard Fork von Bitcoin-Cash
10		Stellar	€ 1,08	Backend für Multiwährungszahlungen

Die ursprüngliche Idee hinter der Schaffung von Kryptowährungen bestand darin, Intermediäre im Zahlungsverkehr überflüssig zu machen und zugleich beiderseitige Anonymität herzustellen (Nakamoto 2008). Aufgrund ihrer Popularität beschäftigen sich aber schon seit geraumer Zeit auch private Firmen und Staaten mit dem Ansatz.

Im Sommer 2019 machte Facebook mit der Kryptowährung „Libra" einen für viele Akteure überraschenden Vorstoß. Basierend auf der „Libra Association", einer gemeinnützigen Organisation mit Sitz in der Schweiz, hat Facebook den Entwurf eines Zahlungssystems u. a. für seine Social-Media-Plattform vorgestellt. Bereits zum Veröffentlichungszeitpunkt hatten ca. 30 Organisationen eine Teilnahme in Aussicht gestellt, darunter Banken und weitere Internet-Plattformen. Der Start war ursprünglich für Anfang 2020 vorgesehen – allerdings war dieser Termin vor dem

Hintergrund weltweiter Kritik und Opposition nicht zu halten. Vermutlich als Reaktion hatte die Volksrepublik China recht kurzfristig angekündigt, ebenfalls zeitnah eine eigene digitale Währungsvariante herauszubringen. In jedem Fall hat sich durch diese Entwicklungen der Druck auf andere Staaten erhöht, auf die in diesem Bereich entstehende Nachfrage zu reagieren.

 Erwerben Sie mit einem geringen Geldeinsatz Bitcoin oder andere Kryptowährungen, um ein Gefühl für die Funktionsweise eines solchen Systems zu erhalten. Erste Hinweise zum Vorgehen finden sich unter https://bitcoin.org/de. Aufgrund der Volatilität und des Risikos eines Totalausfalls wird von einem größeren Investment in Krypto-Währungen oder -Token an dieser Stelle ausdrücklich abgeraten.

Energiewirtschaft

Die Energiewirtschaft bekommt durch kleinteilige Stromerzeugung und -speicherung einen zunehmend dezentralen Charakter. Insofern bildet DLT eine aussichtsreiche Basis, um den direkten Handel zwischen Energieerzeugern und -verbrauchern zu organisieren. Allerdings ist die Regulierung des Sektors durch eine Trennung der Netzbetreiberaufgaben und der Kundenversorgung hierauf bisher nicht ausgelegt. Der komplexe Markt mit vielen beteiligten Intermediären könnte durch direkte Vertragsbeziehungen, basierend auf Smart Contracts, wesentlich effizienter gestaltet werden. Auch aufgrund der kritischen Bedeutung des Stromnetzes wird ein breiterer Einsatz hier allerdings vermutlich noch auf sich warten lassen (Bundesregierung 2019b).

Gesundheitswesen

Auch der Bereich Gesundheit ist von einer Vielzahl interagierender Akteure geprägt. Aufgrund sensibler persönlicher Daten kommt hier dem Datenschutz und der Datensicherheit eine besonders hohe Bedeutung zu. Die Kombination aus sicherer Verschlüsselung von Daten und gleichzeitig multipler Zugriffsmöglichkeit bei einem DLT-System bietet daher für Anwendungen in der Gesundheitswirtschaft ein hohes Potenzial (Bundesregierung 2019b).

Mobilität

Befeuert durch Digitalisierung und Automatisierung wird sich die Mobilität in Zukunft weiter hin zu flexiblen „Mobilitätslösungen" entwickeln. Aufgrund einer breiten Präsenz unterschiedlichster Fortbewegungsoptionen wird das Eigentum an einem Fahrzeug dabei voraussichtlich nicht mehr so sehr im Mittelpunkt stehen. Für dieses komplexe Netzwerk drängt sich ein dezentrales Verwaltungssystem, beispielsweise auf DLT-Basis, geradezu auf. Eine Ladesäule könnte dabei direkt mit einem autonomen Elektrofahrzeug abrechnen und auch Kleinstbeträge, beispielsweise zur Koordination von Verkehrsströmen, könnten effizient verbucht werden.

Supply Chain Management

Ein vielfach zitierter Bereich für DLT-Anwendungsfälle ist das Supply Chain Management. Entlang der teils langen Lieferkette spielen in der Regel zahlreiche Akteure eine Rolle. Es gibt verschiedene Ansätze DLT einzusetzen, um Produkte entlang dieser Kette verfolgen zu können. Dabei muss allerdings auch bedacht werden, dass bei der Verfolgung physischer Produkte über einen digitalen Ledger wiederum Vertrauen in die beteiligten Parteien benötigt wird. So könnten beispielsweise betrügerische Zulieferer Eintragungen oder verwendete Sensoren böswillig manipulieren.

Identitäts- und Rechtemanagement

Bei der digitalen Vernetzung spielen digitale Identitäten eine zentrale Rolle, denn nur bei zweifelsfreier Identifikation der Akteure können verlässliche Interaktionen, z. B. durch Nachrichten-, Daten- oder Wertaustausch, stattfinden. Verschiedene Seiten arbeiten an einem DLT-basierten Identitätsmanagement, das vollständig vom Nutzer kontrolliert und auch übergreifend für Dienstleistungen eingesetzt werden kann. Durch die transparente und unabänderliche Verbuchung von Informationen bietet DLT darüber hinaus eine ideale Basis für die Verwaltung von Nutzungs- und Urheberrechten. Hierfür eignen sich insbesondere digitale Güter (z. B. Texte, Musik, Film und Software) (Bundesregierung 2019b).

Insbesondere im Internet der Dinge wird eine sichere Identifizierung und Authentifizierung von Personen und Gegenständen eine hohe Relevanz bekommen. Aufgrund seines stark dezentral geprägten Charakters bieten sich hier ebenfalls Blockchain-/DLT-Systeme an (Bolesch et al. 2016).

■ 3.4 Herausforderungen und Zukunftsszenarien

Bis hierher wurde deutlich, dass Blockchain-/DLT-Ansätze trotz hoher Erwartungen an ihr Potenzial relativ langsam adaptiert werden. Wie bereits erwähnt, bringen DLT-Ansätze meist grundlegende infrastrukturelle Änderungen mit sich. Derartige Eingriffe benötigen naturgemäß längere Zeit, da bestehende Systeme unter gegebenen Annahmen und Voraussetzungen ja bereits funktionieren.

3.4.1 Aktuelle Limitationen der Technologie

Für die weitere Ausbreitung von Blockchain-/DLT-basierten Systemen bestehen zahlreiche Herausforderungen, die noch durch Weiterentwicklungen adressiert werden müssen. Diese lassen sich unterteilen in technologische, ökonomische, ökologische und rechtliche Fragestellungen (Bundesregierung 2019b). In Tabelle 3.3 werden verschiedene Aspekte dargestellt und erläutert.

Tabelle 3.3 Ausgewählte Herausforderungen von Blockchain-/DLT-Ansätzen in Anlehnung an (Bundesregierung 2019b)

Thema	Beschreibung	Kommentar
Skalierbarkeit	Public Permissionless Shared Ledger weisen systembedingt einen geringen Datendurchsatz auf (z. B. wenige Transaktionen pro Sekunde bei Bitcoin).	Private oder Consortium Ledger sind wesentlich schneller. Für Public Ledger werden Lösungen erprobt, z. B. Lightning (Bitcoin), Raiden (Ethereum).
Redundanz	Redundante Vorhaltung der Ledger-Daten auf allen Nodes (und damit verbunden eine gewisse Ressourcen-ineffizienz) stellt ein Charakteristikum der DLT dar.	Es werden Ansätze erforscht, die eine sparsamere Datenhaltung vorsehen bei gleichzeitiger Abwägung aufgrund reduzierter Datensicherheit.
Interoperabilität	DLT-Systeme werden oftmals für bestimmte Anwendungen optimiert. Ein Werte-/Datentransfer zwischen den Silos ist aber nicht vorgesehen.	Erste Ansätze versuchen, übergreifende Schnittstellen zur Verfügung zu stellen.
Irreversibilität/ Datenschutz	Ein weiteres „Feature", das in Konflikt mit Datenschutz (DSGVO) oder anderweitigen Löschnotwendigkeiten stehen kann.	Trotz Prinzipienbruchs werden nachträgliche Änderungsmöglichkeiten erforscht.
Energiebedarf/ Nachhaltigkeit	Der PoW-Konsens bei Public-DLT-Systemen benötigt sehr viel Energie und steht deshalb in der Kritik.	Dies macht das Verfahren aber auch extrem angriffssicher. Hier wird intensiv nach Alternativen geforscht.
Recht/Regulierung	Public Ledgers können grundlegende Regulierungsthemen aufwerfen (z. B. Facebook-Libra als Geld-/Zahlungssystem).	Zu klärende anwendungsabhängige Fragen, die bei Private oder Consortium Ledgers eher nicht relevant sind.
Smart Contracts	Komplexe programmierte Verträge werfen zahlreiche juristische Fragestellungen auf.	Vor einem breiteren Einsatz muss eine intensive Auseinandersetzung stattfinden (u. a. Standardisierungen).
Formvorschriften	DLT-Systeme können digitale Rechte und Werte übertragen sowie tokenisieren. Dem können aktuelle Formvorschriften (z. B. urkundliche Verbriefung bei Wertpapieren) gegenüberstehen.	Tokenisierung ermöglicht eine effiziente digitale Repräsentation und Übertragbarkeit von Werten. Die Lockerung von Formvorschriften wird z. B. bei Wertpapieren aktuell geprüft.

Das Thema Sicherheit spielt ebenfalls eine große Rolle. DLT-Systeme sind von Haus aus sehr sicher konzipiert und basieren auf kryptografischen Verfahren, die als

„State of the art" bezeichnet werden können. Rasante Entwicklungen im Bereich der Quantencomputer werfen jedoch die Frage auf, wie lange diese Verfahren noch als unangreifbar gelten werden. Das lässt sich Stand heute nur sehr schwer beurteilen und das Bundesamt für Sicherheit in der Informationstechnik ermahnt zur Anwendung mit Bedacht. Insbesondere wird darauf verwiesen, dass bereits kryptografisch „versiegelte" und in einer Blockchain öffentlich abgelegte Daten in Zukunft kompromittiert werden könnten – auch wenn für zukünftige Buchungen eine Umstellung auf sichere Verschlüsselungsmethoden erfolgen sollte (BSI 2019).

Da ein Blockchain-/DLT-System in der Regel infrastrukturelle Umstellungen mit sich bringt, die zum einen hohe Investitionen erfordern und zum anderen eine hohe Abhängigkeit von der gewählten Lösung mit sich bringen, muss eine gewählte Lösung langfristig verfügbar und sicher sein. Eine breite Adaption wird nur erfolgen, wenn entsprechendes Vertrauen besteht, die Verfahren darüber hinaus ressourceneffizient und nutzerfreundlich sind und ihre Interoperabilität sichergestellt ist (eco 2019). Hier besteht noch erheblicher Forschungs- und Erprobungsbedarf, sodass eine frühzeitige Umstellung bei kritischen Anwendungen nicht anzuraten ist.

3.4.2 Evolution vom Social Web zum Web3

Als Erklärung für die vergleichsweise langsame Adaption wird der aktuelle Stand der DLT zuweilen mit den Anfängen des World Wide Web (WWW) verglichen, das Anfang der 1990er-Jahre von Tim Berners-Lee entwickelt wurde. Dank WWW konnten Webseiten mit wenigen Zeilen Code erstellt werden (Voshmgir 2019). Damals konnte niemand absehen, welche Anwendungen diese Innovation in der Zukunft ermöglichen würde und welche tiefgreifenden Implikationen für eine Vielzahl von Geschäftsmodellen damit einhergehen würden.

Das WWW erleichterte lesende Zugriffe auf Internetinhalte radikal und führte zur Informationsökonomie (Web 1.0). Die wichtigsten Applikationen waren in diesem Umfeld die Internetbrowser (z. B. Netscape oder Internet Explorer) als Eingangstore sowie Internetsuchmaschinen (z. B. Yahoo) als Informationsnavigatoren. Durch die Erweiterung um schreibende Zugriffe wurden die Nutzerinteraktionen revolutioniert und die heutige Plattformökonomie (Social Web/Web 2.0) ermöglicht. Alle Aktivitäten, beispielsweise Social-Media-Postings, Einkäufe und auch die Sharing Economy, benötigen dabei allerdings noch einen Intermediär (Voshmgir 2019). Das notwendige Vertrauen wird durch große Player wie Facebook oder Amazon hergestellt, die sich durch Netzwerkeffekte dominierende Marktstellungen erarbeiten konnten. Das ursprünglich dezentral organisierte Internet hat somit im Laufe der Jahre eine deutliche Zentralisierung erfahren.

Mit dem nächsten Evolutionsschritt zum „Web3" könnte wieder mehr Dezentralität erlangt werden. Ein weiteres Charakteristikum des heutigen Webs besteht nämlich darin, dass Nutzer nur wenig Kontrolle über ihre Daten haben. Unternehmen wie beispielsweise Google sammeln massenhaft Nutzerdaten, um diese für ihre Zwecke zu monetarisieren. DLT-basierte Protokolle könnten ein dezentrales Datenmanagement auf sichere Weise ermöglichen, bei dem die Nutzer selbst über die Datenverwendung entscheiden. Ein Problem besteht derzeit noch darin, dass Dezentralität eine deutliche Verlangsamung mit sich bringt. Im Web3 sollen darüber hinaus rechtsgültige Verträge vollständig digital abgeschlossen werden können, wodurch sich die Token-Ökonomie etablieren könnte (Voshmgir 2019). Beispielhafte frühe Anwendungen des Web3 stellen Bitcoin und die Ethereum-Plattform dar.

Tabelle 3.4 charakterisiert die Entwicklungsstufen des Webs anhand verschiedener Kriterien. Es wird deutlich, dass die Abbildung ökonomischer Verbindungen durch Token wie Bitcoin oder Ether im Web3 eine logische und evolutionäre Weiterentwicklung der heutigen nicht ökonomisch gewichteten Verbindungen in sozialen Netzwerken darstellt. Dezentrale Technologien wie Blockchain bzw. DLT, die digitale Werte (auch „Token") fälschungssicher und dauerhaft verwalten können, sollten einen zentralen Baustein dieser Entwicklung darstellen.

Tabelle 3.4 Aufeinander aufbauende Web-Entwicklungsstufen in Anlehnung an (Voshmgir 2017)

	Zweck	Knoten	Verbindungen	Beziehungen	Erkundung	Plattform
Web1 (Document Network)	Information	Statische Webseiten	Hyperlinks	Semantisch (gemeinsame Stichworte)	Stichwortsuche	Google
Web2 (Social Network)	Soziale Interaktion	Personen	Soziale Links (Likes, Shares, Follows etc.)	Sozial (gemeinsame Freunde)	Soziale Feeds	Facebook
Web3 (Incentive Network)	Anreizkoordination	Ökonomische Agenten	Ökonomische Verbindungen (Bitcoin, Ether)	Ökonomisch (gemeinsame Interessen)	noch offen?	noch offen?

Blockchain/DLT stellen nur einen Baustein dar, um das Web3 zu entwickeln. Gleichzeitig befinden sich die notwendigen Protokolle am Anfang ihrer Entwicklung und es zeichnen sich noch keine Standards ab. Im Übrigen werden auch in Zukunft zentrale Instanzen existieren und notwendig sein – ihre Bedeutung wird aber voraussichtlich zugunsten dezentraler Systeme abnehmen (Voshmgir 2019).

3.4.3 Das Aufkommen der Token-Ökonomie

Bei der Kryptowährung Bitcoin werden im Grunde sogenannte Token (Wertmarken) als Belohnung für die zur Aufrechterhaltung des Systems eingebrachte Rechenleistung der Miner verteilt. Diese Token (Bitcoins) repräsentieren einen Wert; sie können gehandelt und gegen Fiat-Geld (z. B. Euro oder US-Dollar) eingetauscht werden. Mit Blockchain-/DLT-basierten Ansätze lassen sich wie mit einem Baukasten unterschiedlichste Arten von Token generieren. Man spricht dabei bereits von „Tokenisierung" von Anteilen, Rechten und Schuldverhältnissen an materiellen und immateriellen Gütern. Hierdurch wird voraussichtlich auch deren Handel und Austausch vereinfacht, mit teils noch unabsehbaren Auswirkungen auf die Gesamtwirtschaft (Bundesregierung 2019a).

Es hat sich noch keine einheitliche Taxonomie zur Einteilung von Tokens herausgebildet. Kryptowährungen werden zuweilen als Payment Token bezeichnet. Eine häufige Unterscheidung erfolgt weiterhin in Utility Token, die den Zugang zu digitalen Nutzungsrechten oder Dienstleistungen gewähren. Security Token repräsentieren Anteile an Vermögenswerten, ähnlich wie Aktien oder Anleihen (Bundesregierung 2019b).

 Durch Krypto-Token kann man beispielsweise Immobilien oder Kunstwerke „tokenisieren". Dabei erwerben Investoren digitale Anteile an einem entsprechenden Vermögenswert, die über eine Blockchain transparent und sicher digital verbucht werden. Analog zu Kryptowährungen können auch diese Token handelbar gemacht werden. Letztendlich gelingt es somit, illiquide Vermögensgegenstände liquider zu gestalten.

Alternativ lassen sich auch fungible und nicht-fungible Token unterscheiden. Eine Kryptowährung wie Bitcoin stellt dabei ein fungibles Token dar, denn Fungibilität ist ein zentrales Merkmal eines Zahlungsmittels. Aber auch nicht-fungible Token können interessante Anwendungen mit sich bringen, wie der überraschende Erfolg von „Crypto Kitties" aus dem Jahr 2017 gezeigt hat. Es handelt sich dabei um ein Spiel auf der Ethereum-Plattform, bei dem die Spieler digitale Katzen sammeln und züchten können. Die Katzen werden mit Ether bezahlt und ihre genetischen Eigenschaften werden in der Ethereum Blockchain gespeichert (Voshmgir 2019).

Während es sich hier nur um ein scheinbar sinnloses Spiel handelt, so zeigt der Anwendungsfall doch, dass Menschen bereit sind, für digital knappe Güter echtes Geld zu bezahlen, und dass ein sicherer Handel dieser Güter über eine Blockchain funktioniert. Hieraus lassen sich vielfältige potenzielle Anwendungsfälle ableiten, wobei der Fantasie wenig Grenzen gesetzt sind.

Es gibt bereits verschiedene Beispiele dezentraler Anwendungen, die von einer gezielten Incentivierung durch Token Gebrauch machen. Steemit (https://steemit.com) ist ein „tokenisiertes" soziales Netzwerk auf einer Blockchain, das Beitragende mit Token belohnt. Mit dem Basic Attention Token (BAT) versucht ein weiteres Projekt Werbung im Web zu revolutionieren (https://basicattentiontoken.org). Dabei werden Nutzer für ihre Aufmerksamkeit mit BAT belohnt, die wiederum zur Bezahlung von Internetinhalten eingesetzt werden können (Voshmgir 2019).

So wie das WWW die einfache Erstellung von Webseiten ermöglichte, können heute kryptografische Token ebenfalls mit wenigen Zeilen Code erstellt werden. Das führte zu einer Vielzahl von Token, sodass auf der Plattform Coinmarketcap (https://coinmarketcap.com) mittlerweile weit über 2000 gelistet sind. Ähnlich wie in den 1990er-Jahren beim WWW ist heute noch nicht recht klar, welche sinnvollen Anwendungen solche Token haben könnten. Einen Überblick möglicher Anwendungsfälle gibt Tabelle 3.5 (Voshmgir 2019).

Tabelle 3.5 Beispielhafte Anwendungs-Token in Anlehnung an (Voshmgir 2019)

Vermögenswerte	Hybride Formen	Zugangsrechte
Fiat-Währung	Mining-Rechte	Besitztums-Token
Versicherungsvertrag	Protokoll-Token (z. B. BTC, ETH ...)	Software-Lizenz
Veranstaltungsticket		Nutzungsrecht für Mietobjekte
Download-Rechte für Medien		Mitgliedschaft
Reputation		Wahlrechte
Bonusprogramm (z. B. handelbare Meilen oder Einkaufspunkte)		Bonusprogramm (spezielle Zugänge)

Mit einem Token kann die Mitgliedschaft im Bonusprogramm eines Unternehmens abgebildet werden. Wenn das Token mit Smart Contracts kombiniert wird, könnten automatische Vergünstigungen für die Besitzer bestimmter Tokens ausgelöst werden. Als weiteres Beispiel wäre denkbar, digitale Gutscheine (z. B. für den bevorzugten Kauf eines neuen Produkts) als Token herauszugeben. Für jegliche Art von Token könnte dann prinzipiell auch ein Handel zwischen Kunden über eine entsprechende Plattform organisiert werden.

■ 3.5 Die wichtigsten Punkte in Kürze

■ Die Distributed-Ledger-Technologie bzw. Blockchain ist gekommen, um zu bleiben. Ausgehend von der Kryptowährung Bitcoin haben sich zahlreiche potenzielle Anwendungsfelder sowie bereits einzelne erfolgreiche Anwendungsfälle herauskristallisiert. Viele Unternehmen und Organisationen setzen sich intensiv mit der Technologie auseinander.

■ Deutschland hat den Anschluss (noch) nicht verpasst. Vor allem in großen Ballungsräumen (z. B. Berlin, Frankfurt und Stuttgart) hat sich eine branchenübergreifende „Blockchain-Szene" gebildet. Die Politik steht dem Thema vergleichsweise offen gegenüber und hat im September 2019 eine durchaus vielversprechende Blockchain-Strategie veröffentlicht.

■ Geschäftsmodelle, die eine Intermediärsfunktion ausüben (z. B. Banken, Versicherungen, Vermittler) und bei denen digitale Vermögenswerte involviert sind (z. B. Wertpapiere, Medien), werden im ersten Evolutionsschritt vermutlich am stärksten beeinflusst.

■ Die Blockchain stellt kein „Allheilmittel" dar und nicht jeder Anwendungsfall ist sinnvoll oder vorteilhaft gegenüber klassischen Alternativen. Durch Kombination mit weiteren aufstrebenden Technologien, z. B. Künstlicher Intelligenz, Data Analytics und Internet of Things, können jedoch auch vollkommen neue und potenziell disruptive Anwendungen entstehen.

■ Langfristig könnten eine fortschreitende Tokenisierung und Dezentralisierung wichtiger Funktionen des Wirtschaftssystems (vgl. Token-Ökonomie) grundlegende Änderungen für alle Unternehmen mit sich bringen. Daher sollten Sie bei den Entwicklungen auf dem Laufenden bleiben, um diese einordnen zu können und ggf. den Anschluss nicht zu verpassen.

Literatur

Blosch, Marcus (2019): 2019 Hype Cycles. 5 Priorities Shape the Further Evolution of Digital Innovation. Gartner Inc. (Gartner Trend Insight Report). Online verfügbar unter https://www.gartner.com/en/documents/3956129/2019-hype-cycles-5-priorities-shape-the-further-evolutio, zuletzt geprüft am 11. 10. 2019.

Bolesch, Lara; Mitschele; Andreas (2016): Revolution oder Evolution? Funktionsweise, Herausforderungen und Potenziale der Blockchain-Technologie. In: Zeitschrift für das gesamte Kreditwesen 22 (November), S. 1125 – 1129.

BSI (Hg.) (2019): Blockchain sicher gestalten. Konzepte, Anforderungen, Bewertungen. Bundesamt für Sicherheit in der Informationstechnik. Online verfügbar unter https://www.bsi.bund.de/SharedDocs/Downloads/DE/BSI/Krypto/Blockchain_Analyse.pdf?__blob=publicationFile&v=5, zuletzt geprüft am 11. 10. 2019.

Bundesregierung (2019a): Blockchain-Strategie der Bundesregierung. Wir stellen die Weichen für die Token-Ökonomie. Online verfügbar unter https://www.blockchain-strategie.de, zuletzt geprüft am 11. 10. 2019.

Bundesregierung (2019b): Online-Konsultation zur Erarbeitung der Blockchain-Strategie der Bundesregierung. Online verfügbar unter https://www.blockchain-strategie.de, zuletzt geprüft am 11.10.2019.

Drescher, Daniel (2017): Blockchain Grundlagen. Eine Einführung in die elementaren Konzepte in 25 Schritten. 1. Auflage. Frechen: MITP (mitp Business).

eco (Hg.) (2019): Die Blockchain im Mittelstand. Verband der Internetwirtschaft e. V. Online verfügbar unter https://www.eco.de/themen/blockchain/whitepaper-die-blockchain-im-mittelstand/, zuletzt geprüft am 11.10.2019.

Koens, Tommy; Poll, Erik (2018): What Blockchain Alternative Do You Need? In: Joaquin Garcia-Alfaro, Jordi Herrera-Joancomartí, Giovanni Livraga und Ruben Rios (Hg.): Data Privacy Management, Cryptocurrencies and Blockchain Technology. ESORICS 2018 International Workshops, DPM 2018 and CBT 2018, Barcelona, Spain, September 6-7, 2018, Proceedings, Bd. 11025. Cham: Springer International Publishing (Security and Cryptology, 11025), S. 113 – 129. Online verfügbar unter *https:// doi.org/10.1007/978-3-030-00305-0_9*, zuletzt geprüft am 11.10.2019.

Mulligan, Catherine; Zhu Scott, Jennifer; Warren, Sheila; Rangaswami, J.P. (2018): Blockchain Beyond the Hype. A Practical Framework for Business Leaders. White Paper. Online verfügbar unter https://www.weforum.org/whitepapers/blockchain-beyond-the-hype, zuletzt geprüft am 11.10.2019.

Nakamoto, Satoshi (2008): Bitcoin: A Peer-to-Peer Electronic Cash System. Online verfügbar unter *https://bitcoin.org/bitcoin.pdf*, zuletzt geprüft am 11.10.2019.

Narayanan, Arvind; Bonneau, Joseph; Felten, Edward; Miller, Andrew; Goldfeder, Steven (2016): Bitcoin and cryptocurrency technologies. A comprehensive introduction. Princeton: Princeton University Press.

Rauchs, Michel; Glidden, Andrew; Gordon, Brian; Pieters, Gina; Recanatini, Martino; Rostand, François et al. (2018): Distributed Ledger Technology Systems: A Conceptual Framework. Online verfügbar unter https://www.jbs.cam.ac.uk/fileadmin/user_upload/research/centres/alternative-finance/downloads/2018-10-26-conceptualising-dlt-systems.pdf, zuletzt geprüft am 11.10.2019.

Sixt, Elfriede (2017): Bitcoins und andere dezentrale Transaktionssysteme. Wiesbaden: Springer Fachmedien Wiesbaden.

Voshmgir, Shermin (2017): Disrupting governance with blockchains and smart contracts. In: Strategic Change 26 (5), S. 499 – 509. Online verfügbar unter https://doi.org/10.1002/jsc.2150, zuletzt geprüft am 11.10.2019.

Voshmgir, Shermin (2019): Token Economy. How blockchains and smart contracts revolutionize the economy. Berlin: BlockchainHub Berlin.

Walport, Mark (2016): Distributed Ledger Technology: beyond block chain. Unter Mitarbeit von Dave Birch. Government Office for Science. Online verfügbar unter https://www.gov.uk/government/uploads/system/uploads/attachment_data/file/492972/gs-16-1-distributed-ledger-technology.pdf, zuletzt geprüft am 11.10.2019.

4 Augmented und Virtual Reality

Anett Mehler-Bicher, Lothar Steiger

Die Relevanz neuer Technologien einzuordnen ist schwierig, da deren Auswirkungen von vielen Faktoren und schlussendlich auch von der Akzeptanz durch die Nutzer abhängen. Ein Versuch, solche Entwicklungen einzuschätzen, ist der Gartner Hype Cycle für Emerging Technologies, also aufkommende neue IT-Technologien. Eine typische Phase bei der Einordnung neuer Technologien ist die Phase der Begeisterung, in der eine neue Technologie sehr große Erwartungen weckt, die dann von einer Phase der Desillusionierung abgelöst wird, bevor die Technologie sukzessive an Marktreife gewinnt. So erzeugt beispielsweise die Idee von Augmented oder Virtual Reality zwar bei vielen große Begeisterung, inzwischen werden Anwendungsmöglichkeiten und entsprechende Aufwände aber zunehmend realistischer gesehen.

In diesem Beitrag erfahren Sie,

- wie sich Augmented und Virtual Reality unterscheiden,
- wann sich der Einsatz von Augmented Reality und wann der von Virtual Reality empfiehlt,
- welche Anwendungsszenarien existieren und welchen Mehrwert sie bieten.

■ 4.1 Einleitung

Augmented Reality (AR) und Virtual Reality (VR) sind Technologien, die an Bedeutung gewinnen und kommerziell eingesetzt werden. Auch wenn theoretische Grundlagen beider Technologien schon zu Beginn der 1990er-Jahre entwickelt wurden, macht die gestiegene Rechenleistung erst heute einen flächendeckenden Einsatz möglich.

In den Medien werden oftmals nur entsprechende Potenziale und Chancen diskutiert. Wie bei fast jeder neuen Technologie entstehen aber auch Risiken, die in einigen Fällen auch zu einem gesellschaftlichen Diskurs führen werden. Dies ist bei

AR- und VR-Anwendungen der Fall; daraus ergeben sich Verantwortlichkeiten der entwickelnden Unternehmen, die zu thematisieren und zu diskutieren sind.

Augmented Reality und Virtual Reality sind keine vorübergehenden Hypes. Ihre Relevanz verdeutlicht der Gartner Hype Cycle; AR wird demzufolge als eine der Technologien der Zukunft gesehen, die in den nächsten Jahren von besonderer Bedeutung sein werden. AR und VR werden in allen Bereichen des alltäglichen Lebens auftreten und dieses beeinflussen. Im Hype Cycle 2018 hat Augmented Reality das „Tal der Tränen" erreicht, bevor sie zukünftig an Marktreife und Produktivität gewinnen wird (vgl. Bild 4.1) (CIO, 2018). Virtual Reality hingegen hat den Gartner Hype Cycle seit 2018 verlassen, da die Technologie inzwischen Marktreife erlangt hat.

Oftmals ist es schwer, neue Technologien in Anwendungsszenarien umzusetzen. Anhand verschiedener Anwendungsszenarien ergeben sich Antworten auf Einsatzmöglichkeiten und entsprechende Mehrwerte. Entscheider müssen Ideen für Anwendungen und Geschäftsmodelle erhalten, die sie selbst weiterentwickeln können, um einen Mehrwert für ihr Unternehmen zu erzielen.

Ziel dieses Beitrags ist es, beide Technologien – Augmented Reality und Virtual Reality – voneinander abzugrenzen, technische Voraussetzungen zu beschreiben, den aktuellen Entwicklungsstand aufzuzeigen, geeignete Anwendungsszenarien darzustellen und daraus Chancen und Risiken im Einsatz abzuleiten, um Wettbewerbsvorteile zu generieren.

Nach der Einleitung werden die Grundlagen zu Augmented und Virtual Reality dargestellt. Es wird jeweils auf technische Grundlagen, Anwendungsszenarien, Status quo sowie Chancen und Risiken der Technologie eingegangen. Die Herausforderungen beider Technologien für Entscheider werden diskutiert. Abschließend folgen Fazit und Ausblick sowie die wichtigsten Punkte in Kürze.

Technische Grundlagen sind bewusst auf wesentliche Aspekte beschränkt. Der Fokus liegt auf der Darstellung der Anwendungsmöglichkeiten, vor allem entsprechender Anwendungsszenarien.

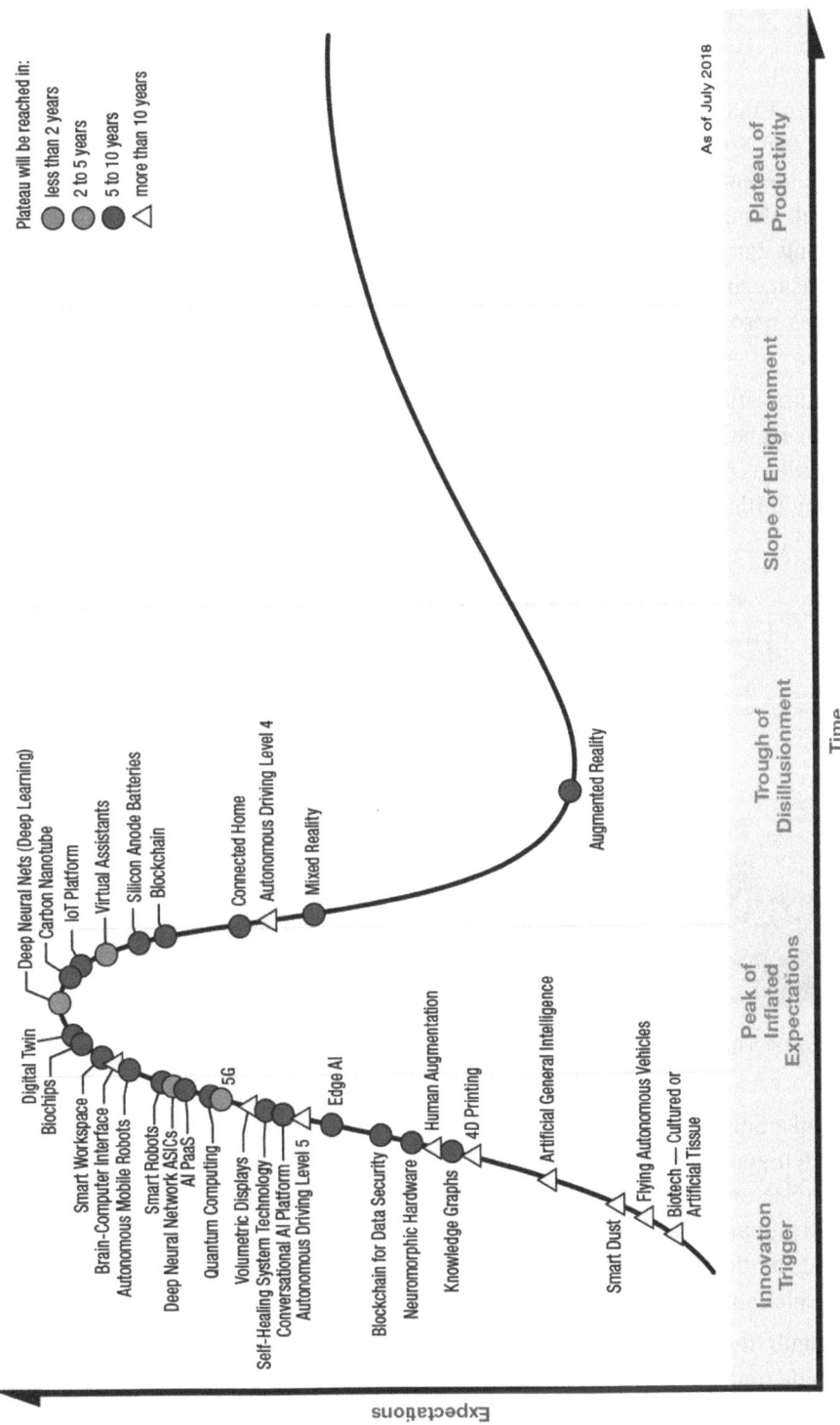

Bild 4.1 Gartner Hype Cycle 2018 für Emerging Technologies nach (Gartner, 2018)

■ 4.2 Realitäts-Virtualitäts-Kontinuum

Während man unter Virtual Reality die Darstellung und gleichzeitige Wahrnehmung der Wirklichkeit und ihrer physikalischen Eigenschaften in einer in Echtzeit computergenerierten, interaktiven, virtuellen Umgebung versteht und die reale Umwelt demzufolge ausgeschaltet wird, zielt Augmented Reality auf eine Anreicherung der bestehenden realen Welt um computergenerierte Zusatzobjekte. Im Gegensatz zu Virtual Reality werden keine gänzlich neuen Welten erschaffen, sondern es wird die vorhandene Realität mit einer virtuellen Realität ergänzt (Klein, 2009).

Eine einheitliche Definition zu AR gibt es in der Literatur nicht (Milgram et al. 1994), meistens wird auf das „Realitäts-Virtualitäts-Kontinuum" Bezug genommen. Dieses postuliert einen stetigen Übergang zwischen realer und virtueller Umgebung (Milgram, Kishino 1994) (vgl. Bild 4.2).

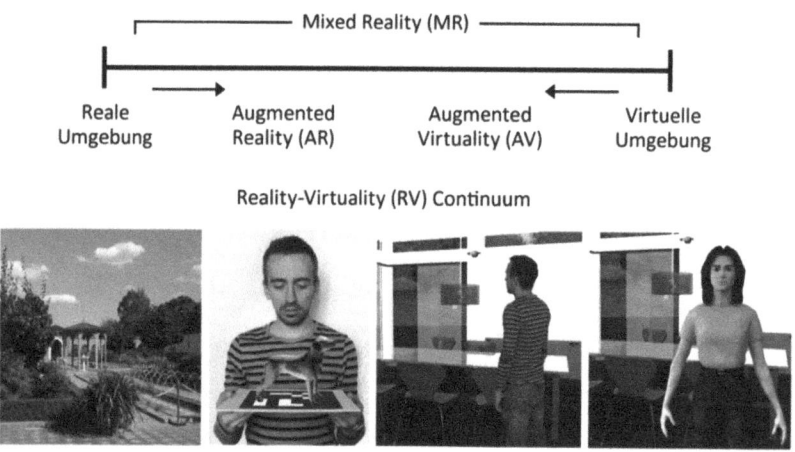

Bild 4.2 Realitäts-Virtualitäts-Kontinuum nach (Milgram, Kishino 1994)

Der linke Bereich des Kontinuums definiert Umgebungen, die sich nur aus realen Objekten zusammensetzen, und umfasst alle Aspekte, die bei Betrachtung einer realen Szene durch eine Person oder durch ein beliebiges Medium wie z. B. Fenster, Fotoapparat etc. beobachtet werden. Der rechte Bereich hingegen definiert Umgebungen, die nur aus virtuellen Objekten bestehen wie z. B. entsprechende Computerspiel-Simulationen (Milgram et al. 1994).

Innerhalb dieses Frameworks wird Mixed Reality als eine Umgebung definiert, in der reale und virtuelle Objekte in beliebiger Weise in einer Darstellung, d. h. zwischen den beiden Extrempunkten des Kontinuums liegend, kombiniert werden (Milgram, Kishino 1994). Bei Augmented Reality überwiegt der reale Anteil, bei

Augmented Virtuality hingegen der virtuelle Anteil. Eine Unterscheidung zwischen Augmented Reality und Augmented Virtuality findet heute in der Praxis selten statt. Ebenso werden die Termini Augmented Reality und Mixed Reality – seltener auch Enhanced Reality – oft synonym verwendet.

■ 4.3 Augmenty Reality

4.3.1 Definition

Die Literatur verwendet meist die Definition zu Augmented Reality von Azuma (Azuma 1997), wonach AR durch folgende Charakteristika definiert ist:

- Kombination von virtueller Realität und realer Umwelt mit teilweiser Überlagerung
- Interaktion in Echtzeit
- Dreidimensionaler Bezug virtueller und realer Objekte

Die Möglichkeit der Interaktion mit den computergenerierten Zusatzobjekten wird als wesentlicher Aspekt von AR gesehen; teils wird sogar weitergehender von der Möglichkeit der Manipulation der Informationselemente gesprochen (Fraunhofer IGD, 2003). Der dreidimensionale Bezug virtueller und realer Objekte ist oftmals gerade im mobilen Bereich nicht gegeben (Mehler-Bicher, Steiger 2014).

Alternativ zur Anreicherung der Realität um virtuelle Objekte kann man sich auch vorstellen, dass reale Objekte durch Überlagerung mit künstlichen Objekten teilweise oder ganz verdeckt werden. In der Literatur wird dies auch als Mediated oder Dimished Reality bezeichnet (Azuma 1997).

4.3.2 Technische Grundlagen

Im Bereich AR werden die Termini Tracking und Rendering häufig verwendet.

- Unter Tracking versteht man die Erkennung und Verfolgung von Objekten; auch Bewegungsgeschwindigkeit sowie Beschleunigung oder Verzögerung der Objekte lassen sich berechnen.
- Rendering ist die Technik der visuellen Ausgabe, d.h. der Kombination realer und virtueller Objekte zu einer neuen Szene.

Das Zusammenspiel von Tracking und Rendering ist in Bild 4.3 dargestellt.

Realität   Ortsbestimmung   Virtualität
                           Tracking

Realitätserweiterung
Rendering

Bild 4.3 AR – ein generisches System nach (Mehler-Bicher, Steiger 2014)

Um AR-Anwendungen zu ermöglichen, ist es notwendig, zunächst die reale Umgebung zu erfassen, um diese anschließend um virtuelle Objekte zu ergänzen. Die Software, die diese Aufgabe erfüllt, wird als Tracking-Software oder Tracker bezeichnet. Der Tracker soll die reale Umgebung und gegebenenfalls darin befindliche Objekte erfassen und den Blickwinkel des Betrachters und/oder die Lage eines Markers im Raum möglichst genau und in Echtzeit erkennen und verfolgen (Mehler-Bicher, Steiger 2014).

Eine perfekte Illusion wird dann erzielt, wenn die Integration der virtuellen Objekte in die reale Umgebung so genau wie möglich erfolgt. Diese Genauigkeit hängt stets vom Anwendungsgebiet ab. Während beim Einsatz in der Chirurgie zwingend eine sehr hohe Genauigkeit erforderlich ist, ist sie beim Einsatz der AR-Technologie auf einem mobilen Endgerät meist nicht von entscheidender Bedeutung (Klein 2009).

Man unterscheidet hierbei zwei Prinzipien (Müllner 2013):

- Inside-Out-Tracking
  Beim Inside-Out-Tracking ermittelt das bewegte Objekt die Trackinginformationen selbst. Durch die Umgebung werden die Daten z. B. von Markern selbst bereitgestellt.
- Outside-In-Tracking
  Besitzt das zu trackende Objekt kein Wissen bezüglich der eigenen Position und Orientierung, spricht man vom Outside-In-Tracking.

Die beim Inside-Out-Prinzip verwendeten Tracker werden zunehmend favorisiert, da sie passiv und damit deutlich kostengünstiger sind.

Um ein Tracking zu ermöglichen, werden spezifische Sensoren oder eine Kombination verschiedener Sensoren eingesetzt. Grundsätzlich können zwei verschiedene Verfahren unterschieden werden:

- Nichtvisuelles Tracking
  Zu den nichtvisuellen Tracking-Verfahren zählen z. B. Kompass, GPS, Ultraschallsensoren, Opto-elektronische Sensoren oder Trägheitssensoren (Rolland, Baillot, & Goon 2001).

- Visuelles Tracking
  Visuelles Tracking wird in der Regel mit einer Videokamera realisiert und in zwei Schritten erreicht. Schritt 1 ist die Initialisierung, sprich das zu trackende Muster wird im Kamerabild gesucht und in der Orientierung berechnet. Der Marker muss nicht orthogonal zur Kamera ausgerichtet sein. Schritt 2 ist die Verfolgung bzw. Antizipation der möglichen Bewegung. In diesem Schritt wird das durch die Orientierung verzerrte Bild über die nächsten Bilder des Videos verfolgt und der zu untersuchende Bereich eingeschränkt.

Beim visuellen Tracking ist der Einsatz von Markern ein weitverbreitetes Mittel, um Objekte zu markieren. Marker müssen optisch optimiert sein, um perfekt von einem Tracker erkannt werden zu können. Marker können verschiedener Natur sein:

- Code-Marker (künstliche Marker)
  Ein Beispiel für einen Code-Marker ist der QR-Code.
- Texturmarker (Bildmarker)
  Unter Textur- oder Bildmarker versteht man natürliche Marker wie z. B. fotografierte Objekte, die eine entsprechende Animation auslösen.

Während man anfänglich aufgrund der limitierten Rechnerkapazitäten und eingeschränkten Bilderkennungsmöglichkeiten überwiegend mit Code-Markern gearbeitet hat, setzt man heute in der Regel Texturmarker ein.

Zudem lassen sich auch mittels Gesichts- oder Körpererkennung entsprechende Animationen auslösen.

4.3.3 Status quo

Die dargestellten Szenarien werden in der Regel mit Tablets oder Smartphones realisiert, da AR-Brillen bis heute keine Marktreife erreicht haben. Von Anfang an gab es Widerstände gegen die in AR-Brillen eingebaute Kamera. Google hat die Google Glasses 2015 offiziell zwar eingestellt, aber Anfang 2019 wurde das Folgeprodukt vorgestellt (Golem 2019).

Innovative Anwendungsszenarien, wie AR-Brillen z. B. Logistikprozesse beschleunigen können, existieren bereits (DHL 2015). So hat DHL im Rahmen eines Pilotprojekts erfolgreich den Einsatz von Datenbrillen getestet. Beschäftigte wurden entsprechend ausgestattet, schrittweise Arbeitsanweisungen in die Datenbrille eingeblendet, um den Kommissionierungsprozess zu beschleunigen und Fehler zu reduzieren. Im Test zeigte sich eine messbare Optimierung der Logistikprozesse, im konkreten Fall eine 25-prozentige Effizienzsteigerung in der Kommissionierung (DHL 2015).

4.3.4 Anwendungsszenarien

Unterschieden werden nach (Mehler-Bicher, Steiger 2014) folgende Anwendungsszenarien:

- Living Mirror
  Beim Living Mirror erkennt eine Kamera das Gesicht des Betrachters und platziert lagegerecht dreidimensionale Objekte auf dem Gesicht bzw. Kopf. Die Projektion erfolgt üblicherweise über einen großen Bildschirm oder einen Beamer, sodass ein Spiegeleffekt hervorgerufen wird.
- Living Print
  Dieses Szenario basiert auf dem Erkennen eines Printmediums und entsprechender Augmentierung (vgl. Bild 4.4). Dabei wird zwischen verschiedenen Printmedien unterschieden, seien es Sammel- bzw. Grußkarten (Living Card), Prospekte bzw. Broschüren (Living Brochure) oder Verpackungsmaterialien (Living Object). Weitere Möglichkeiten bestehen in der Augmentierung von Büchern (Living Book) oder Spielen (Living Game print-basiert).

Bild 4.4 Einsatz von Living Print unter Nutzung eines Code-Markers (Bildquelle: preality)

- Living Game mobile
  Mobile Endgeräte bilden die Basis von Living Game mobile; dabei werden augmentierte Spiele z. B. auf dem Smartphone zur Anwendung gebracht.

- Living Architecture
  Eine typische Anwendung im Architekturbereich ergibt sich, wenn ein Betrachter einen Eindruck eines Raums oder eines ganzen Gebäudes „erfahren" möchte, indem er durch Bewegungen wie z. B. Drehen des Kopfes oder Gehen durch einen realen Raum und weitere Aktionen wie z. B. Sprache oder Gestik dessen Darstellung selbst bestimmt.

- Living Poster
  Unter einem Living Poster wird eine Werbebotschaft im öffentlichen Raum verstanden, die mit Augmented Reality um manipulative Informationselemente erweitert wird.

- Living Presentation
  Messestände und Präsentationen müssen immer spektakulärer und interessanter werden, damit sie in Zeiten der Informationsüberflutung überhaupt noch wahrgenommen werden. Mittels AR-Technologie lässt sich dieses Ziel erreichen. Darüber hinaus ist es möglich, reale Objekte, die durch ihre reine Größe oder Komplexität nicht live „präsentierbar" sind, darzustellen und sogar mit diesen zu interagieren.

- Living Meeting
  Durch die zunehmende Globalisierung finden immer mehr Meetings als Tele- oder Videokonferenzen statt. Mittels Augmented Reality kann man Tele- und Videokonferenzen anreichern, sodass sie fast wie reale Zusammentreffen wirken.

- Living Environment
  Alle AR-Anwendungen, die mit mobilen Systemen reale Umgebungen oder Einrichtungen mit Zusatzinformationen jeglicher Art wie Text, 2D-Objekten, 3D-Objekten, Video- und Audiosequenzen erweitern, bezeichnet man Living Environment.

Ziel ist grundsätzlich eine zeitnahe Informationsgewinnung (Time-to-Content) durch den Benutzer allein dadurch, dass die Kamera ein oder mehrere Objekte erfasst und dadurch entsprechende Zusatzinformationen bereitgestellt werden. Im Fall des Living Environment ist eine Kombination mehrerer Sensoren möglich und oftmals gewünscht.

Die Liste der Anwendungsszenarien ist nicht notwendigerweise vollständig, da sich durch technische Entwicklungen weitere Anwendungsmöglichkeiten ergeben können. Obige Szenarien sind hinsichtlich ihres Anwendungszwecks offen. (Porter, Heppelmann 2018) unterscheiden nach verschiedenen Realisierungsstufen, um unterschiedliche Anwendungszwecke zu klassifizieren. Stufe 1 – 3 werden wegen ihrer praktischen Relevanz vorgestellt.

Realisierungsstufe 1: Visualisierung

Mithilfe von AR lassen sich computergenerierte Objekte in die reale Umgebung projizieren. In dieser Stufe ist der Benutzer ein passiver Betrachter einer AR-Szene.

- Mögliche Anwendungen
  - AR-animierte Printmedien wie z. B. Prospekte, Kataloge, Verpackungen.
  - Einblenden technischer Informationen in das Gesichtsfeld eines Anwenders durch Headup-Displays wie z. B. in PKW oder Flugzeug.
  - Lagegerechtes Einblenden touristischer Informationen z. B. bei historischen Stätten wie Berliner Mauer oder Tempel von Troja.
  - Lagegerechtes Überlagern von Informationen aus bildgebenden Verfahren in der Medizin zur Unterstützung des Operateurs.
- Voraussetzungen
  - Der zu erkennende Marker muss bekannt sein. Ebenso müssen die zu kombinierenden virtuellen Objekte – in der Regel 3D-Objekte – vorliegen, damit das AR-System reale und virtuelle Objekte zu einer neuen Szene kombinieren kann. Diese kann anschließend auf dem jeweiligen Device – Tablet, Smartphone oder AR-Brille – ausgespielt werden.
- Aufwand
  - Der Aufwand zur Umsetzung dieser Realisierungsstufe ist relativ gering. Die Marker, wie z. B. Bilder eines Katalogs, sind in der Regel bereits vorhanden. Auch die 3D-Objekte liegen oftmals schon vor. Softwaretechnisch sind diese nur noch miteinander zu kombinieren.
  - Sind Content-Änderungen in den Unternehmensdaten wie z. B. eines Produktkatalogs direkt in das AR-Szenario integriert, ist eine entsprechende systemtechnische Verbindung notwendig.

Realisierungsstufe 2: Anleitung und Kontrolle

In dieser Stufe werden vorgefertigte Szenarien der Stufe 1 in eine logische Reihenfolge gebracht. Der Ablauf wird dabei durch die Veränderung des realen Betrachtungsobjekts gesteuert.

- Mögliche Anwendungen
  - Ein Wartungstechniker entfernt nach Anweisung ein Bauteil an einer Maschine; daraufhin erkennt das AR-System die neue Situation, beurteilt diese und schlägt den nächsten Schritt vor. Eine Interaktion durch den Benutzer selbst z. B. mittels Sprachanweisungen ist in dieser Stufe nicht vorgesehen.
  - Zusätzlich zur visuellen Darstellung lassen sich Zusatzinformationen wie z. B. Videosequenzen oder vertiefende CAD-Darstellungen situativ einblenden.
  - Ergänzend ist die Berücksichtigung von Prozessdaten oder statistischer Informationen auch möglich; dies erfordert jedoch entsprechende Schnittstellen zu den operativen IT-Systemen.

- Voraussetzungen
  - Realisierungsstufe 2 setzt auf Realisierungsstufe 1 auf und erfordert zusätzlich eine Definition des Ablaufs der Szenen.
  - Die Darstellung der Objekte muss präziser sein als in Stufe 1.
  - Die Realisierung komplexer Handlungsabläufe erfordert eine hohe Fachkenntnis der Prozesse selbst sowie der Möglichkeiten und Grenzen der AR-Technologie.
- Aufwand
  - Zusätzlich zum Aufwand aus Realisierungsstufe 1 ergibt sich weiterer Aufwand, um eine eindeutige und fachlich richtige Reihenfolge im System zu definieren. Dazu sind technische und gegebenenfalls didaktische Kenntnisse erforderlich.
  - Durch die vorgegebene starre Reihenfolge ist bei Veränderungen des unterstützten Vorgangs der Ablauf entsprechend anzupassen. Gegebenenfalls sind hierfür neue Marker und Objekte zu erstellen.

Realisierungsstufe 3: Interaktion

Stufe 3 unterscheidet sich von Stufe 2 insoweit, dass das AR-Szenario nicht nach einem vorgegebenen Muster abläuft, sondern die Sequenz der Teilschritte durch den Benutzer selbst gesteuert wird. Dies kann sprach- oder gestengesteuert erfolgen. Steuerung über Eingabegeräte wie Maus, Tastatur oder Touchscreen, aber auch per Mimik- oder Gestensteuerung sind denkbar und von der jeweiligen Situation abhängig.

- Mögliche Anwendungen
  - Bei der Durchführung einer Konstruktion oder Reparatur erkennt das AR-System die aktuelle Situation und gibt Handlungsanweisungen (vgl. Bild 4.5). Der Anwender steuert durch Eingaben den Ablauf, indem er Schritte überspringt oder Handlungsalternativen wählt.
  - Bei der Auswahl und Konfiguration von Einrichtungsgegenständen im realen Raum (vgl. Bild 4.6) kann die Position der Objekte lagegerecht im realen Raum erfolgen, was vor allem durch Visualisierung der Größenverhältnisse eine Planung erheblich vereinfacht.
  - Im Schulungsbereich lassen sich virtuelle Objekte in den realen Raum projizieren und betrachten. Der Benutzer wählt gezielt Objekte aus und kann diese hinsichtlich Größe und Position im Raum verändern.

Bild 4.5 Interaktionsmöglichkeiten bei einer Reparatur (Bildquelle: visionlib)

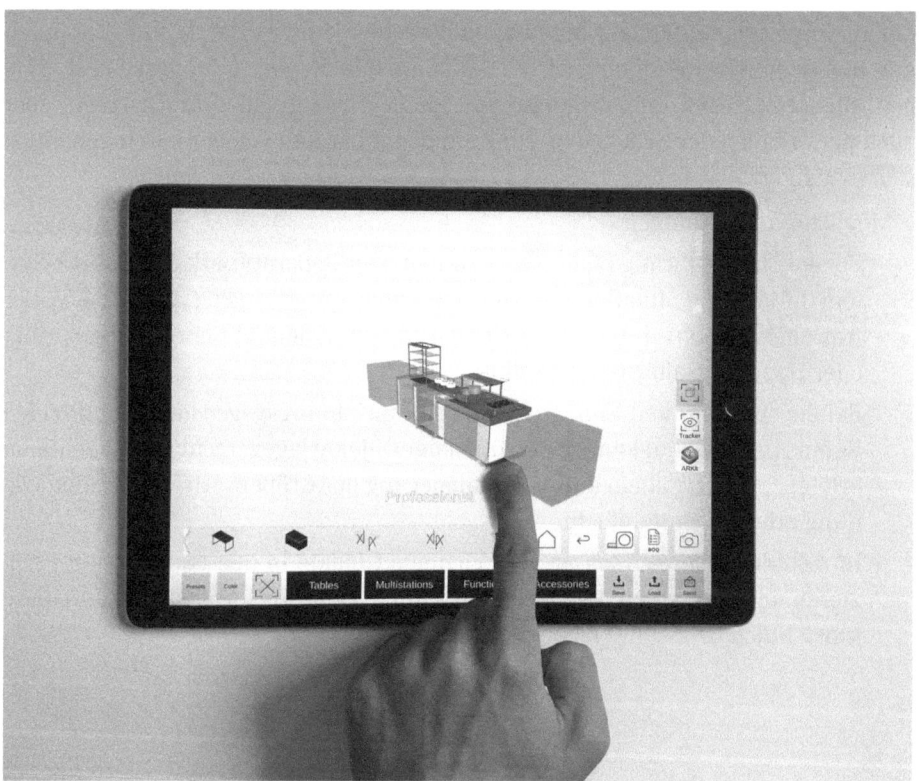

Bild 4.6 Interaktionsmöglichkeiten bei einer Konfiguration (Bildquelle: preality)

- Voraussetzungen
  - Stufe 3 erfordert neben den Voraussetzungen aus Stufe 2 die Entwicklung intuitiver und leicht erlernbarer Benutzerschnittstellen. Dies können z.B. sprach- oder gestenbasierte Schnittstellen sein; auch mausähnliche oder touchzentrierte Eingabegeräte lassen sich einsetzen.
  - Eine hohe Nutzerakzeptanz einer derartigen Applikation wird allerdings nur dann erreicht, wenn Eindeutigkeit bezüglich Bedienoptionen und Handlungs-alternativen herrscht. So muss dem Benutzer immer klar sein, wie mit wel-chen Objekten zu interagieren ist.
  - Erschwerend kommt hinzu, dass es heute noch keine definierten Standards gibt, wie eine AR-Interaktion zu erfolgen hat.
- Aufwand
  - Die Umsetzung einer AR-Anwendung auf Stufe 3 ist in der Regel sehr aufwen-dig. Sie erfordert nicht nur AR-Kompetenz, sondern zusätzlich objektbezogene fachliche Kompetenz und didaktische Fähigkeiten der Entwickler.
  - Hinzu kommt die Möglichkeit, dass weitere Akteure wie z.B. hinzugezogene Spezialisten die Szene beobachten und gegebenenfalls auch selbst interagie-ren. Da solche Akteure oftmals gleichzeitig mehrere AR-Nutzer punktuell un-terstützen, ist auch hierfür eine spezielle Schnittstelle zu entwickeln.

Kombiniert man Anwendungsszenarien mit Realisierungsstufen (vgl. Tabelle 4.1), dann zeigt sich, dass insbesondere das Living Environment für die dritte Realisie-rungsstufe geeignet ist. Statische Elemente zur Erzeugung von AR-Animationen wie z.B. Living Print sind eher für die beiden ersten Realisierungsstufen geeignet. Living Game mobile ist in Tabelle 4.1 exkludiert, da sich hier keine wirtschaft-lichen Nutzungsmöglichkeiten ergeben.

Tabelle 4.1 Kombination von Anwendungsszenarien und Realisierungsstufen

Anwendungsszenario		Realisierungsstufe	
	Visualisierung	Anleitung und Kontrolle	Interaktion
Living Mirror	geeignet	geeignet	
Living Print	geeignet	geeignet	
Living Poster	geeignet	geeignet	
Living Architecture	geeignet	geeignet	geeignet
Living Presentation	geeignet	geeignet	
Living Meeting	geeignet	geeignet	geeignet
Living Environment	geeignet	geeignet	geeignet

4.3.5 Chancen und Risiken

Die verschiedenen Anwendungsszenarien und Realisierungsstufen zeigen deutlich die Potenziale, die AR bietet (Mehler-Bicher, Steiger 2014):

- Schnelle Vermittlung von Inhalten (Time-to-Content)
  Im Zuge der wachsenden Anzahl an Informationen wird die Suchzeit nach relevanten Informationen immer wesentlicher. Mittels Augmented Reality ist eine schnelle Vermittlung von Inhalten möglich, was in der Folge zu einer Reduktion von Suchzeiten führt.
- Gleichzeitige Ansprache verschiedener Sinne
  Die Steigerung der Emotionalität z. B. durch Bewegtbilder oder Musik und die daraus resultierende Ansprache verschiedener Sinne unterstützt den Kommunikationsprozess und vermittelt entsprechende Inhalte nachhaltiger.
- Erhöhung der Erfahrungs- und Vertrauenseigenschaften
  Produkte und Dienstleistungen werden durch AR erlebbar und begreifbar. Dies gilt insbesondere auch für komplexe Anwendungen im technischen Bereich.
- Parallelisierung verschiedener Tätigkeiten
  Durch Generierung und Visualisierung von Zusatzinformationen, die zur Verringerung der Komplexität verschiedener Tätigkeiten führen können, wird Multitasking unterstützt. Eine Parallelisierung verschiedener Tätigkeiten wird ermöglicht bzw. effizient unterstützt.
- Kollisionserkennung realer und virtueller Objekte
  Gerade bei technischen AR-Applikationen führt die verbesserte Kommunikation zu einer Verringerung möglicher Kollisionen und/oder Unfälle.

Augmented Reality wird als Informationsmehrwert zum täglichen Leben gehören und nicht nur das Arbeitsleben beeinflussen, sondern auch das alltägliche Verhalten verändern – ähnlich wie das Web. Wie die Gesellschaft mehrheitlich auf Augmented Reality reagieren wird, ist zum jetzigen Zeitpunkt noch nicht beurteilbar (Mehler-Bicher, Steiger 2014). In vielen Fällen überwiegt derzeit noch die Faszination, die diese Technologie auf Betrachter ausübt. Kritik an AR entzündet sich nicht an der Technologie an sich, sondern oftmals vor allem an der Benutzung einer Kamera im öffentlichen Raum. Bei einer Datenbrille ist die Kamera meist unauffällig verbaut, von außen ist nicht erkennbar, ob die Kamera in Funktion ist. Dadurch fühlen sich viele Menschen in ihrem Persönlichkeitsrecht verletzt. Im betrieblichen Umfeld wie im Anwendungsbeispiel der DHL (DHL 2015) lassen sich datenschutzrechtliche Probleme durch betriebliche Vereinbarungen regeln, im öffentlichen Raum entzündet sich aber eine grundsätzliche Diskussion über Persönlichkeits- und Bildrechte. Diese Diskussion ist vor dem Hintergrund, dass es bereits seit Jahren Anwendungen wie z. B. Headup-Displays in PKWs verschiedener Autohersteller gibt, die die Umgebung permanent aufnehmen, erstaunlich.

■ 4.4 Virtual Reality

4.4.1 Definition

Unter virtueller Realität (VR) versteht man die Darstellung und gleichzeitige Wahrnehmung der Wirklichkeit und ihrer physikalischen Eigenschaften in einer in Echtzeit computergenerierten, interaktiven virtuellen Umgebung. Demnach sind diese virtuellen Welten zunächst in einem Rechner zu erzeugen (Lanier, Biocca 1992).

Im Gegensatz zu AR, bei der die Anreicherung der Realität im Vordergrund steht, lassen sich bei VR-Anwendungen gänzlich neue Umgebungen erschaffen. Grundsätzlich lassen sich auch hier reale Umgebungsbilder mittels einer Kamera einbeziehen (Mixed Reality). Die Darstellung des Bilds erfolgt aber ausschließlich durch Projektion. Diese Projektion erfolgt stereoskopisch, d. h. je ein Bild auf jedes Auge, um einen räumlichen Eindruck zu erzeugen. In der Regel werden Szenen dargestellt, die in ihrer Gesamtheit virtuell sind, d. h. zwei- bzw. dreidimensionale Objekte, die im Rechner generiert werden. Dadurch ergeben sich unzählige Möglichkeiten der Darstellung und Simulation. Vor allem im Spielebereich (VR-Games) sind bereits heute viele Anwendungen verfügbar (Mehler-Bicher, Steiger 2018).

Prüft man bereits publizierte VR-Anwendungen, ob sie obiger Definition gerecht werden, so erfüllen viele die Definitionskriterien nicht. Ein Beispiel hierfür sind die sogenannten Cardboards. Es werden lediglich zwei Bilder stereoskopisch auf die Augen projiziert, Grundlage sind jedoch reale Bilder.

4.4.2 Technische Grundlagen

Eine virtuelle Realität muss Anforderungen hinsichtlich Immersion, Plausibilität, Interaktivität und Wiedergabetreue erfüllen (Dörner et al. 2019):

- Unter Immersion versteht man die Einbettung des Nutzers in die virtuelle Welt, sodass die Wahrnehmung der eigenen Person in der realen Welt vermindert wird und der Nutzer sich als Person in der virtuellen Welt fühlt. Durch eine hohe Anzahl möglicher Interaktionen im System lässt sich eine hohe Immersion erzielen (Grau 2003).
- Eine virtuelle Welt gilt plausibel, wenn Interaktionen in ihr logisch und stimmig erfolgen (Slater 2007).
- Interaktivität erzeugt die Illusion, dass virtuelle Aktionen real passieren.
- Wiedergabetreue liegt vor, wenn die virtuelle Umgebung genau und realistisch gestaltet ist, also Eigenschaften einer natürlichen Welt abbildet und dem Nutzer glaubwürdig erscheint.

Um ein Gefühl der Immersion zu erzeugen, benötigt man zur Darstellung virtueller Welten spezielle Ausgabegeräte (sog. Virtual-Reality-Headsets). Um einen räumlichen Eindruck zu vermitteln, werden zwei Bilder aus unterschiedlichen Perspektiven erzeugt und dargestellt. Um das jeweilige Bild dem richtigen Auge zuzuführen, existieren verschiedene Technologien. Man unterscheidet aktive (z. B. Shutterbrillen) und passive Technologien (z. B. Polfilter).

Für die Interaktion mit der virtuellen Welt setzt man spezielle Eingabegeräte wie z. B. 3D-Maus, Datenhandschuh oder Flystick ein. Flysticks nutzt man zur Navigation mit einem optischen Trackingsystem. Infrarot-Kameras melden durch entsprechende Marker am Flystick permanent die Position im Raum an das VR-System, damit sich der Benutzer ohne Verkabelung frei bewegen kann. Optische Trackingsysteme ermöglichen die Erfassung beliebiger Körper wie z. B. Werkzeuge, Anlagen oder Menschen, um diese innerhalb des VR-Szenarios in Echtzeit verändern zu können. Bei einigen Eingabegeräten erhält der Benutzer eine Kraftrückkopplung auf Hände oder andere Körperteile, sodass er sich durch Haptik und Sensorik als weitere Sinnesempfindung in der dreidimensionalen Welt orientieren und realitätsnahe Simulationen durchführen kann.

4.4.3 Status quo

Die Bandbreite bei VR-Systemen reicht heute von Mobile VR bis hin zu High-End VR. Typische High-End-VR-Systeme erfordern einen leistungsfähigen Rechner, eine Hochleistungsgrafikkarte sowie eine hochauflösende Datenbrille. Zudem arbeitet man oftmals mit Controllern oder Lasersensoren, sodass eine freie Bewegung im Raum möglich ist. Seit 2018 kommen zunehmend Mobile-VR-Systeme auf den Markt, bei denen Rechner sowie Hochleistungsgrafikkarte direkt in der Datenbrille verbaut sind.

Die Rechenleistung von Smartphones ist in den letzten Jahren zwar gestiegen, aber bei weitem noch nicht ausreichend, um gänzlich neue Szenen in Echtzeit zu berechnen und darzustellen – von der Bildqualität ganz abgesehen. Da der Begriff VR zurzeit in aller Munde ist und die Smartphone-Hersteller händeringend nach neuen Anwendungsbereichen suchen, wird VR immer dann – missbräuchlich – benutzt, wenn die Projektion direkt in den Sichtbereich des Benutzers erfolgt. Idee ist nun, Technologien direkt in das Smartphone-Betriebssystem zu integrieren, mit deren Hilfe Nutzer in virtuelle Welten eintauchen können. Möglich sind z. B. Cardboard-Brillen, in denen das Display eines eingelegten Smartphones Bilder wie in einem Stereoskop erzeugt.

4.4.4 Anwendungsszenarien

Im Bereich Virtual Reality lassen sich wie bei Augmented Reality drei Realisierungsstufen, die verschiedene Anwendungsszenarien bedingen, unterscheiden:

Realisierungsstufe 1: Visualisierung

Mithilfe von VR lassen sich computergenerierte Objekte in eine virtuelle, computergenerierte Umgebung projizieren. In dieser Stufe ist der Benutzer passiver Betrachter einer VR-Szene.

- Mögliche Anwendungen
  - Virtuelle Rundgänge z. B. durch computergenerierte Gebäude oder technische Anlagen
  - Betrachtung und Untersuchung von Objekten aus bildgebenden Verfahren in der Medizin, um beispielsweise eine Operation vorzubereiten
  - Teilhabe an einem künstlerischen Prozess wie z. B. virtuelle Verfolgung des Prozesses zur Erstellung eines 3D-Kunstwerks aus selbstgewählten Positionen
- Voraussetzungen
  - Notwendig ist eine Standardausrüstung mit einer VR-Brille. Die virtuelle Umgebung muss im Rechner vorhanden sein, dabei werden Blickwinkel und Position des Betrachters in Echtzeit berechnet und in der VR-Brille dargestellt.
- Aufwand
  - Grundsätzlich ist das Szenario mit entsprechenden Software-Entwicklerwerkzeugen zu entwickeln. Auch wenn bereits Objekte wie z. B. Gebäude, technische Objekte oder eine Tumordarstellung aus den bildgebenden Verfahren vorliegen, sind diese lagegerecht in eine virtuelle Umgebung einzufügen. Dies erfordert in der Regel einen hohen Entwickleraufwand.

Realisierungsstufe 2: Anleitung und Kontrolle

In dieser Stufe werden vorgefertigte Szenarien der Stufe 1 in eine logische Reihenfolge gebracht. Der Ablauf wird – anders als bei AR – nicht durch die Veränderung des realen Betrachtungsobjekts gesteuert, sondern durch die Veränderung der virtuellen Objekte. Deshalb ist dies eher ein linearer Prozess, der im Zeitablauf relativ starr ist.

- Mögliche Anwendungen
  - Im Schulungsbereich werden Umgebungen und Vorgänge simuliert. Der Betrachter kann selbstständig seine Position ändern, um die Objekte näher zu betrachten. Dies kann z. B. das Innere eines Reaktors oder die Herzkammer eines Patienten sein.
  - Virtuelle Rundgänge durch Gebäude oder Anlagen mit Anleitungscharakter

- Voraussetzungen
  - Realisierungsstufe 2 baut auf Realisierungsstufe 1 auf und erfordert zusätzlich eine Definition des Ablaufs der Szenen.
  - Die Realisierung komplexer Handlungsabläufe erfordert darüber hinaus eine hohe Fachkenntnis der Prozesse selbst.
- Aufwand
  - Zusätzlich zum Aufwand aus Realisierungsstufe 1 ergibt sich weiterer Aufwand, um eine eindeutige und fachlich richtige Reihenfolge im System zu definieren. Dazu sind technische und gegebenenfalls didaktische Kenntnisse erforderlich.
  - Durch die vorgegebene starre Reihenfolge ist es bei Veränderungen des unterstützten Vorgangs notwendig, den Ablauf entsprechend zu verändern. Dadurch kann die Erstellung zusätzlicher neuer Objekte und Räume notwendig sein.
  - Grundsätzlich stellt sich die Frage nach dem Aufwand und Vorteil einer solchen Anwendung. Der Unterschied zum klassischen „Erklärvideo" liegt darin, dass der Betrachter seine Position zum Betrachtungsobjekt im virtuellen Raum selbst wählen kann, indem er sich im – realen und virtuellen – Raum bewegt. Außerdem können mehrere Betrachter gleichzeitig, gegebenenfalls auch an unterschiedlichen Orten dem Geschehen beiwohnen.

Realisierungsstufe 3: Interaktion

Stufe 3 unterscheidet sich von Stufe 2 insoweit, dass das VR-Szenario nicht nach einem vorgegebenen Muster abläuft, sondern die Steuerung insgesamt und damit auch die der Teilschritte durch die Benutzer selbst erfolgt. Dies kann sprach- oder gestengesteuert erfolgen. Eine Steuerung über Eingabegeräte wie Maus, Tastatur oder Touchscreen ist ebenfalls denkbar und von der jeweiligen Situation abhängig.

- Mögliche Anwendungen
  - Im Schulungsbereich kann der Betrachter die dargestellten Objekte nicht nur betrachten, sondern diese auch „anfassen" oder durch andere Eingaben manipulieren. Dadurch wird der Betrachter zum Akteur innerhalb der Szene.
  - Produktdesigner oder Künstler entwickeln Objekte oder verändern diese (z. B. ein PKW- oder Fahrradmodell) im virtuellen Raum (vgl. Bild 4.7). Dies kann auch kollaborativ im Kollektiv erfolgen.

Bild 4.7 Simulation einer Fahrradkonstruktion (Bildquelle: Flying Shapes)

- Voraussetzungen
  - Ähnlich wie bei AR ist neben den Voraussetzungen aus Stufe 2 die Entwicklung intuitiver und leicht erlernbarer Benutzerschnittstellen notwendig. Dies können z. B. sprach- oder gestenbasierte Schnittstellen sein. Eine hohe Nutzerakzeptanz wird nur dann erreicht, wenn Eindeutigkeit bezüglich Bedienoptionen und Handlungsalternativen herrscht. So muss immer klar sein, mit welchen Objekten interagiert werden kann und wie dies zu erfolgen hat. Bei VR-Anwendungen ist dies noch wichtiger, da Veränderungen in der realen Umgebung nicht das System steuern.
  - In der Regel hat ein VR-System deshalb Interaktionsmöglichkeiten mittels sogenannter Controller, die über mehrere Bedienknöpfe und Sensoren verfügen. Dabei erfüllen die Controller nicht nur die Funktion des Steuerelements. Durch die Höhe, in der die Controller zu halten sind, kann das System die Körpergröße abschätzen. Bei der ersten Installation wird zudem das Bodenniveau über die Controller kalibriert, sodass Betrachtungsebene und Körpergröße übereinstimmen.
- Aufwand
  - Die Umsetzung einer VR-Anwendung in der Realisierungsstufe 3 ist in der Regel sehr aufwendig. Sie erfordert nicht nur VR-Kompetenz, sondern zusätzlich objektbezogene fachliche Kompetenz und didaktische Fähigkeiten der Entwickler.
  - Nicht nur einzelne Objekte wie bei AR müssen entwickelt werden, sondern immer auch eine entsprechende komplette virtuelle Umgebung.
  - Hinzu kommt, dass ein Benutzer die Funktion der Controller erst erlernen muss.
  - Außerdem ist das System bei jedem neuen Benutzer neu zu kalibrieren, um einen realistischen Eindruck für den Benutzer zu erzeugen.

Bei einer VR-Anwendung ist – unabhängig von der Realisierungsstufe – der virtuelle Raum normalerweise begrenzt. Seine Größe beträgt in der Regel ca. drei mal drei Meter.

4.4.5 Chancen und Risiken

Den kommerziellen Durchbruch werden VR-Anwendungen im Games-Bereich schaffen, Computerspiele waren schon immer Technologietreiber im Rechnerbereich. Hohe Auflösung und schneller Bildaufbau sind Leistungskriterien solcher Spiele, was hohe Rechnerleistung und schnelle Grafikkarten ermöglichen. Außerdem lässt sich nur in diesem Bereich eine hohe Stückzahl am Markt absetzen, was zwingend notwendig ist, um einen akzeptablen Marktpreis für VR-Brillen zu erreichen, sodass VR-Equipment auch im Unternehmensumfeld interessant werden kann. Im technisch-wissenschaftlichen Bereich ergeben sich durch diese Technologie auch interessante Anwendungsmöglichkeiten, die zahlenmäßig allenfalls eine untergeordnete Rolle spielen werden. Der Aufwand zur Umsetzung virtueller Realitäten ist sehr hoch und wird im Unternehmensumfeld häufig dazu führen, dass man von einer entsprechenden Realisierung Abstand nimmt.

Der Vorteil einer VR-Anwendung – die Erzeugung vollkommen virtueller Umgebungen – wird gleichzeitig mit einem großen Nachteil erkauft. Da das menschliche Gleichgewichtssystem ständig versucht, die visuellen Informationen der Augen mit den Informationen des Gleichgewichtsorgans in Einklang zu bringen, wird bereits bei Kopf-, besonders aber bei Körperbewegungen dieser Koordinierungsversuch zunichtegemacht. Dies führt zu Übelkeit (motion sickness) und in der Regel zum Verlust der Balance. Dieses Problem schmälert die Nutzbarkeit derartiger Systeme erheblich.

Die freie Bewegung in einem virtuellen Raum bei gleichzeitiger Interaktion mit virtuellen Gegenständen ist nur eingeschränkt möglich, zumal Rechner- und Grafikleistung auch am Körper des Agierenden verbaut werden müssen. Solange diese Probleme nicht gelöst sind, ist man von der Zukunftsvision des Holodecks aus Raumschiff Enterprise noch weit entfernt.

■ 4.5 Herausforderungen für Entscheider

Augmented Reality und Virtual Reality weisen hinsichtlich der Realisierungsstufen viele Gemeinsamkeiten auf, dennoch unterscheiden sie sich in den Anwendungsmöglichkeiten. Zu prüfen ist daher zuerst, ob man eine Anwendung der erweiterten oder der virtuellen Realität umsetzen möchte. Prüfkriterien sind vor allem Simulation von Situationen, ihre Verfügbarkeit sowie ihr Gefährdungspotenzial, Notwendigkeit der Einbettung in Realität, Aufwand und Kosten. Eine entsprechende Einordnung erfolgt in Tabelle 4.2.

Tabelle 4.2 Prüfkriterien zur Entscheidung zwischen Augmented und Virtual Reality

Kriterium	Augmented Reality	Virtual Reality
Simulation von Situation	Alltagssituationen	Ausnahmesituationen
Verfügbarkeit von Situationen	Hoch	Ausnahmen, in der Realität selten auftretend
Gefährdungspotenzial von Situationen	Kein	Gering bis hoch
Notwendigkeit der Einbettung in Realität	Ja	Nein
Aufwand zur Erstellung	Gering bis mittel	Hoch
Kosten zur Erstellung	Gering bis mittel	Hoch

Betrachtet man die Reparatur einer Anlage, dann bietet sich Augmented Reality an. Die Notwendigkeit der Einbettung in die Realität ist gegeben und die Funktionsfähigkeit, also eine Alltagssituation, soll erzielt werden. Ebenso ist die Verfügbarkeit der Anlage gegeben und es liegt kein Gefährdungspotenzial vor. Anders sieht es z. B. bei einem Flugsimulator vor. In dieser virtuellen Welt sollen vor allem Ausnahmesituationen geübt werden, die in der Realität selten auftreten, dann aber ein hohes Gefährdungspotenzial aufweisen.

Hat man eine Entscheidung hinsichtlich Augmented oder Virtual Reality getroffen, muss man klären, welche Realisierungsstufe benötigt wird: Reicht eine Visualisierung (Stufe 1), bewegt man sich eher im Bereich Anleitung und Kontrolle (Schritt 2) oder ist eine Anwendung zur Interaktion (Stufe 3) notwendig? Je höher die Realisierungsstufe ist, desto größer sind Entwicklungs- und Schulungsaufwand sowie damit verbundene Kosten.

Hat man sich für Augmented Reality entschieden, ist nun in Abhängigkeit der Realisierungsstufe noch ein passendes Anwendungsszenario zu wählen.

Anwendungen im AR- und VR-Bereich stehen und fallen mit dem generierten Mehrwert. Natürlich erfordert die Umsetzung einer AR- oder VR-Anwendung entsprechenden Entwicklungsaufwand, der nicht zu unterschätzen ist. Sehr viel wichtiger ist aber, dass in die Konzeption der Anwendung einerseits so viel Kreativität wie nötig und andererseits so viel Pragmatismus wie möglich fließen, sodass die Anwendung später den notwendigen Mehrwert liefert.

■ 4.6 Fazit und Ausblick

AR- und VR-Anwendungen stehen vor dem wirtschaftlichen Durchbruch und werden zunehmend für Unternehmen interessant. Seit 2015 stellen verschiedene Anbieter AR- wie auch VR-Brillen vor; teils liegen bereits Brillen in der zweiten Generation vor und werden zunehmend alltagstauglicher.

Trotz der Gemeinsamkeiten, die Augmented Reality und Virtual Reality hinsichtlich der Realisierungsstufen aufweisen, muss im Unternehmen zunächst Klarheit darüber bestehen, welche Technologie verfolgt werden soll. Ist diese Entscheidung getroffen, dann sind in weiteren Schritten Realisierungsstufe und gegebenenfalls Anwendungsszenario zu wählen.

Beide Technologien bieten eine Vielzahl von Chancen, weisen aber zugleich Risiken und Grenzen auf. Ein Problem heute ist die in der Regel fehlende Integration entsprechender Anwendungen in die Unternehmens-IT-Landschaft. Mit dem vermehrten Auftreten entsprechender AR- und VR-Anwendungen werden sukzessive Lösungen hierzu entwickelt werden.

Wichtig ist heute jedoch, dass Unternehmen bezüglich AR und VR nicht den Trend der Zeit verpassen und gegebenenfalls nicht mehr marktfähig oder konkurrenzfähig sind. Dies wird insbesondere kleine und mittlere Unternehmen vor große Herausforderungen stellen.

■ 4.7 Die wichtigsten Punkte in Kürze

- Während man unter Virtual Reality die Darstellung und gleichzeitige Wahrnehmung der Wirklichkeit und ihrer physikalischen Eigenschaften in einer in Echtzeit computergenerierten, interaktiven, virtuellen Umgebung versteht und die reale Umwelt demzufolge ausgeschaltet wird, zielt Augmented Reality auf eine Anreicherung der bestehenden realen Welt um computergenerierte Zusatzobjekte. Im Gegensatz zu Virtual Reality werden keine gänzlich neuen Welten erschaffen, sondern die vorhandene Realität wird mit einer virtuellen Realität ergänzt.

- Bevor man sich für AR oder VR entscheidet, ist zu prüfen, welche Technologie verfolgt werden soll. Prüfkriterien sind vor allem Simulation von Situationen, ihre Verfügbarkeit sowie ihr Gefährdungspotenzial, Notwendigkeit der Einbettung in die Realität, Aufwand und Kosten.

- Nach Festlegung der Technologie ist die Realisierungsstufe zu definieren. Zu klären ist, ob eine Visualisierung genügt, ob man sich eher im Bereich Anleitung und Kontrolle bewegt oder eine Anwendung mit Interaktion notwendig ist. Mit wachsender Realisierungsstufe steigen Entwicklungs- und Schulungsaufwand sowie die damit verbundenen Kosten.

- Hat man sich für Augmented Reality entschieden, ist in Abhängigkeit der Realisierungsstufe noch ein passendes Anwendungsszenario zu wählen.
- Anwendungen im AR- und VR-Bereich stehen und fallen mit ihrem generierten Mehrwert für das Unternehmen.

Literatur

Azuma, R. (1997): A Survey of Augmented Reality. Abgerufen am 10. Juli 2019 von http://www.cs.unc.edu/~azuma/ARpresence.pdf

CIO. (2018): gartner-nennt-3-megatrends-der-zukunft. Abgerufen am 7. Juli 2019 von https://www.cio.de/a/gartner-nennt-3-megatrends-der-zukunft,3561336

DHL. (2015): DHL testet erfolgreich Augmented Reality-Anwendung im Lagerbetrieb. Abgerufen am 23. Juli 2019 von https://www.dpdhl.com/de/presse/pressemitteilungen/2015/dhl-testet-augmented-reality-anwendung.html

Dörner, R., Broll, W., Grimm, P. & Jung, B. (2019): Virtual und Augmented Reality (VR/AR): Grundlagen und Methoden der Virtuellen und Augmentierten Realität. Berlin.

Fraunhofer IGD. (2003): Abgerufen am 10. Juli 2019 von Studie des ARToolKits für Collaborative Augmented Reality. http://publica.fraunhofer.de/dokumente/N-18716.html

Gartner. (2018): Hype Cycle for Emerging Technologies 2018. Abgerufen am 16. Juli 2019 von https://www.gartner.com/en/documents/3885468/hype-cycle-for-emerging-technologies-2018

Golem. (2019): Glass Enterprise Edition 2 vorgestellt. Abgerufen am 23. Juli 2019 von https://www.golem.de/news/smart-glasses-glass-enterprise-edition-2-vorgestellt-1905-141387.html

Grau, O. (2003): Virtual Art. From Illusion to Immersion. Cambridge.

Klein, G. (Saarbrücken. 2009): Visual Tracking for Augmented Reality: Edge-based Tracking Techniques for AR Applications. Saarbrücken.

Lanier, J., & Biocca, F. (1992): An Insider's View of the Future of Virtual Reality. Journal of Communication, S. 150.

Mehler-Bicher, A. & Steiger, L. (2014): Augmented Reality – Theorie und Praxis, 2. Auflage. München.

Mehler-Bicher, A. & Steiger, L. (2018): Augmentierte und Virtuelle Realität. In: A. Hildebrandt & W. Landhäußer, CSR und Digitalisierung (S. 127–142). Berlin.

Milgram, P. & Kishino, F. (1994): A Taxonomy of Mixed Reality Visual Displays. IEICE Transactions on Information and Systems, Special Issue on Network Reality, E77 – D (12).

Milgram, P., Takemura, H., Utsumi, A. & Kishino, F. (1994): Augmented Reality: A Class of Displays on the Reality-Virtuality Continuum. Telemanipulator and Telepresence Technologies, S. 282–292.

Müllner, W. (2013): Potentiale, Risiken und Grenzen von „Augmented Reality": Innovation im dreidimensionalen Raum oder „Visuelle Plage" (Masterthesis). Saarbrücken.

Porter, M. & Heppelmann, J. (2018): Eine Brücke zwischen digitaler und physischer Welt. Harvard Business (Februar), S. 2–21.

Rolland, J., Baillot, Y. & Goon, A. (2001): A Survey of Tracking Technologies for Virtual Environments. Abgerufen am 07. August 2019 von http://odalab.ucf.edu/Publications/2001/Book Chapter/Tracking Tech for Virtual Enviroments.pdf

Slater, M. (2007): Place Illusion and Plausibility Can Lead to Realistic Behaviour in Immersive Virtual Environment. Abgerufen am 07. August 2019 von http://www0.cs.ucl.ac.uk/staff/m.slater/Papers/rss-prepublication.pdf

5 Künstliche Intelligenz

Klemens Schnattinger

„Künstliche Intelligenz ist die vielleicht folgenschwerste
technologische Entwicklung unserer Zeit."
PwC 2019

Die Superlative rund um die Künstliche Intelligenz kennen keine Grenzen. So ist es nicht verwunderlich, dass es nur wenige, insbesondere mittelständige Unternehmen gibt, die Künstliche Intelligenz in ihre Geschäftsprozesse und Produkte zu integrieren wagen. Diesen Unternehmen kann geholfen werden, da es inzwischen einfach zu nutzende Erklärungsmodelle und Methoden gibt, die bei der Einführung von Künstlicher Intelligenz helfen können.

In diesem Beitrag erfahren Sie,

- was mit dem Begriff Künstliche Intelligenz gemeint ist,
- wie man Künstliche Intelligenz einteilt,
- welche Chancen Künstliche Intelligenz dem Mittelstand bietet, aber auch welche Herausforderungen sie mit sich bringt,
- wie Unternehmen schrittweise Künstliche Intelligenz einführen können.

■ 5.1 Einleitung

Künstliche Intelligenz (im Folgenden KI genannt) ist seit Mitte des letzten Jahrhunderts fester Bestandteil in den Studienprogrammen und den Forschungsaktivitäten vieler Hochschulen. Allerdings existieren kaum serienreife Produkte oder Dienstleistungen, die den Weg in die Unternehmen gefunden haben. Unabhängig davon erlebt die KI seit einigen Jahren endlich einen Durchbruch auf breiter Front: So hilft die KI beispielsweise im Marketing bei der Kundenkommunikation (vgl. Hörner 2019), Ärzten bei der Diagnose von Patienten (vgl. Siemens 2018) und selbstfahrende Autos stehen kurz vor der Serienreife (vgl. Herrmann/Brenner 2018). Dies zeigt sich auch in den Wachstumsprognosen für KI-Anwendungen: Das Marktvolumen soll allein in Deutschland von ca. 4,8 Mrd. US-$ im Jahr 2020 auf rund 31 Mrd. US-$ im Jahr 2025 wachsen (vgl. Statista 2018).

Laut einer Umfrage der PricewaterhouseCoopers GmbH unter 500 Entscheidungsträgern deutscher Unternehmen ist die Durchdringung von KI in den Unternehmen jedoch (noch) schwach (vgl. PwC 2018) ausgeprägt. Laut der Studie, die im vierten Quartal 2018 durchgeführt wurde, nutzen oder implementieren nur 6 % der Unternehmen KI-Anwendungen und 48 % halten KI für nicht relevant für das eigene Unternehmen. Die Studie kommt auch zu dem Schluss, dass

> „... ein Großteil des deutschen Mittelstands ... den technologischen Anschluss verlieren [könnte]".
> PwC 2019

Diese Sorge teilt auch EU-Kommissar Günther Öttinger. In seiner Keynote auf der DLD Conference am 03.07.2018 sprach er davon, dass Europa und insbesondere Deutschland Gefahr laufen würden, in die *„3. Liga der Wirtschaftsnationen"* abzusteigen, wenn nicht deutlich mehr in Digitalisierung und neue Technologien wie Künstliche Intelligenz investiert würde (vgl. Öttinger 2018). Obwohl es erste Erfolge von Unternehmen gibt, die KI nutzen (vgl. Daheim/Korn/Wintermann 2017), müssen vor allem deutsche KMU beim Thema Digitalisierung aufholen, so Öttinger weiter. Für Deutschland sei der Fokus auf den Mittelstand deshalb so zentral, weil er oft als „Rückgrat der deutschen Wirtschaft" bezeichnet wird. Das bestätigen auch die aktuellen Zahlen des Instituts für Mittelstandforschung: 99 % der deutschen Unternehmen, 60 % der sozialversicherungspflichtig Beschäftigten und über 50 % der Nettowertschöpfung in Deutschland werden vom Mittelstand erwirtschaftet (vgl. IfM 2019).

Damit der Mittelstand die Lücke zu aktuellen Technologien wie die der Künstlichen Intelligenz schließen kann, müsste er die folgenden Leitfragen beantworten können:

1. Was ist KI überhaupt?

2. Welche Chancen und Herausforderungen hat die KI im Mittelstand?

3. Was sind typische KI-Anwendungen in mittelständigen Unternehmen?

4. Wie kann die KI in überschaubare Teilbereiche unterteilt werden?

5. Gibt es ein Vorgehensmodell für KI-Projekte?

Die folgenden Abschnitte dienen der Beantwortung der obigen Fragen.

■ 5.2 Perspektiven Künstlicher Intelligenz

> *„Zwei Buchstaben elektrifizieren zurzeit die Gesellschaft. Aber KI hat eine lange*
> *Forschungstradition und ist nicht ein Produkt der Zukunft;*
> *sie ist bereits auf dem Markt – auch wenn sie dann anders genannt wird!"*
> Prof. Dr. Peter Fettke in: Lundborg/Märkel 2019, S. 1

In den folgenden beiden Abschnitten werden die Bezeichnung Künstliche Intelligenz und verwandte Begriffe kurz erläutert und aus der Perspektive der praktischen Anwendung unterschieden. Mit den Definitionen und Erläuterungen soll die erste Leitfrage *„Was ist KI überhaupt?"* beantwortet werden.

5.2.1 Was ist Künstliche Intelligenz?

Der Begriff Künstliche Intelligenz wurde erstmals 1955 von John McCarthy in einem Antrag zur Förderung der berühmten Dartmouth-Konferenz erwähnt.

> *Das Ziel der KI ist es, Maschinen zu entwickeln, die sich so verhalten,*
> *als verfügten sie über Intelligenz.*
> In Anlehnung an: McCarthy/Minsky/Rochester/Shannon 1955

Diese Definition konzentriert sich auf Maschinen, die wie der Mensch (mehr oder weniger) intelligent handeln und reagieren können. Bis heute steht diese *Nachbildung* der menschlichen Intelligenz im Mittelpunkt der universitären KI-Forschung. Diese Sichtweise wird auch als *starke KI* bezeichnet (vgl. Whitehouse 2016, S. 7).

In den letzten 60 Jahren haben sich aber auch KI-Technologien entwickelt und für den praktischen Einsatz etabliert, die die *Simulation* der menschlichen Intelligenz in den Vordergrund stellen. Diese auf den praktischen Einsatz ausgerichtete Sichtweise wird als *schwache KI* bezeichnet (Whitehouse 2016, S. 7). Sie stellt die Lösung realer Probleme durch KI in den Vordergrund. Fast alle bestehenden Systeme und Anwendungen in Unternehmen fallen in diese Kategorie (vgl. JAAI 2017).

Wenn man die KI auf das konzentriert, was im operativen Einsatz, insbesondere im Mittelstand, machbar ist, dann lautet die Botschaft, dass man mit KI „überall im Unternehmen klein anfangen" kann.

„Künstliche Intelligenz bedeutet für den Mittelstand eine große Chance. Man darf sich KI jedoch nicht als ein großes, kompliziertes System vorstellen. Vielmehr geht es um verschiedene, kleine Bausteine, die gewisse Problemaspekte adressieren und lösen. KI kann somit dem Menschen in Büro und Produktion zur Seite stehen. Sie kann große Datenmengen auswerten, aufbereiten und den Menschen mit daraus abgeleiteten Handlungsempfehlungen unterstützen. Sie kann ebenfalls Bilder analysieren, dem Mitarbeiter viele manuelle Eingaben abnehmen oder das Ergebnis bestimmter Bewegungsabläufe überprüfen."

Prof. Dr. Martin Ruskowski in: Lundborg/Märkel 2019, S. 1

Insgesamt ist die KI inzwischen Teil des betrieblichen Alltags und wurde für den Einsatz in Unternehmen verschiedenster Branchen und in verschiedenen Unternehmensbereichen angepasst. Die KI kann einen Beitrag zur Entscheidungsfindung in Unternehmen leisten, der bisher den Menschen vorbehalten war. Die Übernahmen von routinemäßigen, einfachen intellektuellen Aktivitäten durch die KI hat längst die Aura der Science-Fiction verloren. Ihr Fokus liegt nun auf der Anwendbarkeit der KI im Unternehmensalltag.

Rund um die KI sind viele andere Begriffe wie Deep Learning, Machine Learning sowie Data Mining, Data Science und Big Data entstanden. Diese Begriffe werden nun im folgenden Abschnitt erläutert.

5.2.2 Weitere Begriffe rund um Künstliche Intelligenz

Machine Learning ist derzeit der größte Zweig der KI und wird oft synonym mit Künstlicher Intelligenz im ökonomischen Kontext verwendet (vgl. Döbel et al. 2018, S. 6). Aber was ist Machine Learning oder Deep Learning und worin unterscheiden sich die beiden Begriffe von KI?

Machine Learning *(auch Maschinelles Lernen) ist ein Teilgebiet der KI, das statistische Techniken so einsetzt, dass es Maschinen ermöglicht wird, sich im Laufe der Zeit bei datenbasierten Aufgaben zu verbessern.*

In Anlehnung an: Reader 2019

Deep Learning *ist ein Teilgebiet des Machine Learning, das Algorithmen verwendet, die sich selbstständig für Aufgaben wie Sprach- und Bilderkennung trainieren.*

In Anlehnung an: Reader 2019

Der Unterschied zwischen Machine Learning oder Deep Learning und KI liegt in der Fokussierung auf der Anwendung statistischer Techniken mit dem Ziel, dass sich der Algorithmus selbstständig an neue Bedingungen anpassen kann (im Sinne von, dass kein menschliches Eingreifen und keine zusätzliche Programmierung notwendig ist). Machine Learning, Deep Learning und die Verfügbarkeit großer Datenmengen versetzt die Unternehmen in die Lage, neue Erkenntnisse aus den Daten zu gewinnen und damit Wettbewerbsvorteile zu erzielen. Dabei spielen die Begriffe Data Mining, Data Science und Big Data eine tragende Rolle.

> **Data Mining** *ist die Extraktion von Wissen aus Daten mit Methoden,*
> *die die Prinzipien des Data Science berücksichtigen.*
> *In Anlehnung an: Provost/Fawcett 2017, S. 24*

> **Data Science** *ist eine Sammlung von Grundprinzipien,*
> *die die Extraktion von Wissen aus Daten beschreiben.*
> *In Anlehnung an: Provost/Fawcett 2017, S. 24*

> **Big Data** *bedeutet die Verarbeitung großer, komplexer und sich schnell ändernder Datenmengen.*
> *In Anlehnung an: Provost/Fawcett 2017, S. 31*

Aus diesen drei Definitionen ist ersichtlich, dass diese Begriffe eng miteinander zusammenhängen. Data Mining wendet Methoden auf große, volatile Datenmengen an, die nach Prinzipien der Data Science mit dem Ziel verwendet werden, neues Wissen in Daten zu finden. Entscheidend für das Verständnis, was KI und die damit verwandten Begriffe bedeuten, sind die fünf Grundprinzipien des Data Science. Diese sind nach Provost und Fawcett (vgl. Provost/Fawcett 2017, S. 33 – 36 und S. 39 – 40) folgende:

1. Daten und die Fähigkeit, aus ihnen nützliches Wissen zu gewinnen, sollten als wichtigstes **strategisches Gut** betrachtet werden.

2. Die Extraktion von nutzbarem Wissen aus Daten zur Lösung unternehmensrelevanter Aufgaben kann **systematisch** durch einen **Prozess** mit sechs klar abgegrenzten Phasen erfolgen.

3. **Informationstechnologie** kann genutzt werden, um aussagekräftige Merkmale (sogenannte Features) über Inhalte, die von Interesse sind, in großen Datenmengen zu finden.

4. Es gibt immer einen Zusammenhang, der in Daten zu finden ist. Dieser lässt sich jedoch nicht auf andere als die verwendeten Daten verallgemeinern. Diese fehlende Verallgemeinerungsfähigkeit auf neue Daten wird auch als **Overfitting** bezeichnet.

5. Bei der Erstellung von Data-Mining-Lösungen und der Bewertung der erzielten Ergebnisse muss dem **Kontext** große Aufmerksamkeit geschenkt werden.

Nur das zweite Prinzip, nämlich die Verwendung eines systematischen Prozesses, ist für die weiteren Betrachtungen in diesem Beitrag relevant. Daher wird in Abschnitt 5.6 das diesem Prinzip zugrunde liegende Prozessmodell CRISP-DM vorgestellt. Damit wird dann die letzte Leitfrage, wie in KI-Projekten sinnvollerweise vorgegangen werden soll, beantwortet. Die vier anderen Prinzipien werden nicht näher erläutert. Interessierte Leser werden auf das Buch *„Data Science für Unternehmen"* von Provost und Fawcett (Provost/Fawcett 2017) verwiesen.

Antworten auf die 1. Leitfrage „Was ist KI überhaupt?"
- KI löst reale Probleme von Unternehmen.
- KI ist keine „Rocket Science" (mehr).
- KI kann in kleine Bausteine unterteilt werden.
- Für KI-Projekte gibt es ein systematisches Vorgehen.

■ 5.3 Chancen und Herausforderungen im Mittelstand

„Wer Weltmarktführer bleiben will, braucht Künstliche Intelligenz."
Harald Christ, Unternehmer in: Christ 2019

Im Auftrag des Bundesministeriums für Wirtschaft und Energie wurde eine Studie zur Künstlichen Intelligenz im Mittelstand durchgeführt, in der fast 50 KI-Experten zu den Chancen und Herausforderungen der KI-Nutzung im Zeitraum von 13.11.2018 bis 08.02.2019 befragt wurden (vgl. Lundborg/Märkel 2019). Die wesentlichen Ergebnisse der Studie beantworten die 2. Leitfrage *„Welche Chancen und Herausforderungen hat die KI im Mittelstand?"*. Diese Studie kommt zu dem Ergebnis, dass durch den Einsatz von KI in den folgenden Wertschöpfungsaktivitäten große bis sehr große Chancen gesehen werden (vgl. Lundborg/Märkel 2019, S. 9). Im Speziellen wird die **Optimierung von Vertrieb und Logistik** am meisten von den befragten Unternehmen genannt (über 80%). Dicht dahinter mit jeweils fast 80% wird ein hoher Nutzen der KI für **gezieltere Werbung** und **verbesserter Kundenservice** erwartet und mit je 75% die **Entwicklung neuer Geschäftsmodelle, Produktinnovationen** und **die Steigerung der Prozesseffizienz**. Weiteren Themen wie der Erschließung neuer Märkte, der Stärkung der IT-Sicherheit und der Reduzierung der Personalkosten werden mit weniger als 50% deutlich geringere Chancen eingeräumt.

  Fazit 1: KI hat Potenzial entlang der gesamten Wertschöpfungskette.

Die Umfrage liefert auch Informationen über die Unternehmensbereiche, die aus Sicht des Mittelstands am meisten von KI profitieren können (vgl. Lundborg/Märkel 2019, S. 12). Spitzenreiter ist hier mit 97 % die **Logistik,** gefolgt von der **Produktion** mit 88 %, **Einkauf und Beschaffung** mit 81 % und **Service und Kundenbetrieb** mit 78 %. Vorne mit dabei ist mit 74 % bzw. 72 % die **IT** und **Marketing und Vertrieb.** Auch andere Unternehmensbereiche weisen eine hohe Zustimmung von über 50 % auf: Forschung und Entwicklung mit 67 %, Unternehmensplanung mit 55 % und das Rechnungswesen mit 55 %. Lediglich das Personalmanagement bleibt mit 43 % knapp unter der 50 %-Hürde.

 Fazit 2: KI hat Potenzial in (fast) allen Unternehmensbereichen.

Auf die Frage, welche KI-Anwendungen als relevant (mit den Antworten „eher relevant", „relevant" oder „sehr relevant") gelten, wird der Fokus auf Logistik- und Produktionsanwendungen bestätigt. Allerdings werden auch alle anderen genannten KI-Anwendungen als relevant angesehen (vgl. Lundborg/Märkel 2019, S. 11). Spitzenreiter mit 100 % ist die **Automatisierung,** die **Sensorik** und das **Ressourcenmanagement.** Aber auch **Assistenzsysteme, Vorausschauende Wartung (Predictive Maintenance), Wissensmanagement** und **Robotik** erreichen sehr hohe Werte (95 %). Erwähnenswert ist noch, dass auch die **Qualitätskontrolle** und **Sprachassistenten/Chatbots** mit etwa 90 % als sinnvolle KI-Anwendungen angesehen werden. Auch das autonome Fahren und Fliegen wurden als relevant eingestuft (80 %). Dieser Anwendungsbereich ist jedoch der einzige, der auch mit knapp 5 % als irrelevant angesehen wurde.

 Fazit 3: KI-Anwendungen werden (fast) alle als relevant angesehen.

Erwartungen an den Nutzen der KI stehen Herausforderungen gegenüber, die in derselben Umfrage erhoben wurden (vgl. Lundborg/Märkel 2019, S. 10). Gefragt wurde nach den Hindernissen (mit den Antworten „sehr starke Hemmnisse" und „starke Hemmnisse") der Nutzung von KI im Mittelstand. **Fehlendes Know-how/ Fehlende Fachkräfte** wurde von allen befragten Unternehmen genannt. Mit weitem Abstand (ca. 70 %) hegen Unternehmen **Bedenken hinsichtlich der Datensicherheit.** Aber auch der **Digitale Reifegrad im Unternehmen, Mangelnde Datenbasis** und **Unzureichende Infrastruktur** werden ähnlich häufig genannt. Und die Hälfte der Unternehmen sehen die **Akzeptanz der KI-gesteuerten Entscheidungsfindung, Akzeptanz der Mitarbeiter im Allgemeinen** sowie **die Marktreife der KI** als Haupthindernis des Einsatzes von KI im Unternehmen an.

Andererseits sehen nur etwa 40 % der Befragten die finanziellen Ressourcen als Hindernis für die Nutzung von KI.

Fazit 4: Der Mangel an Know-how (Menschen und Technologie) ist das größte Hindernis.

Aus den vier Fragekomplexen der Studie lässt sich eindeutig ableiten, wohin die „Reise mit KI im deutschen Mittelstand" gehen wird und welches die größten Hemmnisse sind.

 Antworten auf die 2. Leitfrage „Welche Chancen und Herausforderungen hat die KI im Mittelstand?"

- KI ist im deutschen Mittelstand angekommen.
- Alle Unternehmensbereiche profitieren von der KI.
- Zahlreiche KI-Anwendungen jenseits von Robotern sind relevant.
- Die wichtigste Herausforderung ist das fehlende Know-how (personell und technologisch).

■ 5.4 KI-Anwendungen im Mittelstand

Aus den Ergebnissen der obigen Umfrage wird deutlich, dass die KI immer tiefer in die klassischen primären Aktivitäten der Wertschöpfungskette vordringt und zur Verbesserung der Geschäftsprozesse beiträgt. Die in Abschnitt 5.1 erwähnte PwC-Studie wird im Folgenden zur Identifizierung der relevanten KI-Anwendungen für Unternehmen verwendet. Mit den Ergebnissen dieser Studie lässt sich die 3. Leitfrage, was die relevanten Anwendungen im Mittelstand sind, beantworten.

Die Studie unterscheidet zwischen KI-affinen und KI-fernen Unternehmen. KI-affine Unternehmen halten KI für relevant, haben aber noch keine konkrete Planung eingeleitet oder haben KI bereits geplant, getestet, implementiert oder genutzt. In der Umfrage waren 255 der 500 befragten Unternehmen KI-affine. Die restlichen 245 sind KI-ferne, die KI als nicht relevant für das eigene Unternehmen erachten (vgl. PwC 2018, S. 7). Als ein Ergebnis der PwC-Studie können KI-Anwendungen in drei Hauptkategorien eingeteilt werden. Zum einen sind dies KI-Anwendungen, die die Entscheidungsfindung in der Unternehmensführung unterstützen (als **Analytics** bezeichnet). Die zweite Kategorie fasst die Geschäftsprozesse in der Produktion, der Logistik und dem Backoffice zusammen. Diese Gruppe ist mit **Process** annotiert. Die letzte Kategorie enthält Anwendungen für Marketing & Vertrieb, für neue Geschäftsmodelle sowie für die Sprachverarbeitung (Speech Processing). Wegen der Nähe neuer Geschäftsmodelle und Sprachverarbeitung zu Marketing &

Vertrieb (z. B. virtuelle Kundenberatung) werden alle drei Anwendungen der Gruppe **Marketing & (After) Sales** zugeordnet.

Tabelle 5.1 zeigt, welche KI-Anwendungen als relevant für das eigene Unternehmen angesehen werden. Die erste Prozentzahl stellt dabei die Antwort aller Unternehmen, die zweite die Antwort der KI-affinen und die dritte die Antwort der KI-fernen Unternehmen dar (vgl. PwC 2018, S. 9).

Tabelle 5.1 KI-Anwendungen im Vergleich

Kategorien	KI-Anwendungen	Unternehmen		
		Alle	KI-affine	KI-ferne
Analytics	Data-Driven Decision Making	70 %	80 %	60 %
Process	Autonome Fertigung, Supply Chain Analytics, Robotic Process Automation (RPA)	63 %	77 %	49 %
Marketing/(After) Sales	Chatbots, Recommender-Systeme, Sentiment-Analyse	47 %	56 %	38 %

Aus Tabelle 5.1 ist auch zu erkennen, dass Ansätze für datengesteuerte Entscheidungsfindung (**Data-Driven Decision Making**) und Geschäftsanalyse (**Business Analytics**) zur Unternehmensführung das wichtigste Thema für den Mittelstand sind. Data-Driven Decision Making bedeutet, Entscheidungen zu treffen, die von Daten gestützt werden, anstatt sich auf Intuition oder auf Beobachtung zu verlassen (vgl. Technopedia 2019). Und unter Business Analytics ist eine Kombination aus Techniken der Statistik und des Operations Research, Künstlicher Intelligenz, Informationstechnologie und Managementstrategien zu verstehen, die verwendet werden, um ein Geschäftsproblem zu erfassen, Daten zu sammeln und zu analysieren, um einen Mehrwert für Unternehmen zu schaffen (vgl. Kumar 2017, S. 7).

Aber auch die Optimierung von Prozessen insbesondere in Logistik und Fertigung (Stichwort: **Autonome Fertigung**) wird von den KI-affinen Unternehmen hoch bewertet (77 %). Autonome Fertigung in der Produktion umfasst Maschinen und Systeme, die ihre eigenen Zustands- und Umweltdaten kontinuierlich erfassen und Produktionsprozesse auf der Grundlage von Datenanalysen nach Bedarf rekonfigurieren und optimieren können (vgl. Dumitrescu; et al. 2018, S. 22).

56 % der KI-affinen Unternehmen halten darüber hinaus **Chatbots, Recommender-Systeme** und **Sentiment-Analyse** in Marketing und Sales für relevant. Bei dieser KI-Anwendung spielen zunehmend auch die Verarbeitung und das Verstehen von natürlicher Sprache eine wichtige Rolle. Chatbots sind Computerprogramme, die innerhalb einer definierten Umwelt autonom agieren und eine menschenähnliche Intelligenz simulieren. Sie fungieren beispielsweise als Komponenten von Recommender-Systemen (vgl. Gentsch 2017, S. 29). Recommender-Systeme unterbreiten Empfehlungen für Dinge, die für einen Menschen interessant erscheinen. Die Vorschläge können sich beispielsweise darauf beziehen,

welche Artikel der Benutzer kaufen oder welche Online-Nachrichten er lesen sollte (vgl. Ricci/Rokach/Shapira 2015, S. 1). In einer Sentiment-Analyse wird das sogenannte Text Mining dergestalt durchgeführt, dass subjektive Informationen identifiziert und aus dem Quellmaterial extrahiert werden. Dies hilft Unternehmen, die soziale Wahrnehmung ihrer Marken, seiner Produkte oder Dienstleistungen besser zu verstehen (vgl. Gupta 2019). Unter dem Begriff Text Mining ist eine Sammlung von Analysemethoden zur Entdeckung semantischer Strukturen aus unstrukturierten oder schwach strukturierten Textdaten zu verstehen (vgl. Feldman/ Dagan 1995).

Weitere KI-Anwendungen beziehen sich auf die Analyse von Daten, die an der Lieferkette anfallen: **Supply Chain Analytics.** Dies hilft, die riesigen Datenmengen in einer Lieferkette zu verstehen, indem es Muster identifiziert und neue Erkenntnisse gewinnt (vgl. IBM 2019).

Auch ganz allgemein die Automatisierung von Geschäftsprozessen durch Software kann als eine (Vorstufe von) KI-Anwendung betrachtet werden. Dies nennt man **Robotic Process Automation (RPA)** und beschreibt die automatisierte Bearbeitung von Geschäftsprozessen durch Software-Roboter. RPA ermöglicht die Automatisierung von sich wiederholenden und regelbasierten Prozessen und Aufgaben, die von Menschen ausgeführt werden (vgl. Murdoch 2018/Tripathi 2018).

Die Liste aller möglichen KI-Anwendungen dürfte viel länger sein. Die vorgestellten Anwendungen allein zeigen jedoch bereits die vielfältigen Einsatzgebiete von KI in Unternehmen.

Diese Erkenntnisse helfen, die dritte Leitfrage *„Welches sind typische KI-Anwendungen im Mittelstand?"* zu beantworten.

 Antworten auf die 3. Leitfrage „Was sind typische KI-Anwendungen im Mittelstand?"

- Fertigungsbezogene KI-Anwendungen wie Autonome Fertigung und Supply Chain Analytics
- Chatbots, Recommender-Systeme und Sentiment-Analyse in Marketing & (After) Sales
- Robotic Process Automation (RPA) für alle anderen Geschäftsprozesse

■ 5.5 Das Periodensystem der Künstlichen Intelligenz

Kristian Hammond von IBM Watson definiert KI als *„die Kombination von Grundelementen"* (Bitkom 2018, S. 7), ähnlich dem Periodensystem der Chemie. In diesem Periodensystem der Chemie steht bekanntlich das Symbol H für das Element Wasserstoff und O für Sauerstoff. Die Kombination von zwei Elementen Wasserstoff mit einem Element Sauerstoff erzeugt H_2O, was auch als Wasser bekannt ist. Hammond nutzt diese Analogie zur Chemie, um ein *Periodensystem der Künstlichen Intelligenz* zu definieren, das aus 28 grundlegenden KI-Elementen (siehe Bild 5.1) besteht, die in drei Gruppen *assess*, *infer* und *respond* unterteilt sind.

Die Gruppe *assess* besteht aus zwölf Elementen, den ersten beiden Spalten des Periodensystems (in Bild 5.1 von links nach rechts gezählt). Dazu kommen das dritte und das vierte Element der untersten Zeile. Alle Elemente dieser Gruppe befassen sich mit der Beurteilung und Extraktion der betrachteten Daten. Ein Beispiel ist das Element *Text Extraction (Te)*, das natürlichsprachliche Texte analysiert und Informationen (= Daten mit Bedeutung) aus ihnen herausfiltert. Die Gruppe *respond* besteht aus fünf Elementen, nämlich denen in der siebten, achten und neunten Spalte, die sich mit dem Reagieren und Antworten befassen. Als Beispiel dient das Element *Mobility Large (Ml)*, das sich dem Autonomen Fahren widmet. Schließlich benötigt die KI noch Funktionalitäten, die neues, verborgenes, sogenanntes implizite Wissen ableiten und erkennen können. Dies liegt in der Verantwortung der Gruppe *infer*, die aus den übrigen Elementen des Periodensystems besteht. Das Element *Language Understanding (Lu)* stellt ein exemplarisches Beispiel für diese Gruppe dar und ist für die Bedeutung der betrachteten Sprachdaten (gesprochen oder geschrieben) verantwortlich.

Im weiteren Verlauf dieses Beitrags wird eine Sentiment-Analyse als durchgängiges Beispiel verwendet: Die Sentiment-Analyse sammelt Stimmungen der Finanzinstitute Deutsche Bank, Commerzbank, Sparkasse und Volksbank bei der Einführung von Kontoführungsgebühren im Frühjahr 2017 (Schnattinger/Walterscheid 2017). Aus diesem Grund werden die für die Sentiment-Analyse notwendigen KI-Bausteine im Folgenden in je einem Steckbrief beschrieben, der die Struktur **Aufgabe, Erläuterung** und **Abhängigkeiten** hat. Diese Beschreibungen stammen aus der Bitkom-Veröffentlichung (vgl. Bɪᴛᴋᴏм 2018). Darüber hinaus enthält jeder Steckbrief Beispiele für die Anwendung einer Sentiment-Analyse. Eine detailliertere Beschreibung der verbleibenden KI-Bausteine findet sich in Bitkom 2018.

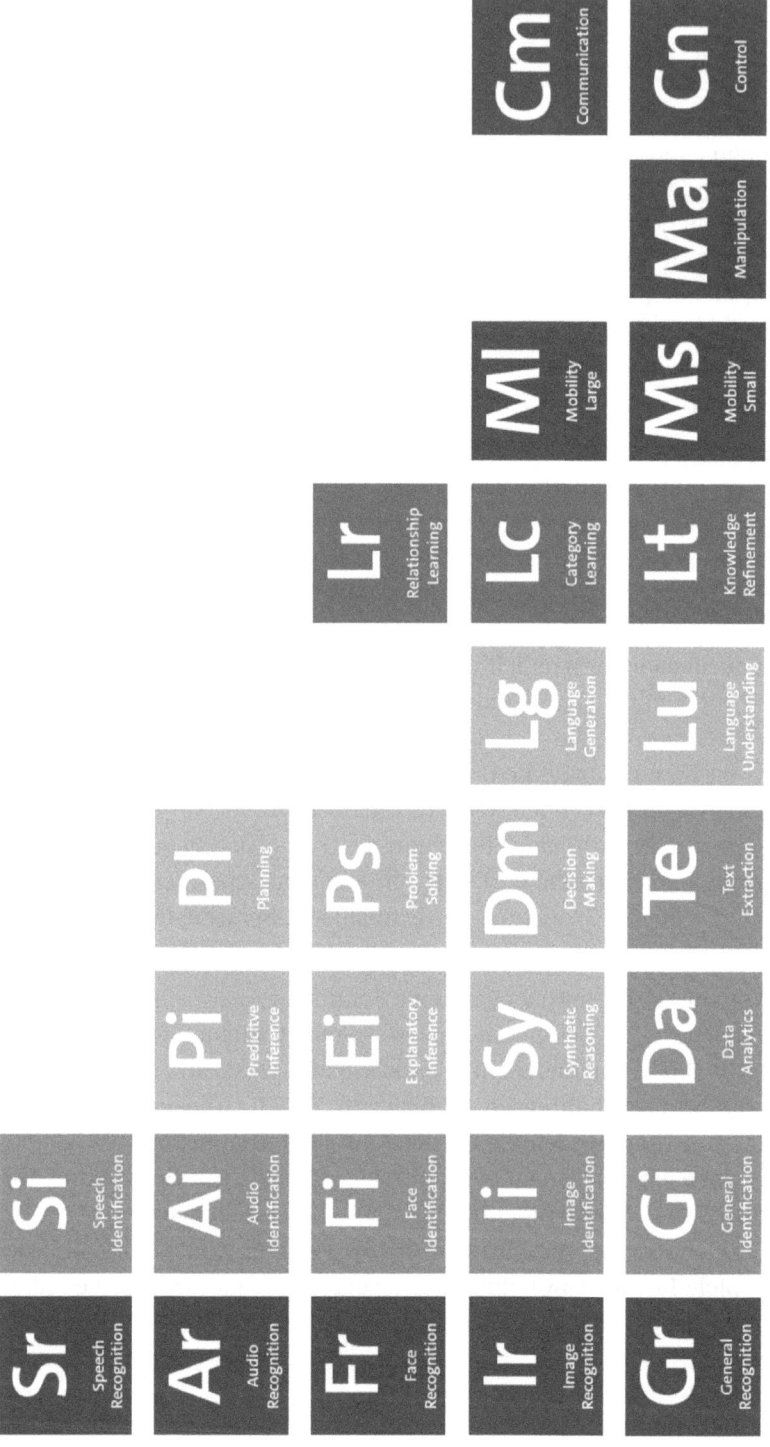

Bild 5.1 Das Periodensystem der Künstlichen Intelligenz (Bitkom 2018, S. 7)

Steckbriefe *Text Extraction (Te)* und *Language Understanding (Lu)*

Um die Stimmungen von Tweets zu ermitteln, müssen zunächst diejenigen Tweets identifiziert werden, die sich über die betrachteten Banken äußern. Dafür sind die KI-Bausteine *Text Extraction (Te)* (Tabelle 5.2) und *Language Understanding (Lu)* (Tabelle 5.3) verantwortlich.

Tabelle 5.2 Steckbrief *Text Extraction (Te)*

Strukturelement	Beschreibung
Aufgabe	Analysieren von Texten, um Informationen über sprachliche Einheiten (sogenannte Entitäten) wie Zeit, Orte und sonstige Fakten zu extrahieren, die im betrachteten Text enthalten sind.
Erläuterung	Der Baustein erkennt und versteht Entitäten in Texten. Neben der Möglichkeit, Mehrdeutigkeiten durch Verknüpfung mit geeigneten eindeutigen Entitäten und Konzepten einer Wissensbasis aufzulösen, weist dieser Baustein Namen und Wörtern eindeutige Bedeutungen zu.
Abhängigkeiten im Kontext von Sentiment-Analyse	*Text Extraction (Te)* ist die Grundlage des Language *Understanding (Lu)*

Beispiel 1

„Die Sparkasse erhebt ab 01. 04. Kontoführungsgebühren."
Das Wort „Sparkasse" und das Wort „Kontoführungsgebühr" werden als Entitäten erkannt.

Beispiel 2

„Die Deutsche Bank hat ihren Sitz in Frankfurt am Main"
„Deutsche Bank" bezeichnet das Finanzinstitut und nicht alle Finanzinstitute in Deutschland.

Tabelle 5.3 Steckbrief *Language Understanding (Lu)*

Strukturelement	Beschreibung
Aufgabe	Erstellen einer semantischen Repräsentation der Entitäten des analysierten Texts.
Erläuterung	Das Element beschreibt die Semantik von Entitäten im Text. Es erkennt die Beziehungen zwischen den Entitäten und Konzepten. Da derselbe Inhalt in verschiedenen sprachlichen Varianten ausgedrückt werden kann, müssen diese in eine eindeutige maschinelle Repräsentation überführt werden.
Abhängigkeiten im Kontext von Sentiment-Analyse	*Language Understanding (Lu)* benötigt *Text Extraction (Te)*

Beispiel 3

„Dass die Sparkasse Kontoführungsgebühren verlangt, finde ich eine Frechheit!"

- Das Wort „Frechheit" wird als Äußerung über die Sparkasse erkannt (Beziehung), wobei das Wort „Sparkasse" dem Finanzinstitut Sparkasse zugeordnet wird (Konzept).
- Die Sparkasse hat zusätzlich eine semantische Beziehung zu Kontoführungsgebühren.

Steckbriefe *Category Learning (Lc)* und Steckbrief *Relationship Learning (Lc)*

Mit den Elementen *Category Learning (Lc)* (Tabelle 5.4) und *Relationship Learning (Lr)* (Tabelle 5.5) werden im nächsten Schritt Aussagen über Banken als positive oder negative Stimmungen klassifiziert.

Tabelle 5.4 Steckbrief *Category Learning (Lc)*

Strukturelement	Beschreibung
Aufgabe	Erkennen neuer Kategorien, die auf der Grundlage von Merkmalen eine Bedeutung haben.
Erläuterung	Das Element ordnet Daten bestimmten Kategorien zu. Dies geschieht über Merkmale (auch Features genannt), die für eine Kategorie charakteristisch sind. Für das Lernen dieser Kategorien haben sich überwachte (supervised) und unüberwachte (unsupervised) Verfahren etabliert. Überwachte Verfahren verwenden Daten, deren Zugehörigkeit zu einer Kategorie bekannt ist. Unüberwachte berechnen neue Kategorien aus Daten.
Abhängigkeiten im Kontext von Sentiment-Analyse	*Category Learning (Lc)* tritt oft zusammen mit *Relationship Learning (Lr)* auf, da beide gemeinsam mit *Data Analytics (Da)* Gefühlsäußerungen aus Texten ableiten können.

Beispiel 4

In Beispiel 3 wird der Sparkasse eine negative Stimmung zugeordnet, wenn bekannt ist, dass Frechheit auch als negative angesehen wird *(supervised Learning)*.

Beispiel 5

Für den Fall, dass Frechheit weder als positive noch als negative Stimmung bekannt ist, können Ähnlichkeiten zu bekannten Stimmungsäußerungen (z.B. „Unverschämtheit") mit dem Element *Data Analytics (Da)* gefunden werden, sodass „Frechheit" auch als negative Stimmungsäußerung annotiert wird *(unsupervised Learning)*.

Tabelle 5.5 Steckbrief *Relationship Learning (Lc)*

Strukturelement	Beschreibung
Aufgabe	Erkennen von Beziehungen zwischen Merkmalen, auch wenn sie nicht explizit bekannt sind.
Erläuterung	Das Element bestimmt qualitative oder quantitative Beziehungen zwischen Daten. Häufig finden sich in sozialen Netzwerken wie Twitter bisher unbekannte Beziehungen zwischen Objekten.
Abhängigkeiten im Kontext von Sentiment-Analyse	*Relationship Learning (Lr)* tritt oft zusammen mit *Category Learning (Lc)* auf, da beide gemeinsam mit *Data Analytics (Da)* Gefühlsäußerungen aus Texten ableiten können.

Beispiel 6

Negative Stimmungsäußerungen in Tweets über Banken nach der Einführung von Kontoführungsgebühren wie in den Beispielen bisher gezeigt.

Steckbrief *Data Analytics (Da)*

Um mit Daten und den bisher erkannten Kategorien und Beziehungen weitere, versteckte Muster (implizites Wissen) zu identifizieren, wird der Baustein *Data Analytics (Da)* (Tabelle 5.6) verwendet.

Tabelle 5.6 Steckbrief *Data Analytics (Da)*

Strukturelement	Beschreibung
Aufgabe	Analysieren von Daten, um Fakten und/oder Ereignisse zu identifizieren, die die Daten repräsentieren.
Erläuterung	Das Element erkennt relevante Fakten in einem Daten- oder Textkorpus. Dies geht über das Erkennen von Kategorien und Beziehungen über die Elemente *Category Learning (Lc)* bzw. *Relationship Learning (Lr)* weit hinaus. Der Einsatz dieser Komponente hat für Unternehmen den Vorteil, dass das Erkennen von bisher unbekannten Mustern effizient unterstützt wird.
Abhängigkeiten im Kontext von Sentiment-Analyse	*Data Analytics (Da)* hat Bezüge zu allen Elementen der Mustererkennung wie *Text Extraction (Te)*, *Category Learning (Lc)*, *Relationship Learning (Lr)* und zu *Language Understanding (Lu)*, sowie zu allen Komponenten, die sich mit Regeln befassen, einschließlich *Synthetic Reasoning (Sy)*.

Beispiel 7

Neben der Kategorisierung der Stimmungen über Banken (basierend auf *Category Learning (Lc)* und *Relationship Learning (Lr)*) kann mit dem Element *Data Analytics (Da)* erkannt werden, dass auch andere Ursachen Einfluss auf die Äußerungen haben, wie z. B. Geldbußen in Milliardenhöhe.

Data Analytics (Da) nimmt eine zentrale Position im Periodensystem der KI ein. Dies spiegelt sich auch in den Wachstumsprognosen wider. Für den Markt der KI-Plattformen, der im Wesentlichen mit der Komponente Data Analytics (Da) verbunden ist, wird ein jährliches Wachstum von ca. 35 % prognostiziert, was 11,8 Mrd. $ bis 2023 bedeutet (IDC 2019).

Steckbrief *Synthetic Reasoning (Sy)*

Schließlich berechnet das Element *Synthetic Reasoning (Sy)* (Tabelle 5.7) aus vielen einzelnen Stimmungsäußerungen zu einer Bank eine Erklärung der Stimmungsänderungen zu dieser Bank.

Tabelle 5.7 Steckbrief *Synthetic Reasoning (Sy)*

Strukturelement	Beschreibung
Aufgabe	Verwenden von Beweisen, um Rückschlüsse auf eine Vorhersage oder eine Erklärung zu ziehen.
Erläuterung	Reasoning ist die Fähigkeit, neue Erkenntnisse aus Daten anhand eines Modells abzuleiten. *Synthetic Reasoning (Sy)* ist der Prozess der Extraktion des komplexen Ganzen aus einzelnen, bekannten Fakten.
Abhängigkeiten im Kontext von Sentiment-Analyse	Die Grenzen von *Synthetic Reasoning (Sy)* und anderen Inferenz-Komponenten, wie z. B. *Explanatory Inference (Ei)* und *Predictive Inference (Pi)*, sind fließend. Es besteht auch eine enge Verbindung zu Lerntechniken wie *Relationship Learning (Rl)* und *Category Learning (Lc)*. Und die Kombination mit *Text Extraction (Te)* wird in der Praxis in zahlreichen Anwendungen wie der Sentiment Analyse eingesetzt.

Beispiel 8

Aus den einzelnen negativen und positiven Äußerungen über eine Bank lässt sich die gesamte Stimmungslage gegenüber der Bank ableiten.

Die für eine Sentiment-Analyse erforderlichen Abhängigkeiten der einzelnen KI-Elemente sind in Bild 5.2 dargestellt. Man erkannt vier Gruppen von Elementen. Die erste Gruppe dient der Erkennung von Entitäten und Beziehungen und besteht nur aus dem KI-Baustein *Text Extraction (Te)*. Diese Gruppe gibt ihre Ergebnisse der nächsten weiter, die den erkannten Entitäten und Beziehungen eine Bedeutung zuordnet. Dies geschieht mit dem Element *Language Understanding (Lu)* der Gruppe „*Semantik zuordnen*". Um zu erfassen, welche Stimmungen (negative oder positive) welcher Entität oder Beziehung zuzuordnen sind, werden in der nächsten Gruppe die beiden Elemente *Category Learning (Lc)* und *Relationship Learning (Lr)* ausgeführt, die zur Erfüllung ihrer Aufgaben miteinander interagieren. Schließlich werden die beiden KI-Bausteine *Data Analytics (Da)* und *Synthetic Reasoning (Sy)* auf die erkannten Entitäten, Beziehungen und negativen sowie positiven Stimmungen einzelner Äußerungen angewendet, um neue Zusammenhänge zu entdecken, wie z. B. die, dass „Unverschämtheit" aufgrund seiner semantischen Nähe zu „Frechheit" auch ein negativer Gefühlsausdruck sein muss.

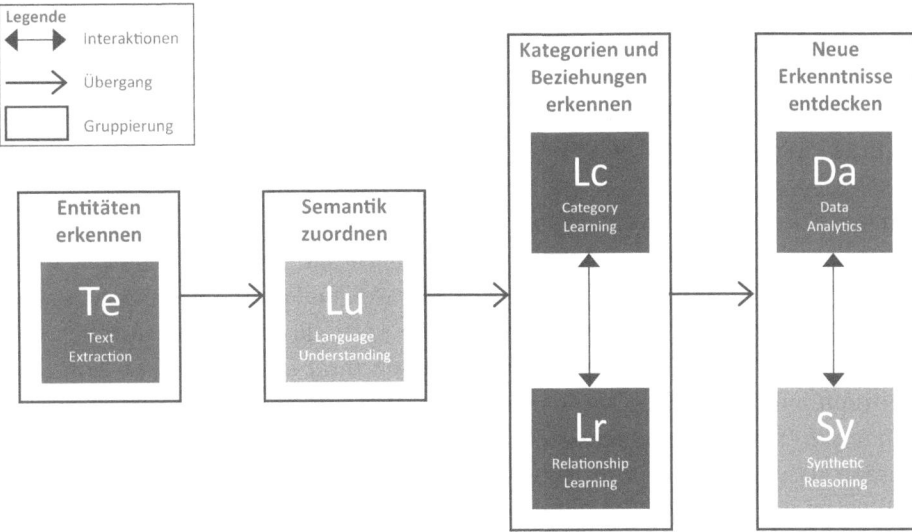

Bild 5.2 Eingesetzte KI-Elemente bei einer Sentiment-Analyse

Durch die Aufteilung der KI in 28 Bausteine und die Bestimmung der Abhängigkeiten zwischen den Bausteinen ist es möglich, Gruppen von KI-Elementen zu identifizieren, die für bestimmte Anwendungen verwendet werden müssen. Wenn sich ein Unternehmen für den Einsatz einer KI-Anwendung entschieden hat, benötigt es in der Regel nur wenige KI-Bausteine, wie das Beispiel der Sentiment-Analyse gezeigt hat. Es ist demnach nicht notwendig, die ganze KI mit ihren 28 Bausteinen zu verstehen.

 Antworten auf die 4. Leitfrage „Wie kann die KI in überschaubare Teilbereiche unterteilt werden?"

- Das Periodensystem der KI bietet einen guten Rahmen für die Strukturierung der KI.
- Abhängigkeiten zwischen einzelnen KI-Elementen werden transparent gemacht.
- Eine Reihenfolge der Einführung von KI-Bausteinen kann dargestellt werden.

■ 5.6 CRISP-DM: Prozessmodell für Künstliche Intelligenz

Das grundlegende Konzept von Provost und Fawcett, Wissen aus Daten mit einem Standardprozess zu extrahieren (siehe Begriff Data Science, Abschnitt 5.2.2), wird im Folgenden näher untersucht (vgl. Provost/Fawcett 2017). Damit wird die letzte Leitfrage zum Vorgehen in KI-Projekten beantwortet. Die Autoren schlagen vor, das Prozessmodell CRISP-DM (steht für Cross Industry Standard Process for Data Mining) für alle Arten von Projekten im Zusammenhang mit Data Science und damit auch für KI-Projekte zu verwenden und nach den darin aufgeführten sechs Phasen vorzugehen. Bild 5.3 zeigt die sechs Phasen und ihre zeitliche Abfolge. Der Gesamtprozess ist ein Regelkreis zwischen der ersten Phase *Business Understanding* und der Phase *Evaluation* über die Phasen *Data Understanding*, *Data Preparation* und *Modelling*. Die aus der *Evaluation* gewonnenen Erkenntnisse fließen in die erste Phase *Business Understanding* zurück. Damit soll sichergestellt werden, dass das Verständnis der ersten Phase, d. h. der zu erledigenden Aufgabe, bei Bedarf präzisiert werden kann. Sobald die *Evaluation* keine neuen und nützlichen Erkenntnisse für die erste Phase liefern kann, wird in die Phase *Deployment & Presentation* gestartet und der Prozess abgeschlossen.

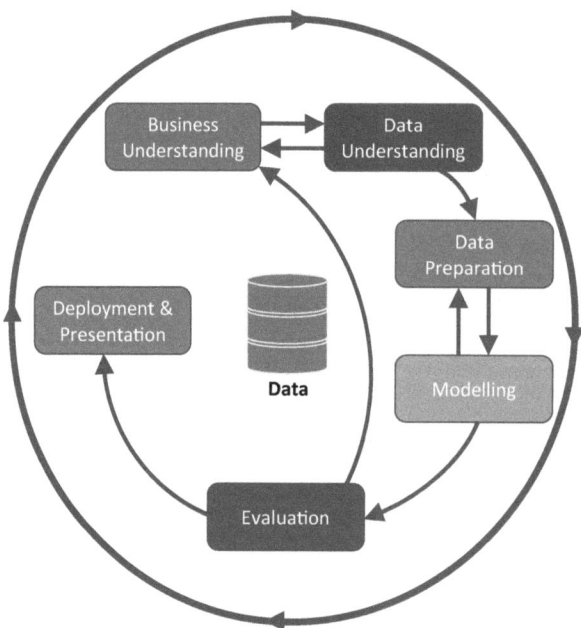

Bild 5.3 Der Prozessmodell CRSIP-DM (in Anlehnung an: Shearer 2000)

Die sechs Phasen werden nun kurz beschrieben und anhand der Struktur **Thema** (enthält eine kurze Beschreibung der Phase), **Ausgabe** (beschreibt das erwartete Ergebnis der Phase), **Eingabe** (beschreibt die erforderlichen Eingaben für die Phase) und **Verantwortung** (listet die Rollen Fachabteilung/Kunde bzw. Data Science auf, die die Hauptverantwortung der Phase tragen) zusammengefasst. Darüber hinaus wird für jede Phase ein Beispiel der bekannten Sentiment-Analyse über Banken gegeben.

Die 1. Phase *Business Understanding (Geschäftsverständnis)*

- In dieser Phase geht es darum, die konkreten betriebswirtschaftlichen Ziele und/oder die Probleme zu identifizieren, die das Management erreichen bzw. lösen will. Dabei spielen auch bestimmte Vorgaben und Beschränkungen eine wichtige Rolle, so z. B. Zeitvorgaben, Budgetgrenzen etc. Wichtig in dieser Phase ist auch, die Erfolgskriterien festzulegen und eine Kosten-Nutzen-Analyse des Projekts aufzustellen und daraus geeignete und realisierbare Ziele des KI-Projekts zu entwickeln.

Zusammenfassung der 1. Phase *Business Understanding (Geschäftsverständnis)*

Strukturelement	Beschreibung
Thema	Festlegung konkreter Unternehmensziele und eines Projektplans
Ausgabe	Betriebswirtschaftliche Aufgabe und Vorgehensplan
Eingabe	Initial: Ziele und Strategie des Unternehmens oder einer Business Unit
	Optional: Daten aus der Phase *Data Understanding* mit interessanten Inhalten oder Modelle aus der Phase *Evaluation*, die zur jeweiligen Aufgabe passen
Hauptverantwortung	Fachabteilung/Kunde

Beispiel

Berechnung und Zusammenfassung negativer und positiver Stimmungen über die Finanzinstitute Deutsche Bank, Commerzbank, Volksbank und Sparkasse in sozialen Medien im Zeitraum von 01.01.2017 bis 31.05.2017 sowie Begründungen möglicher Entwicklungen als Grundlage für mögliche Marketingmaßnahmen.

Die 2. Phase *Data Understanding (Datenverständnis)*

In dieser Phase werden die vorhandenen oder eingekauften Daten überprüft, ob sie für das in der 1. Phase definierte Projekt geeignet sind. Falls es mit den vorhandenen Daten Probleme bei der Projektdurchführung gibt, kann es dazu führen, dass zur 1. Phase zurückgekehrt und der Projektplan überarbeitet wird und sogar Fehler im Geschäftsverständnis entdeckt und beseitigt werden. Die wesentlichen Aufgaben der 2. Phase sind jedoch die Erfassung, die Beschreibung und das Durchsuchen der Daten sowie das Überprüfen der Datenqualität aus fachlicher (nicht technischer) Sicht.

Zusammenfassung der 2. Phase *Data Understanding (Datenverständnis)*

Strukturelement	Beschreibung
Thema	Inhaltsanalyse und Bewertung der Qualität der relevanten Daten.
Ausgabe	Ermittlung der relevanten Daten in Bezug auf die Aufgabe (inhaltliche Sicht).
Eingabe	Betriebswirtschaftliche Aufgabe aus der vorherigen Phase.
Hauptverantwortung	Fachabteilung/Kunde

Beispiel

Verwendung der Stimmungen von Tweets (via Twitter) und aller verbalen Äußerungen von Facebook über die betrachteten Banken.

Die 3. Phase *Data Preparation (Datenvorbereitung)*

In dieser Phase werden die Daten technisch aufbereitet. Diese Phase nimmt in der Regel am meisten Zeit in Anspruch. Grund dafür ist, dass die verwendeten Daten meist für andere Zwecke erhoben und abgespeichert wurden. Daher bedürfen sie einer gewissen Verfeinerung, bevor sie für die Modellierung verwendet werden können. Als wesentliche Aufgaben der 3. Phase sind zu nennen die Auswahl, die Bereinigung, das Zusammenstellen und Integrieren sowie das Formatieren der Daten.

Zusammenfassung der 3. Phase *Data Preparation (Datenvorbereitung)*

Strukturelement	Beschreibung
Thema	Aufbereitung und Bereinigen der für die Aufgabe relevanten Daten sowie Analyse und Bewertung der Datenqualität (technologische Perspektive)
Ausgabe	Endgültiger Datensatz als Grundlage für die Phase *Modeling*
Eingabe	Initial: die für die Aufgabe interessierenden Daten
	Optional: Modelle aus der Phase *Modeling*
Hauptverantwortung	Data Science

Beispiel

Verwendung verschiedener Methoden des Natural Language Processing wie Named Entity Recognition (auch NER; Erkennung von Eigennamen in Texten), Part of Speech Tagging (auch POS Tagging; weist Wörtern und Zeichen Wortarten wie Substantive zu), Stopwords (auch Stoppwörter; Bereinigung von Texten um Wörter ohne Bedeutung) etc. zur Vorverarbeitung von Texten

Die 4. Phase *Modeling (Modellbildung)*

In dieser Phase werden die bereits aus der 3. Phase aufbereiteten Daten nach nützlichen Mustern mithilfe verschiedener statistischer Verfahren und Verfahren des Machine Learnings durchsucht und daraus Modelle erstellt, die möglichst auch für neue, sprich zukünftige, Daten sinnvolle Muster erkennen. Daraus lassen sich die folgenden Aufgaben ableiten: Auswahl von geeigneten Methoden, Entwurf von Tests, Erstellen von Modellen und deren Bewertung anhand geeigneter Qualitätsmaße.

Zusammenfassung der 4. Phase *Modeling (Modellbildung)*

Strukturelement	Beschreibung
Thema	Auswahl und Anwendung der für die Aufgabenstellung geeigneten Methoden und technische Bewertung der Güte der entwickelten Modelle anhand ausgewählter Qualitätsmaße
Ausgabe	Mehrere Modelle mit optimierten Parametern
Eingabe	Der für die Aufgabenstellung finale Datensatz
Hauptverantwortung	Data Science

Beispiel: Methoden

Verschiedene Methoden des Machine Learning wie Support Vector Machine (dient u. a. als Klassifikator, der eine Menge von Objekten so in Klassen unterteilt, dass um die Klassengrenzen herum ein möglichst breiter Bereich frei von Objekten bleibt) oder Naive-Bayes Classifier (ein Klassifikator, der auf der Anwendung des Bayes-Theorems mit starken Unabhängigkeitsannahmen zwischen den Merkmalen basiert) auf bereinigte Texte anwenden und daraus Klassifikationsmodelle erstellen.

Beispiel: Qualitätsmaße

Die erstellten Modelle anhand von Qualitätsmaßen wie F2-Score (Maß, das die Genauigkeit von Klassifikationsvorhersagen misst) und Confusion Matrix (dient der Visualisierung der Leistung von eingesetzten Machine-Learning-Verfahren) technisch bewerten.

Die 5. Phase *Evaluation*

In dieser Phase muss nun die Frage beantwortet werden, ob die bisher erreichten Ergebnisse gut sind. Dazu werden nicht nur die gefundenen Modelle bewertet und mit den Zielvorgaben aus der Phase *Business Understanding (Geschäftsverständnis)* abgeglichen, sondern es wird auch das Potenzial der Modelle für den Einsatz in der Praxis abgeschätzt und der bisherige Gesamtprozess evaluiert. Es werden also die Ergebnisse ausgewertet, der Gesamtprozess überprüft und daraus die nächsten

Schritte festgelegt, d. h. entweder nochmals von vorne beginnen oder das Projekt zum Ende bringen (6. Phase).

Zusammenfassung der 5. Phase *Evaluation*

Strukturelement	Beschreibung
Thema	Abgleich und Bewertung der erstellten Datenmodelle mit der betriebswirtschaftlichen Aufgabenstellung aus der ersten Phase und Review aller bisherigen sowie Festlegung der weiteren Maßnahmen und Aktionen
Ausgabe	Optional: Liste an Verbesserungsvorschlägen für einen weiteren Durchlauf des Gesamtprozesses
	Final: Auswahl des auf die betriebswirtschaftliche Aufgabenstellung passendsten Modells
Eingabe	Mehrere Modelle mit optimalen Parametern
Hauptverantwortung	Data Science

Beispiel

Das mit dem Naive Bayes Classifier erstellte Modell ist für den realen Einsatz im Kontext einer Sentiment-Analyse zur Erkennung von positiven und negativen Äußerungen über Banken aus Twitter am besten geeignet (technisch und betriebswirtschaftlich) und wird gewählt.

Die 6. Phase *Deployment & Presentation (Bereitstellung & Präsentation)*

In dieser Endphase des gesamten CRISP-DM-Prozesses wird der Einsatz der entwickelten Modelle implementiert sowie deren Wartung geplant. Zusätzlich werden die Ergebnisse nach dem Live-Go nochmals überprüft und die Berichterstattung über die Ergebnisse durchgeführt.

Zusammenfassung der 6. Phase *Deployment & Presentation (Bereitstellung & Präsentation)*

Strukturelement	Beschreibung
Thema	Festlegung der Implementierungs-, Überwachungs- und Wartungsstrategie sowie Vorbereitung, Bereitstellung und Präsentation der erzielten Ergebnisse
Ausgabe	Implementierungs-, Überwachungs- und Wartungsplan und verschiedene Berichte über das Projekt sowie eine Abschlusspräsentation
Eingabe	Auf die betriebswirtschaftliche Aufgabe zugeschnittenes Modell
Hauptverantwortung	Fachabteilung/Kunde & Data Science

Beispiel: Präsentation

Erstellung und Präsentation interessanter Charts (siehe Beispiel Bild 5.4) und eines Abschlussberichts zum Projekt „Sentiment-Analyse Deutscher Banken".

Bild 5.4 Stimmungswerte für Sparkasse, Volksbank, Deutsche Bank und Commerzbank im Zeitraum von Januar 2017 bis Mai 2017 (in Anlehnung an: Schnattinger/Walterscheid 2017, S. 340)

Antworten auf die 5. Leitfrage „Gibt es ein Vorgehensmodell für KI-Projekte?"

- Das Prozessmodell CRISP-DM eignet sich als Vorgehensmodell auch für KI-Projekte.
- CRISP-DM ist in klar definierte und beschriebene Phasen unterteilt.
- Jede der Phasen von CRISP-DM hat klare Verantwortlichkeiten.

■ 5.7 Die wichtigsten Punkte in Kürze

- KI ist im Mittelstand angekommen.
- Die Chancen der Nutzung von KI werden erkannt.
- Nur der Fachkräftemangel bremst den Mittelstand.
- Typische KI-Anwendungen im Mittelstand? Nur die Wertschöpfung kennt die Grenzen.
- Das Periodensystem der KI hilft bei der Suche nach Bausteinen für geeignete KI-Anwendungen.
- *Keep it simple, stupid:* Wenige KI-Bausteine reichen für gute und nützliche KI-Anwendungen aus.
- Das Prozessmodell CRISP-DM eignet sich für ein zielorientiertes Vorgehen bei KI-Projekten.
- Just do IT!

Literatur

Bitkom: *Digitalisierung gestalten mit dem Periodensystem der Künstlichen Intelligenz. Ein Navigationssystem für Entscheider.* URL: https://www.bitkom.org/sites/default/files/2018-12/181204_LF_Periodensystem_online_0.pdf. Abgerufen am: 15.07.2019, Bitkom e.V. (Hrsg.), 2018.

Christ, Harald: *„Wer Weltmarktführer bleiben will, braucht Künstliche Intelligenz".* URL: https://www.wiwo.de/unternehmen/mittelstand/aufholbedarf-wer-weltmarktfuehrer-bleiben-will-braucht-kuenstliche-intelligenz/23965878.html. Abgerufen am: 01.08.2019. Wirtschaftswoche vom 09.02.2019.

Daheim, C.; Korn, J.; Wintermann, O.: *Mittelstand in der digitalen Transformation.* URL: https://www.bertelsmann-stiftung.de/fileadmin/files/user_upload/BST_ZukunftKMUWandel_06lay.pdf. Abgerufen am: 20.07.2019. Bertelsmann Stiftung, November 2017.

Döbel, Inga; et al.: *Maschinelles Lernen – eine Analyse zu Kompetenzen, Forschung und Anwendung.* URL: https://www.bigdata.fraunhofer.de/content/dam/bigdata/de/documents/Publikationen/Fraunhofer_Studie_ML_201809.pdf. Abgerufen am: 22.07.2019. Fraunhofer-Gesellschaft, 2018.

Dumitrescu, Roman et al.: *Studie „Autonome Systeme".* URL: https://www.e-fi.de/fileadmin/Innovationsstudien_2018/StuDIS_13_2018.pdf. Abgerufen am: 16.07.2019, Expertenkommission Forschung und Innovation (EFI), 2018.

Feldman, Ronen; Dagan, Ido: *Knowledge Discorvery in Textual Databases (KDT)*. In: KDD-95: Proc. First International Conference on Knowledge Discovery and Data Mining, AAAI Press, 1995, S. 112 – 117.

Gentsch, Peter: *Künstliche Intelligenz für Sales, Marketing und Service. Mit AI und Bots zu einem Algorithmic Business – Konzepte, Technologien und Best Practices*. Springer Gabler, 2017.

Gupta, Shashank: *Sentiment Analysis: Concept, Analysis and Applications*. URL: https://towardsdata scien ce.com/sentiment-analysis-concept-analysis-and-applications-6c94d6f58c17. Abgerufen am: 18. 07. 2019

Herrmann, Andreas; Brenner, Walter: *Die autonome Revolution: Wie selbstfahrende Autos unsere Welt erobern*. Frankfurter Allgemeine Buch, 2018.

Hörner, Thomas: *Marketing mit Sprachassistenten (So setzen Sie Alexa, Google Assistant & Co strategisch erfolgreich ein)*. Springer Gabler, 2019.

IBM: *Supply Chain Analytics*. URL: https://www.ibm.com/supply-chain/supply-chain-analytics. Abgerufen am: 18. 07. 2019.

IDC: *Worldwide Artificial Intelligence Software Platforms Forecast, 2019 – 2023*. URL: https://www.idc.com/getdoc.jsp?containerId=US44170119. Abgerufen am: 02. 08. 2019. IDC Corporate USA, Market Forecast June 2019.

IfM: *Mittelstand im Überblick – Volkswirtschaftliche Bedeutung der KMU*. Institut für Mittelstandsforschung. URL: https://www.ifm-bonn.org/statistiken/mittelstand-im-ueberblick. Abgerufen am: 01. 08. 2019.

JAAI: *Starke KI, Schwache KI – Was kann künstliche Intelligenz?* URL: https://jaai.de/starke-ki-schwa che-ki-was-kann-kuenstliche-intelligenz-261/. Abgerufen am: 11. 07. 2019, JUST ADD AI GmbH, 27. 09. 2017.

Kumar, U Dinesh: *Business Analytics: The Science Of Data – Driven Decision Making*. Wiley India, 2017.

Lundborg, Martin; Märkel, Christian: *Künstliche Intelligenz im Mittelstand. Relevanz, Anwendungen, Transfer*. URL: https://www.mittelstand-digital.de/MD/Redaktion/DE/Publikationen/kuenstliche-intelligenz-im-mittelstand.pdf?__blob=publicationFile&v=5. Abgerufen am: 20. 07. 2019.

McCarthy, John; Minsky, Marvin L.; Rochester, Nathaniel; Shannon, Claude E.: *A Proposal for the Dartmouth Summer Research Project on Artificial Intelligence*. Tech report, Dartmouth College, August 1955, S. 1, Reprint: AI Magazine Volume 27, Number 4, 2006, S. 12 – 14

Murdoch, Richard: *Robotic Process Automation: Guide To Building Software Robots, Automate Repetitive Tasks & Become An RPA Consultant*. Independently Published, 2018.

Öttinger, Günther. *Europe: A Continent of Silicon Valleys*. URL: https://www.youtube.com/watch?v=Uj-0xOS5fqs [11:22 – 16:13]. Abgerufen am: 19. 07. 2019. Veröffentlicht am: 05. 07. 2018.

Provost, Foster; Fawcett, Tom: *Data Science für Unternehmen. Data Mining und datenanalytisches Denken praktisch anwenden*. Mitp Verlags GmbH & Co. KG. 2017.

PwC: *Künstliche Intelligenz in Unternehmen*. URL: https://www.pwc.de/de/digitale-transformation/kuenstliche-intelligenz/studie-kuenstliche-intelligenz-in-unternehmen.pdf. Abgerufen am: 19. 07. 2019. Befragung im 4. Quartal 2018.

PwC: *Ein Großteil des deutschen Mittelstands könnte den technologischen Anschluss verlieren*. URL: https://www.pwc.de/de/digitale-transformation/kuenstliche-intelligenz/kuenstliche-intelligenz-in-unternehmen.html. Abgerufen am: 19. 07. 2019.

Reader, Paul: *7 Myths about AI in Business: Busted*. URL: https://www.mindfoundry.ai/blog/7-myths-about-ai-in-business-busted. Abgerufen am: 25. 07. 2019.

Ricci, Francesco; Rokach, Lior; Shapira, Bracha (Hrsg.). *Recommender Systems Handbook*. Springer Science+Business Media New York, 2015.

Schnattinger, Klemens; Walterscheid, Heike: *Opinion Mining Meets Decision Making: Towards Opinion Engineering*. In: KDIR17: Proc. 9th International Joint Conference on Knowledge Discovery and Information Retrieval, Scitepress, 2017, S. 334 – 341.

Shearer, Colin: *The CRISP-DM Model: The New Blueprint for Data Mining.* Journal of Data Warehousing, 5(4), 2000, S. 13 – 22.

Siemens: *Siemens Healthineers präsentiert AI-Rad Companion Chest CT als erste Anwendung auf der neuen AI-Rad-Companion-Plattform.* URL: https://www.siemens-healthineers.com/de/press-room/press-releases/pr-20181125043shs.html. Abgerufen am: 16.07.2019.

Statista: *Statistiken zum Thema Künstliche Intelligenz.* URL: https://de.statista.com/themen/3103/kuenstliche-intelligenz/. Abgerufen am: 11.07.2019. Statista GmbH, 17.12.2018.

Techopedia: *Data-Driven Decision Making (DDDM).* URL: https://www.techopedia.com/definition/32877/data-driven-decision-making-dddm. Abgerufen am: 19.07.2019

Tripathi, Alok Mani: *Learning Robotic Process Automation: Create Software robots and automate business processes with the leading RPA tool.* Packt Publishing, 2018.

Whitehouse: *National Science and Technology Council Report: Preparing for the Future of Artificial Intelligence.* URL: https://info.publicintelligence.net/WhiteHouse-ArtificialIntelligencePreparations.pdf. Abgerufen am: 22.07.2019, Executive Office of the President, 20.11.2016.

6 Business Analytics – Enabler einer strategischen Unternehmensführung

Bernd Heesen

Die Digitalisierung verändert die Welt, die Märkte, die Konkurrenten und die Erwartungen der Kunden. So entstehen neue Möglichkeiten, die genutzt werden können, und neue Gefahren, dass Produkte und Dienstleistungen von Konkurrenten schneller und besser auf Kundenbedürfnisse angepasst oder besser vermarktet die eigenen Angebote verdrängen. Die Geschwindigkeit, in der sich Märkte verändern, hat sich so erhöht, dass Erfahrungswissen von früher immer weniger wert ist, wenn es um die richtigen Entscheidungen geht. Immer wichtiger wird es, dieses just-in-time zu ergänzen um absolut aktuelle Analysen und Erkenntnisse. Diese bereitzustellen ist die Aufgabe von Business Analytics.

In diesem Beitrag erfahren Sie,

- was Business Analytics bietet,
- wo Business Analytics angewendet werden kann,
- welche Chancen und Risiken im Zuge einer Einführung existieren,
- von Technologien und Lösungen, mit deren Hilfe Business Analytics genutzt werden können,
- weshalb Sie Ihre Rekrutierungs- und Personalentwicklungsstrategie anpassen sollten.

■ 6.1 Einleitung

Business Analytics ist in den letzten Jahren zu einem zunehmend wichtigen Wettbewerbsfaktor geworden. Es trägt wesentlich zu einer schnellen Nutzung von Markt-, Kunden- und Nutzerdaten bei. Für den Handel im Internet ist die kunden- bzw. personenindividuelle Ansprache von größter Bedeutung. Hierzu werden besondere Methoden und die Analyse von Daten aus sozialen Netzwerken eingesetzt (siehe Methoden- und Anwendungsbeispiele). Unternehmen, die eine Vorreiterrolle bei der Nutzung von Business Analytics eingenommen haben, insbesondere

Unternehmen wie Google, Amazon, Facebook und Microsoft (amerikanische Konzerne sind hier besonders etabliert), erschweren durch ihre Marktmacht den Markteintritt von Nachahmern. Basierend auf den Erfolgen dieser Konzerne gilt es zu verstehen, dass es sich lohnt, neue Technologien, Methoden und Anwendungsbereiche zu beobachten und so selbst zu den Gewinnern des Wettbewerbs um existierende oder auch ganz neue Märkte zu gehören.

Da durch die permanente Weiterentwicklung aller Marktteilnehmer bisherige Wettbewerbsvorteile aufgrund von Imitatoren ständig in Gefahr sind, müssen Unternehmen Fähigkeiten besitzen, ihre Wettbewerbsvorteile stetig weiter- bzw. neu entwickeln zu können. Business Analytics helfen an dieser Stelle neue strategische Erkenntnisse über die Märkte zu erlangen und sich so gegenüber den Konkurrenten zu behaupten.

Ein im Rahmen der Datenanalyse zunehmend bedeutendes Thema ist auch das der Rechtssicherheit, u. a. der Einhaltung der Datenschutzverordnungen. Die national sehr unterschiedlichen rechtlichen Rahmenbedingungen gilt es dabei zu verstehen und korrekt anzuwenden.

Im Weiteren werden vor allen Dingen drei Aspekte der Business Analytics vertieft behandelt: Technologien und Methoden, Anwendungsszenarien in der Wirtschaft und der Datenschutz.

 Wie uns Künstliche Intelligenz hilft (Bundesregierung 2019)

Kameras wählen automatisch die besten Einstellungen für ein Motiv, Sprachassistenten beantworten Fragen, Rasenmäher finden ihren Weg alleine, intelligente Prothesen nehmen Nervenimpulse auf und helfen Menschen im Alltag. Intelligente Verkehrssteuerung hilft bei der Vermeidung von Staus. Computer lernen und sind in der Lage immer größere Datenmengen zu verarbeiten. Wissen über die Möglichkeiten des digital geprägten Lebens sind wertvoll.

6.1.1 Was ist Business Analytics und wozu dient es?

Die Beschäftigung mit dem Thema Business Analytics beinhaltet sehr vielseitige Aspekte, u. a. Technologien, Analytische Methoden, Modellierungs- und Designverfahren als auch rechtliche Aspekte.

Gibt es eine Abgrenzung von Business Analytics zu Big Data Analytics? Nun, der Modebegriff Big Data bringt lediglich zum Ausdruck, dass eine große Menge an Daten analysiert wird. Aus der Business-Perspektive spielt jedoch nicht die Menge der analysierten Daten die vorrangige Rolle, sondern der Mehrwert, der durch die Analytik für das Business entsteht, also insbesondere die Unterstützung einer möglichst effektiven Entscheidungsfindung. Die Bedeutung von Daten und der sich daraus ableitbaren Analyseerkenntnisse für das Business hängt dabei keinesfalls von der Menge der analysierten Daten ab. Daher ist der Begriff Business Analytics deutlich passender und beinhaltet natürlich auch die Analyse großer Datenmengen (Big Data), sofern dies von Relevanz für das Business ist.

Business Analytics ist zudem eine Fortführung von dem, was bereits als Business Intelligence bekannt ist. Tatsächlich ist der Begriff der Analytik jedoch deutlich sachlicher als jener der Intelligenz. Intelligenz ist die Fähigkeit (des Menschen), abstrakt und vernünftig zu denken und daraus zweckvolles Handeln abzuleiten (Bibliographisches Institut 2019). Analytik dagegen ist die Kunst der Analyse und die Lehre von den Schlüssen und Beweisen. Business Analytics kann nur ausgesprochen eingeschränkt (siehe hierzu Abschnitt 6.3.1, Künstliche Intelligenz) eigenständig zweckvolles Handeln ableiten. Business Analytics übernimmt weniger das Denken und mehr die Gewinnung von Erkenntnissen aus Daten mithilfe von Datenanalysen mit Unterstützung geeigneter Methoden (siehe hierzu Abschnitt 6.2, Anwendungspotenziale von Business Analytics).

Computer und Software werden immer leistungsfähiger und preiswerter und ermöglichen dadurch eine zunehmend einfachere Nutzung der Vorteile von Business Analytics. Was früher nur mit großem finanziellen Aufwand und umfassender Infrastruktur genutzt werden konnte, ist heute teilweise schon auf einfachen Computern mit kostenloser Open-Source-Software nutzbar und damit ein Werkzeug nicht nur für Großunternehmen, sondern für Unternehmen beliebiger Größe und Komplexität. Entscheidend ist heute weniger der Kapitaleinsatz als die Fähigkeit und Kompetenz in der Anwendung und Technologienutzung von Business Analytics.

Die zunehmende Leistungsfähigkeit der Computer führt aber nicht nur zu einer kostengünstigeren Nutzung von Computern, sondern auch zu einer Zunahme an Daten. Gordon Earle Moore, Mitgründer der Firma Intel, prägte 1965 das Mooresche Gesetz, welches die Verdopplung der Rechenleistung von Computern alle zwei Jahre vorhersagte (Computer History Museum 2019). Heute gilt diese Regel nicht mehr exakt, aber die Leistungsfähigkeit der Computer steigt auch heute noch in bemerkenswerter Geschwindigkeit und so können kleinere, leistungsfähigere Chips in immer mehr Lebensbereichen und zunehmend kostengünstiger zum Einsatz kommen. Diese Verbreitung trägt neben der starken Nutzung von sozialen Medien zu dem exponentiellen Wachstum der Datenvolumen bei (vgl. Bild 6.1).

Bild 6.1 Datenvolumen pro Minute (Heesen 2016)

Und damit nicht genug. Die weltweiten Datenmengen sollen basierend auf einer Studie von IDC bis 2025 auf 175 Zetabyte ansteigen, das ist eine 175 mit 21 Nullen (IDC 2019). Speicherte man diese Datenmenge auf herkömmlichen DVDs, würde der Stapel mit Datenträgern mehr als 20 Mal die Entfernung zwischen Erde und Mond übertreffen. Im Jahr 2017 betrug das weltweite Datenvolumen dagegen noch lediglich 23 Zetabyte. Das bedeutet, dass der Gesamtdatenbestand sich von 2017 bis 2025 auf das Achtfache erhöhen wird. Der Anteil der in der Cloud gespeicherten Daten wird in diesem Zeitraum von 33 % auf 49 % anwachsen, da immer mehr Internet-of-Things-Sensoren Daten erfassen, speichern und analysieren werden. Gravierend verändert sich auch der Anteil der Echtzeitdaten, der auf 30 % anwachsen wird, da Menschen in 2025 im Schnitt alle 18 Sekunden mit Daten interagieren, ob privat oder beruflich.

Die zunehmende Geschwindigkeit, in der neue Daten entstehen, wird auch als **Velocity** bezeichnet. Durch die permanent in großen Mengen neu verfügbaren Daten ergibt sich, dass die aus den Datenanalysen gewonnenen Erkenntnisse eine verkürzte Halbwertszeit besitzen, denn permanent sind noch aktuellere Daten verfügbar. Daraus ergibt sich die Notwendigkeit, Analysen für aktuelle Erkenntnisse in immer kleineren Zeitintervallen zu wiederholen. Somit entsteht ein Druck, viele Analysen auf größer werdenden Datenmengen immer häufiger auszuführen und effektiv zu kommunizieren, um gegenüber der Konkurrenz einen Wettbewerbsvorteil zu erlangen. Dies bringt dann auch die leistungsfähigeren Rechnerleistungen erneut an seine Grenzen. Effizienz bei der Analyse bleibt daher auch zukünftig ein bedeutsames Thema für Business Analytics.

Neben dem **Volume** und der Velocity zeichnet sich das neue Zeitalter des Business Analytics noch durch weitere Eigenschaften aus, die auch als die 5 V's von Big Data bezeichnet werden: Volume, Velocity, Variety, Veracity und Value (vgl. Bild 6.2).

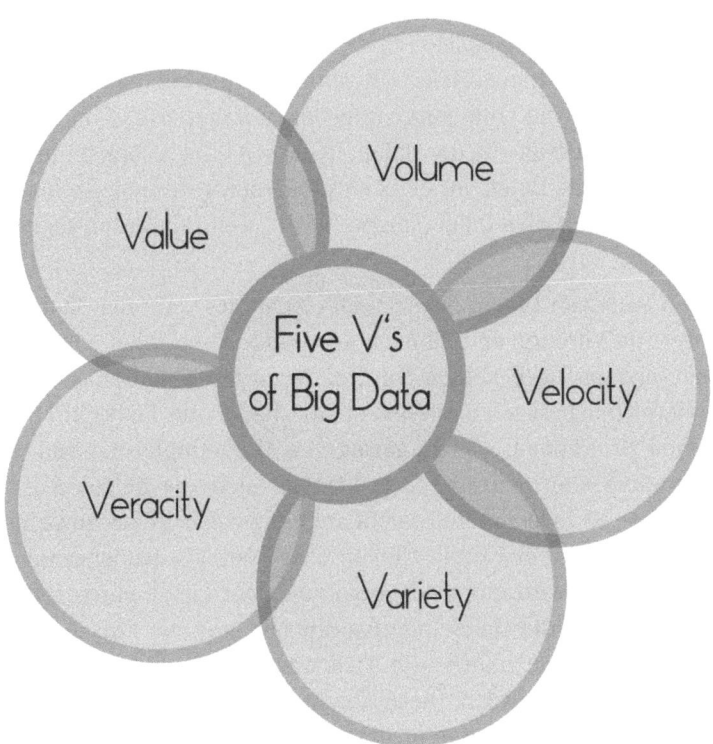

Bild 6.2 Five V's of Big Data (Heesen 2016)

Variety bezeichnet die Heterogenität der Datenformate. Dies erfordert oft eine Konvertierung des Formats oder Integration von Datenformaten (Homogenisierung). In der Fachsprache wird hier in der Regel von einem ETL-Prozess gesprochen, der durchlaufen werden muss. Dabei werden die Daten aus Quellsystemen extrahiert (E), anschließend in das Zielformat bzw. Datenmodell transformiert (T) und abschließend in ein System geladen (L), in dem die Daten für die Analyse bereitgestellt werden. Ein Beispiel hierfür sind Audiodaten, die in Text konvertiert werden können, um anschließend eine Textanalyse darauf anzuwenden. Aufgrund der Zeitdauer und Computerleistung, die für einen ETL-Prozess erforderlich sind, werden alternativ je nach Anwendungsfall auch die Primärdaten direkt, unverändert und ohne Konvertierung analysiert, wenn es sich um besonders zeitkritische Analysen handelt und die Datenqualität der Primärdaten hierfür als ausreichend erachtet wird.

Veracity bezeichnet die Datenqualität, die sich signifikant unterscheiden kann. Dies hat großen Einfluss auf die Verlässlichkeit der auf den Daten basierenden Analysen. Zum Beispiel sind Analysen von Beiträgen und Kommentaren auf Facebook oder Twitter von eingeschränkter Qualität und Genauigkeit, wenn die Beiträge grammatikalisch inkorrekt, mit Rechtschreibfehlern gespickt, in Umgangssprache oder mit Abkürzungen gespickt sind. Auf diese Daten angewendete Textanalytik wird dann bei der Kategorisierung von Daten wie bei der Sentiment-Analyse in positive und negative Kommentare ungenauer. Daher erfolgt im Vorfeld einer Analyse bei Bedarf ein Cleansing der Daten, in dessen Prozess bekannte Fehler eliminiert bzw. zweifelhafte Daten vor der Analyse entfernt werden. Besonders in Echtzeitanwendungen kann dies fatale Folgen haben, wenn die Analyseergebnisse nicht korrekt sind.

Value beschreibt den Wert von Daten. Bei Business Analytics steht der ökonomische Nutzen und Wert im Vordergrund. Einfach nur Daten zu besitzen oder diese analysiert zu haben, erzeugt noch keinen Nutzen. Wenn die Daten jedoch dazu dienen, Kundenpräferenzen besser zu verstehen und damit die Effektivität der Marketingmaßnahmen zu erhöhen, was zu geringeren Marketingkosten und verbessertem Umsatz und Gewinn beiträgt, dann lohnt es sich, die Kosten für die Speicherung und Analyse zu investieren. Es geht am Ende daher immer um einen Business Case, in welchem der erwartete Nutzen oder Wert als größer erwartet werden als die Kosten. Dabei wird unter der Annahme einer gleich guten Umsetzung der Entscheidung durch die Handelnden verglichen, wie die Entscheidung ohne die Information bzw. mit der Information zu erwarten wäre und welche Konsequenzen sich daraus ergeben würden. Diese Abwägung erfolgt basierend auf einer Einschätzung und daher ist bereits hier das Vorliegen von relevanten Daten entscheidend. Kennt man z. B. die Wahrscheinlichkeit, dass ein Kunde für ein Produkt (z. B. Flug) einen gewissen Preis zu zahlen bereit ist, kann man diesen variabel, personenspezifisch (z. B. in Abhängigkeit von Alter, Familienstand, Einkommen, vergangenen Kauftransaktionen…) und zeitabhängig (Uhrzeit, Wochentag, Urlaubszeit, Jahreszeit, zeitlicher Abstand zum Abflugdatum, zeitlicher Abstand zum letzten Suchvorgang mit gleichem Datum und Produkt) anpassen und damit den Profit maximieren.

Nutzen Sie die Möglichkeiten der Digitalisierung und der zeitnahen Business Analytics, um sich schneller als die Konkurrenz auf veränderte Marktsituationen anzupassen.

Achten Sie auf eine klare Definition der Kosten- und Leistungsseite. Jede Investition in Business Analytics sollte einen klaren Mehrwert für die Organisation darstellen, der auch erklärbar und kommunizierbar ist. Technologie, Rechnerleistung oder Methoden und Software sind kein Selbstzweck. Auch ihr Einsatz und ihre Rentabilität sollten mit Business Analytics stetig überprüft werden – Meta-Analytics als die Analytics der Analytics.

6.1.2 Ein Business Analytics Framework

Business Analytics dient der systematischen und kontinuierlichen Auswertung betrieblich anfallender Daten, um die unternehmerische Tätigkeit der Vergangenheit zu analysieren und daraus Erkenntnisse für die zukünftige Steuerung zu erlangen und Prognosen abzuleiten.

Business Analytics ist ein Prozess, der aus mehreren Schritten besteht: Daten sammeln, Vorbereitung der Daten, Datenmodellierung, Analyse und Auswertung, Darstellung der Ergebnisse, Kommunikation an Betroffene und Interessierte und abschließend die Ableitung und das Treffen von Entscheidungen. Ist dieser Prozess einmal etabliert und wird bei allen wesentlichen Entscheidungen so praktiziert, dann wird er zu einer strategischen Grundlage für das unternehmerische Handeln.

Business Analytics ergänzt standardisiertes Berichtswesen durch interaktive und erforschende Analysen. Das Ziel ist die Sammlung neuer Erkenntnisse und damit ein besseres Verständnis über vergangene Aktivitäten zur Entdeckung unbekannter Muster und Strukturen in den Datenbeständen. Dabei basiert Business Analytics auf Detaildaten, um einzelne Aktivitäten betrachten und analysieren zu können. Business Analytics kombiniert moderne Verfahren der Auswertung von großen Datenvorräten, vor allem Data Mining, maschinelles Lernen auf Grundlage der Künstlichen Intelligenz und statistischer Methoden mit etablierten Methoden des Business Intelligence wie Kennzahlen-Reporting, Date Warehousing, Data Mining und Text Mining, Systemintegration und Dashboarding.

Daten beziehungsweise daraus generierte Informationen zu besitzen, ist für sich noch von keinem Nutzen. Entscheidend ist, diese Informationen den Entscheidungsträgern als Grundlage für unternehmerische Entscheidungen zur Verfügung zu stellen. Dies bewirkt dann, dass der Entscheider deutlich schneller auf Veränderungen in seinem Unternehmen oder der Unternehmensumwelt reagieren kann. Der strategische Mehrwert von Business Analytics wird damit deutlich.

Um dies zu erreichen gilt es ein Business Analytics Framework zu etablieren, welches auf strukturierten und unstrukturierten Daten und Datenströmen (Data Supply-Schicht) basiert, die in einer Data-Management-Schicht für das Reporting bereitgestellt werden. Dort werden die Stammdaten und Metadaten hinterlegt, die für eine Systemintegration und die Harmonisierung heterogener Datenstrukturen gebraucht werden. Ebenfalls werden dort Objekte z. B. als Data Marts oder OLAP-Cubes hinterlegt, die bereits über ETL-Prozesse für die Auswertung optimiert und aggregiert wurden. Aber Business Analytics müssen auch auf Realtime-Daten zugreifen können, die noch keinen ETL-Prozess durchlaufen konnten. Diese Original Reporting Objects werden ebenfalls in der Data-Management-Schicht hinterlegt, ob physisch, in der Cloud, via embedded Application Programming Interface (API) oder in Datenbanken. Eine beliebige Anzahl von Frontend-Anwendungen kann auf diese Daten dann zugreifen, um Past (Historische Daten), Realtime (Echtzeitdaten) oder Predictive (Vorhersagen/Planung) und Prescriptive (Handlungsanweisungen gebend) Analytics zu unterstützen (vgl. Bild 6.3).

Um ein Business Analytics Framework zu etablieren oder auszubauen, sind signifikante Investitionen notwendig, um veraltete Anwendungslandschaften abzulösen. Dies ist in dem wirtschaftlichen Kontext, in dem solche Optimierungsmaßnahmen angestrebt werden, nicht immer einfach zu vermitteln. Um das Verständnis für derartige Investitionen herzustellen, ist es erforderlich, Anwendungsbereiche von Business Analytics in der eigenen Organisation zu identifizieren und deren Beitrag zur Erreichung der strategischen Unternehmensziele benennen zu können.

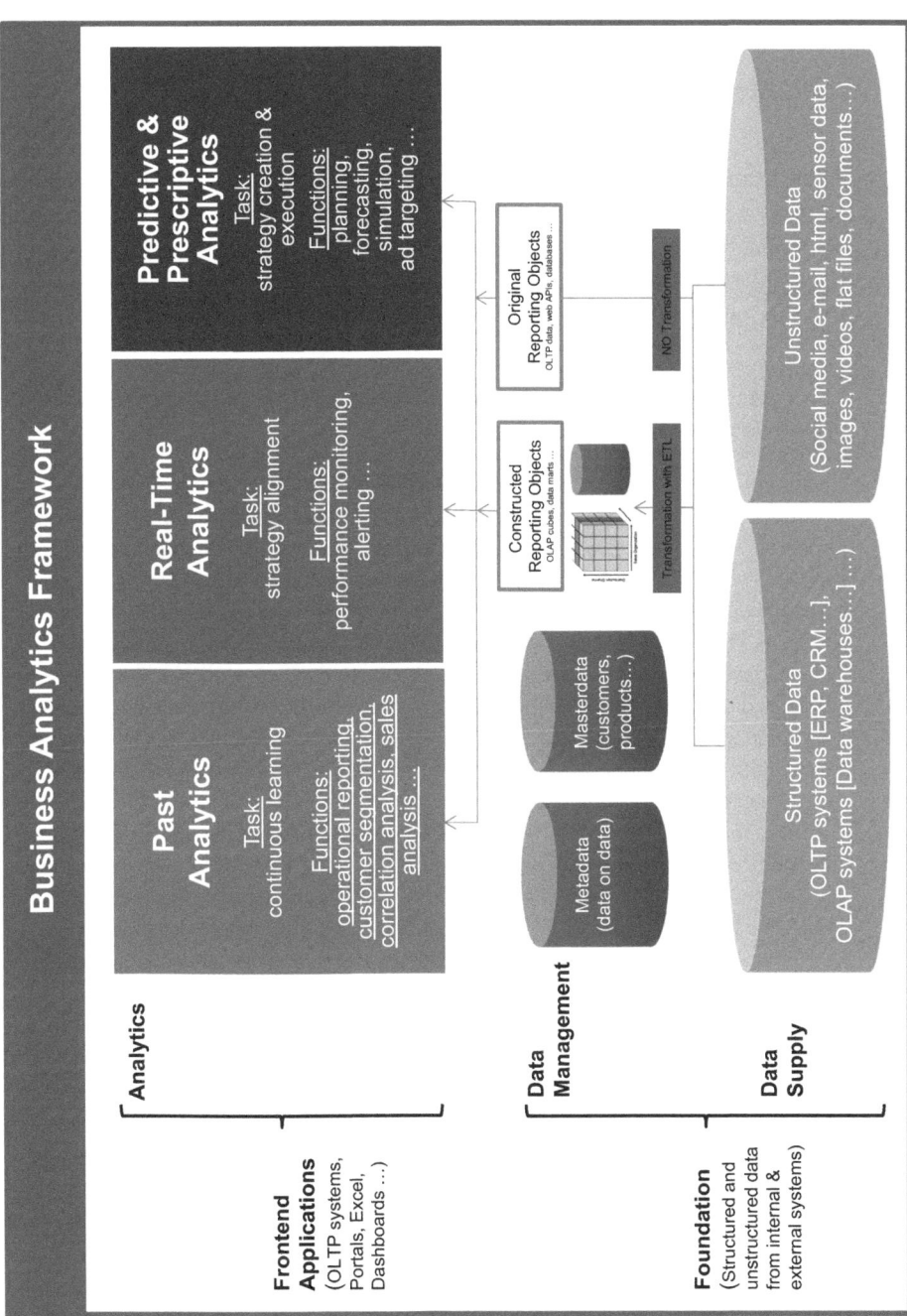

Bild 6.3 Business Analytics Framework (in Anlehnung an Heesen 2016)

■ 6.2 Anwendungsbereiche von Business Analytics

In welchen Branchen, Unternehmen, Unternehmensbereichen können Unternehmen Business Analytics wirtschaftlich nutzen? Die Anwendungsfelder sind so vielfältig, dass hier nur exemplarisch aufgezeigt werden kann, wo und wie Business Analytics eingesetzt wird. Nachfolgend finden sich ausgewählte Beispiele aus den Industrien Handel und Energie.

 Umsatzsteigerung im Einzelhandel durch Wetterprognose (Hertweck, Kinitzki 2015)

Während der Hurrikan-Saison in den USA konnten Einzelhändler immer wieder beobachten, dass sich das für gewöhnlich nachgefragte Standardwarensortiment spontan verändert, wenn ein Hurrikan erwartet wird. Es wurde beobachtet, dass dann deutlich häufiger Konserven, Taschenlampenbatterien und andere Güter eingekauft wurden. Um diese Beobachtung zu überprüfen, wurden Umsatzdaten der Vergangenheit umfassend analysiert und es fand sich eine Bestätigung der Hypothese, dass gewisse Produkte verstärkt gekauft wurden, wenn ein Hurrikan nahte. Um aus dieser Erkenntnis einen Nutzen zu ziehen, wurde ein Entscheidungsmodell der Kunden modelliert, welches das Kaufverhalten bei Erwartung eines Hurrikans beschreibt. Dies wiederum konnte für die Prognose des Kaufverhaltens Verwendung finden. Daraus wurde dann in Verbindung mit den Deckungsbeiträgen der betroffenen Produkte ermittelt, welche Warensortimentsänderung eine optimale Umsatz- und Profitsteigerung bewirken würde. So wäre es möglich, u. a. durch die Reduktion verderblicher Frischware und der Aufstockung von Konserven sowohl den Umsatz als auch den Profit zu erhöhen. Bei der Simulation einer Umstellung des Warensortiments muss aber auch die Zeitverzögerung der Umstellung bedingt durch die Zuliefererketten berücksichtigt werden.

Durch den Einsatz der Business-Analytics-Anwendung wird nun eine Veränderung der Deckungsbeiträge in einzelnen Sortimenten und Warengruppen erwartet, so etwa eine Steigerung des Deckungsbeitrags der Warengruppe Konserven um 230 %. Diese Steigerung des Deckungsbeitrags bei Konserven kann jedoch nur dann erreicht werden, wenn die Lieferanten innerhalb einer bestimmten Frist eine Meldung über den benötigten Zusatzbedarf erhalten und wiederum deren Logistikdienstleister diese Waren in einer festgelegten Lieferzeit in der Filiale anliefern, sodass Kunden sie dort in den Regalen vorfinden und kaufen können.

Wenn dieses System, basierend auf der Prognose des Kaufverhaltens im Fall einer Hurrikanwarnung, operationalisiert wird, kann es wesentlich zum Erfolg beitragen. Variablen, welche permanent beobachtet werden, sind die Klima- und Wetterdaten, die Wahrnehmung der Gefährdungsstufe durch die Konsumenten (z. B. Textanalytik aus Kommentaren in sozialen Netzwerken) als auch die aktuellen Warenbestände. Mithilfe von Künstlicher Intelligenz

können dann automatisiert Bestellungen veranlasst werden, um auf die erwartete Nachfrage auch mit einem angepassten Sortiment vorbereitet zu sein. ■

 Fühler im Netz 2.0 – KI für die Energiewende (DFKI 2019)

Die Energiewende beschreibt den Weg von nuklearen und fossilen Brennstoffen hin zu erneuerbaren Energien und mehr Energieeffizienz. In Deutschland werden mittlerweile fast 40 Prozent des Stroms durch Wind, Sonne, Wasser oder Biomasse erzeugt, die jedoch vielen äußeren Einflussfaktoren wie Wetter oder Tageszeit unterliegen und daher zu Schwankungen im Netz führen und die Versorgungssicherheit gefährden können.

Daten über Spannungsverläufe und „Fingerprints" im Breitband-Powerline (BPL)-Spektrum werden in Echtzeit-Monitoring über mehr als 3500 BPL-Sensormodems gesammelt. Die großen Datenmengen, die innerhalb kürzester Zeit anfallen, werden mithilfe von KI-Algorithmen auf Muster und Auffälligkeiten untersucht. Dazu werden Machine-Learning- und Deep-Learning-Ansätze eingesetzt. Die Algorithmen analysieren die Datenströme, erkennen Auffälligkeiten, lernen daraus und leiten so Vorhersagen oder eigene Strategien ab. ■

Ein weiteres wertvolles Anwendungsbeispiel ist das Text-Mining, das Funktionen wie Sentiment-Analyse, Gefühle, Themen, Word-Cloud und vieles mehr leisten kann. Die Analyse von Kommentaren aus sozialen Medien bezogen auf ein neues Produkt oder eine kürzliche Aktivität des Unternehmens könnte z. B. mit der Applikation TheySay wie folgt analysiert werden (vgl. Bild 6.4 und Bild 6.5). Der Vorteil dieser Business Analytics ist deren Aktualität, denn Daten aus sozialen Netzwerken können real-time aus Facebook, Twitter und anderen Anwendungen extrahiert werden und somit ganz aktuelle Trends abbilden.

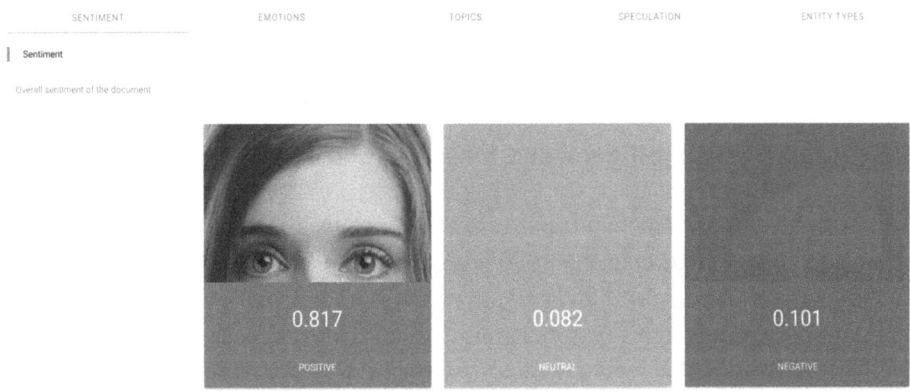

Bild 6.4 Sentiment-Analyse (TheySay 2019)

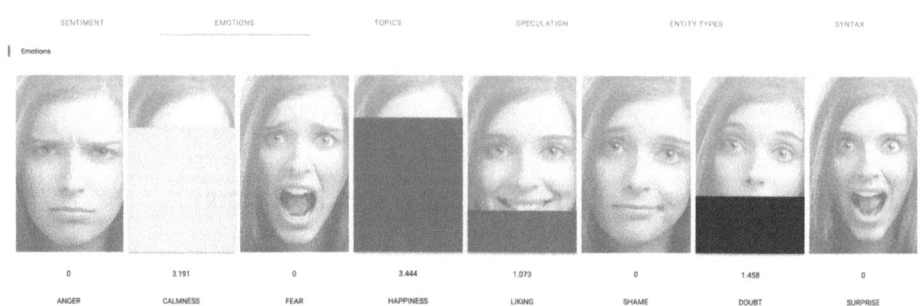

Bild 6.5 Gefühl-Analyse (TheySay 2019)

◼ 6.3 Chancen und Risiken von Business Analytics

Wir benutzen viele Analytics-Anwendungen im Alltag, sei es das Navigationssystem im Auto oder die Gesichtserkennung am Handy. Künstliche Intelligenz und Maschinenlernen ermöglichen immer neue Anwendungsbereiche. Für den Einzelnen sind dies neue Chancen, von Anwendungen zu profitieren, für Unternehmen können sich durch Analytics sowohl intern als auch extern (im Markt) Chancen und Risiken ergeben. Ein Risiko kann es sein, viel Geld für die Nutzung unreifer Technologien auszugeben, ein anderes Risiko ist es, neue Trends und Möglichkeiten geeigneter Technologien später als die Konkurrenz zu entdecken und damit ggf. vom Markt verdrängt zu werden. Ein ganz anderes Thema und Risiko stellt auch der Datenschutz dar. Aus der Sicht eines Anwenders geht es um die Überlegung, welche Daten man bereit ist zu teilen. Aus der Sicht des Unternehmens, welches Daten erhebt, geht es um den Schutz personenbezogener Daten und von Unternehmensdaten.

6.3.1 Künstliche Intelligenz und Maschinenlernen

Der Terminus der Künstlichen Intelligenz (KI) ist sehr missverständlich. Unser Gehirn besteht aus einem neuronalen Netzwerk und KI versucht dies nachzuahmen. Künstliche Intelligenz als Informatikanwendung unterscheidet sich in gewissem Sinn von herkömmlichen Computerprogrammen dadurch, dass KI-System lernen können. Allerdings sei hier angemerkt, dass es wiederum eines Computerprogramms bedarf, um den Computern mitzuteilen, wie sie beim Lernen vorgehen haben. Insofern verbleibt die Steuerung des Lernprozesses auch in der KI bei den Softwareentwicklern.

Einem Computer wird im Fall von KI vorgegeben, wie er lernen soll. Anschließend werden ihm Daten zur Verfügung gestellt, anhand derer er lernen kann, z. B. indem er versucht, ein Muster zu erkennen oder die Korrelation von Attributen und Verhaltensalternativen zu ermitteln. So kann er mit jedem Datensatz lernen und beim Auftreten gewisser Attribute mit spezifischer Wahrscheinlichkeit eine Prognose für die Wahl einer geeigneten Verhaltensalternative ableiten, die sich mit den definierten Zielen am besten in Einklang bringen lässt. So lernen autonom fahrende Autos z. B. dadurch, dass sie eine Weile lang von einem Menschen gesteuert werden und dabei das Fahrverhalten und die jeweiligen Parameter in jeder Situation beobachten. Mit zunehmender „Erfahrung" wird das autonome Auto dann dieses Erfahrungswissen anwenden können, um das Fahrverhalten nachzuahmen. Problematisch dabei kann die Beschränkung auf die Art und Anzahl der Sensoren sein, welche dem Lernprozess zugrunde liegen. Andererseits ist es auch möglich, dass die Sensoren besser funktionieren als die Sensoren des Menschen, so z. B. bei der Sicht mit mehreren hochauflösenden Kameras, die auch beim Rückwärtsfahren eine 360-Grad-Rundumsicht ermöglichen. KI kann gewisse Aufgaben daher besser und andere schlechter lösen als ein Mensch.

 Computer und auch Künstliche Intelligenz (KI) sind unfähig, eigenständig etwas zu verstehen oder zu lernen. Sie können nur Daten mithilfe von Logik verändern, die ihnen durch ein Programm und damit von Menschen vorgegeben wurde.

Howard Gardner (2013) von der Harvard University differenziert Intelligenz wie folgt in:

- Sprachlich-linguistische Intelligenz
- Logisch-mathematische Intelligenz
- Musikalisch-rhythmische Intelligenz
- Bildlich-räumliche Intelligenz
- Körperlich-kinästhetische Intelligenz
- Naturalistische Intelligenz
- Interpersonale Intelligenz oder auch Soziale Intelligenz
- Intrapersonelle Intelligenz

Künstliche Intelligenz hat erkennbarerweise nicht viel mit menschlicher Intelligenz zu tun. So argumentieren auch Mueller und Massaron (2018), dass Computer rational agieren, basierend auf den erlernten Mustern, Faktoren und beobachtbarem Verhalten. Menschliche Intelligenz beinhaltet darüber hinaus jedoch auch Instinkte und Intuition. Außerdem werden Entscheidungen von Menschen häufig nicht rational getroffen und ignorieren oft sogar verfügbare Daten, anders als die Entscheidungslogik, die i. d. R. in Computern hinterlegt ist.

 Beispiel für das Scheitern von KI: Mangelhafte Software führt zu Untergang und Tod (Dorschel 2015)

Wie beschränkt der Begriff der Künstlichen Intelligenz Softwarelösungen zur autonomen Entscheidungsfindung beschreibt, das zeigt auch der folgende Fall. Auf Basis einer fehlerhaften Klassifikation von Daten wurden im Falkland-Krieg die anfliegenden Exocet-Raketen der Argentinier von den britischen Fregatten nicht beschossen, weil sie als „britische Waffensysteme", also nicht sie angreifend, erkannt wurden. Die Folgen waren das Sinken eines Zerstörers und viele Tote. Die Logik der Software beinhaltete keine Regel für den Fall, dass auch Argentinien solche Waffen gebrauchen könnte. Auch KI konnte daher auf Basis der vordefinierten Kategorisierung der Waffensysteme nicht zu der richtigen Entscheidung (Raketenabwehr starten) gelangen.

Von dem obigen Diskurs ganz unabhängig ist die Künstliche Intelligenz auch im Bereich der Business Analytics heute nicht mehr wegzudenken. KI verbessert heute schon unser Leben in vielen Bereichen. Bekannte Anwendungsbereiche finden wir bei der Kreditkartenmissbrauchserkennung oder bei Telefonauskünften, die mithilfe von Telefonanlagen die meisten der immer wieder auftretenden Anfragen beantworten können, oder auch die Erkennung von Schadsoftware durch Virenerkennungsanwendungen. Eine weitere nützliche Anwendung gibt es im Bereich von aktiven Prothesen, die sich automatisch an die Bedürfnisse der Patienten anpassen (Shaer 2019). Auch das Überwachen der Medikation von Patienten, sodass diese ihre Medikamente zur richtigen Zeit und in der korrekten Dosierung erhalten, hat sich bewährt und sowohl die Kosten reduziert als auch die medizinische Versorgung von Patienten optimiert und damit lebensbedrohliche Situationen zu vermeiden geholfen (Mueller, Massaron 2018).

In Großbritannien wurde z. B. ein KI-System mit Daten von knapp 300 000 Patienten mit Herzerkrankungen und Herzinfarkten trainiert (Rittershaus 2019). Es sollte herausfinden, ob die Herzerkrankungen im Vorfeld hätten erkannt werden können. Das Ergebnis war, dass es die Erkrankung teilweise signifikant besser vorhersagen konnte, als dies bisher durch Menschen möglich war. Es nutzte dabei auch Indikatoren, die auf den Checklisten der Ärzte nicht zu finden waren und erkannte eigenständig neue, wertvolle Zusammenhänge. Ob in der Medizin oder bei der Identifikation von Motivatoren für die Kaufentscheidung oder die Preissensitivität eines Kunden, die Anwendung von Business Analytics ist endlos.

6.3.2 Datenschutz

Tatsächlich regelt in Deutschland das Bundesdatenschutzgesetz, wie nichtöffentliche Stellen mit personenbezogenen Daten umzugehen haben (VFR Verlag für Rechtsjournalismus 2019). Neben Vorgaben zur Datenschutzerklärung und der Einsetzung eines Datenschutzbeauftragten definiert es auch die Auskunftspflichten der Unternehmen. Seit dem Inkrafttreten der neuen EU-Datenschutz-Grundordnung im Jahr 2018 können Datenschutzverstöße Unternehmen bis zu 20 Millionen Euro Bußgeld kosten. Andererseits bedeutet die korrekte Einhaltung von Regeln zum Datenschutz nicht nur einen erhöhten Aufwand, sondern ist zugleich auch eine Chance, das Vertrauen der Verbraucher zu stärken und damit Kaufentscheidungen positiv zu beeinflussen.

Datenschutz beinhaltet auch, dass Unternehmen sich vor Malware schützen, was immer komplizierter wird, da ständig neue Schadsoftware in Umlauf kommt. Dies kann über Webseiten, Links in E-Mails, Anlagen zu E-Mails und auf andere Art erfolgen. Der deutsche Cyber-Defense-Spezialist G Data hat im vergangenen Jahr im Durchschnitt jeden Tag 80 neue Versionen von Schadsoftware identifiziert (Gierow 2019). Bei derart kurzen Zeiträumen kommen Antivirenlösungen, die nur auf von Analysten geschriebene Signaturen setzen, nicht mehr hinterher. Business Analytics mit Künstlicher Intelligenz und Maschinenlernen kommen auch hier erfolgreich zum Einsatz, um Bedrohungen zu erkennen und zu eliminieren.

■ 6.4 Technologien

Welche Technologien stehen zur Umsetzung von Business Analytics zur Verfügung und welche davon sind besonders bedeutend? Gartner (2019) sieht einen neuen Trend im Bereich Analytics. Analytische Queries basieren immer mehr auf Sprachanalyse via Natural Language Processing und die Mehrheit der Queries wird zukünftig automatisch erzeugt und abgewickelt werden.

Moderne Analytics und Business-Intelligence-Lösungen unterstützen inzwischen den gesamten Analytikprozess von der Akquise der Daten, der Vorbereitung für die Auswertung bis zur Analyse mit verschiedensten Methoden und der grafischen Aufbereitung der Ergebnisse. Analysten sind dabei nicht mehr so stark wie früher von IT-Abteilungen abhängig, die über Data Warehouses Daten bereitgestellt haben. Zunehmend werden Analysen mit lokalen Datasets durchgeführt, was die Agilität und den Self-Service stark fördert und somit eine schnellere Datenanalyse ermöglicht. Um eine gute Performanz auch bei großen Datenbeständen zu ermöglichen, verfügen Analytics-Lösungen inzwischen oft über eine eigene In-Memory

Datenbank oder verwenden wahlweise den Zugriff auf optimierte OLAP-Daten-modelle, die in Data Warehouses oder Data Lakes abgelegt sind.

Gartner (2019) beschreibt die bedeutendsten Fähigkeiten von Analytic-Plattformen folgendermaßen:

- Zentrales, agiles Datenmanagement mit Daten, Datenmodellen und analytischem Inhalt
- Dezentralisierte Analytics für Self-Service Analytics
- Cloudbasierte Analytics, welche Daten und Anwendungen in der Cloud bereit-stellen
- Data Governance, Datensicherheit und Benutzeradministration
- Dateneinbindung, um sowohl strukturierte als auch nichtstrukturierte Daten aus verschiedenen Dateiformaten und aus relationalen und nichtrelationalen Da-tenbanken on-premise oder aus der Cloud in Analytiklösungen zu verarbeiten
- Metadaten-Management, um Metadaten zu verwalten für Objekte wie Dimensio-nen, Hierarchien und Kennzahlen (KPIs)
- Datenlade- und Transformationsfunktionen, um Daten auch automatisiert zu laden und zu aktualisieren ebenso wie um eine Transformation zur Dateninte-gration in einheitliche Datenmodelle zu erreichen
- Embedded Analytics, um Analytiklösungen auch in Prozesse und Anwendungen via Application Processing Interfaces (APIs) zu integrieren
- Einfache und fortgeschrittene Analysefunktionen via Menü auch für ungeschulte Endbenutzer
- Interaktive Dashboards mit einfacher Navigation und eingebundenen georäum-lichen Analysen
- Erweiterte Datenanalysen, welche automatisiert wertvolle Erkenntnisse finden, darstellen und erklären, wie z. B. Korrelationen, Ausreißer, Cluster, Vorhersagen, ohne dass der Anwender zuvor Datenmodelle oder Algorithmen entwickeln muss
- Kollaborative Funktionen, welche es Benutzern erlauben, Daten oder Ergebnisse zu publizieren und via unterschiedlichster Methoden und in verschiedenen For-maten synchron und asynchron zu teilen und zu verbreiten und auch abzurufen. Diese Funktionen sollten auch Scheduling- und Alert-Funktionen beinhalten. Eine Tracking-Funktion sollte diese Prozesse dokumentieren und auch Kommen-tierungen der geteilten Daten ermöglichen.

6.4.1 Führende Plattformanbieter

Jährlich wird von Gartner (2019) der sogenannte „Magic Quadrant for Analytics and Business Intelligence Platforms" erstellt. Dabei werden die neuesten Trends bei Technologien und Lösungen im Vergleich betrachtet. Im Leader-Quadranten befinden sich derzeit Microsoft, Tableau, Qlik und ThoughtSpot. Im Challenger-Quadranten befindet sich MicroStrategy. Im Visionaries-Quadranten sind darüber hinaus Salesforce, Sisense, TIBCO Software, SAS und SAP zu finden. Diese Lösungen werden im Niche-Player-Quadranten noch ergänzt um Looker, Domo, GoodData, BOARD International, Yellowfin, Logi Analytics, Information Builders, Pyramid Analytics, Brist, Oracle und IBM.

Aktuell als führend in dem Technologiesegment der Analytic-Lösungen wird Microsoft betrachtet. Das PowerBI von Microsoft wird mit 61 % vorwiegend für dezentralisierte Analytics und mit 54 % für zentralisierte Analytics genutzt. Als Stärken der Technologie von Microsoft wird der verhältnismäßig geringe Preis pro User betrachtet, der zu einer hohen Akzeptanz beigetragen hat und auch für den gesamten Markt die Kosten je Lizenz nicht weiter explodieren ließ. Ebenfalls als Stärke wird die Benutzerfreundlichkeit auch bei komplexeren Analysen betrachtet. Die Ergänzung der Lösung um automatisiertes Maschinenlernen, welches u. a. Text-, Sentiment-, Bildanalytik und Künstliche Intelligenz beinhaltet, wird besonders auch für Benutzer mit geringeren Data-Science-Kompetenzen als einfach verwendbar eingeschätzt. Einschränkungen der Lösung werden in der Cloud-Nutzung für Infrastructure as a Service (IaaS) gesehen und in der mangelnden Fähigkeit, Dashboards über den PowerBI-Server zu teilen. Nachteilig wird auch die Notwendigkeit wahrgenommen, eine Vielfalt verschiedener Microsoft-Produkte verwenden zu müssen, um gewisse Funktionen zu nutzen, und dass diese Produkte nicht immer eine robuste Analytik ermöglichen, da es Versionsunverträglichkeiten gibt.

Insgesamt wird damit gerechnet, dass die Nutzung der Analytic-Lösungen auch zukünftig weiter deutlich zunimmt. So gaben 64 % der befragten Unternehmen an, die Anzahl ihrer Benutzer steigern zu wollen und viele der Lösungsanbieter berichten über ein zweistelliges Umsatzwachstum von Jahr zu Jahr.

6.4.2 R

Nicht alle Softwareanwendungen erfordern große Investitionen, es gibt sogar kostenlose Open-Source-Lösungen, wie R (R Foundation 2019), die immer beliebter werden und inzwischen sehr verbreitet sind. R ist ein Statistikwerkzeug und gleichzeitig eine Programmiersprache, die in den vergangenen Jahren immer bedeutsamer geworden ist. Die Sprache wurde speziell für statistische Anwendungen entwickelt. Ihre Kernfunktionen liegen in der statistischen Auswertung und der Visualisierung von Daten.

Neben der reinen Funktionalität als Programmiersprache und Statistikpaket beherrscht R inzwischen auch Maschinelles Lernen (überwacht und unüberwacht) sowie Künstliche Intelligenz. Ebenfalls unterstützt wird u. a. Natural Language Processing (NLP) und Text-Mining, also modernste Anwendungen für Business Analytics. Die hohe Akzeptanz dieser neuen Technologie und ihre rasante Weiterentwicklung machen R zu einem realen Herausforderer im Bereich der Business Analytics für die etablierten Plattformanbieter.

■ 6.5 Herausforderungen bei der Einführung und Nutzung von Business Analytics

Was ist bei der Umsetzung zu berücksichtigen? Was sind mögliche Stolperfallen? Was sind bewährte Vorgehensweisen und Erfolgsfaktoren für die Umsetzung?

Die Nutzung von Business Analytics ist – ebenso wie jeder anderen Innovation – immer abhängig von den strategischen Zielen eines Unternehmens und in welchem Ausmaß die Innovation die Erreichung dieser Ziele unterstützen kann. Daher stehen im Kern zunächst die Unternehmensstrategie und die strategischen Ziele (Key Performance Indicators, KPIs), an denen die Zielerreichung gemessen werden kann. Business Analytics kann dann auf Basis von Daten und Informationsmodellen die relevanten Informationen an die relevanten Zielgruppen (Stakeholders) kommunizieren. Durch diesen Prozess, wie er in der World of Business Analytics abgebildet ist, können alle Beteiligten Zielgruppen zur Erreichung der strategischen Ziele bestmöglich beitragen (vgl. Bild 6.6).

Bild 6.6 World of Business Analytics (Heesen 2016)

Zunächst gilt es daher, vor einer Investition in Business Analytics deren Mehrwert für das Unternehmen zu bestimmen, da der erworbene Nutzen den Aufwand rechtfertigen sollte. Wichtig sind eine prozessorientierte Betrachtung und die Einbindung von Business Analytics im täglichen Geschäftsbetrieb in gegebene Prozesse, um diese zu optimieren.

Dies erfordert sowohl entsprechende Fähigkeiten und Know-how der Mitarbeiter von Analysemethoden und Technologien als auch die Verfügbarkeit entsprechender Technik. Es verlangt das Zusammenspiel von Mitarbeitern aus der Fachabteilung, die agil und ad-hoc autark Business Analytics selbst nutzen können, mit Experten in der IT und Personen mit beiden Kompetenzen, um den Dialog dieser beiden Gruppen als Schnittstelle zu unterstützen, Brücken zu bauen, damit die unterschiedlichen Interessen zwischen zentraler und dezentraler Business Analytic reibungslos erfüllt werden.

Im Weiteren ist die Visualisierung der Ergebnisse und Erkenntnisse ein bedeutendes Thema. Visualisierung erleichtert das intuitive Verständnis von Zusammenhängen besser als eine tabellarische Darstellung. Informationsvisualisierung kombiniert die Stärken der interaktiven Datenanalyse mit der menschlichen Fähigkeit, Muster und Trends schnell erfassen zu können. Ein Beispiel für ein Dashboard mit Navigationsfunktion wird in der folgenden Abbildung dargestellt (vgl. Bild 6.7).

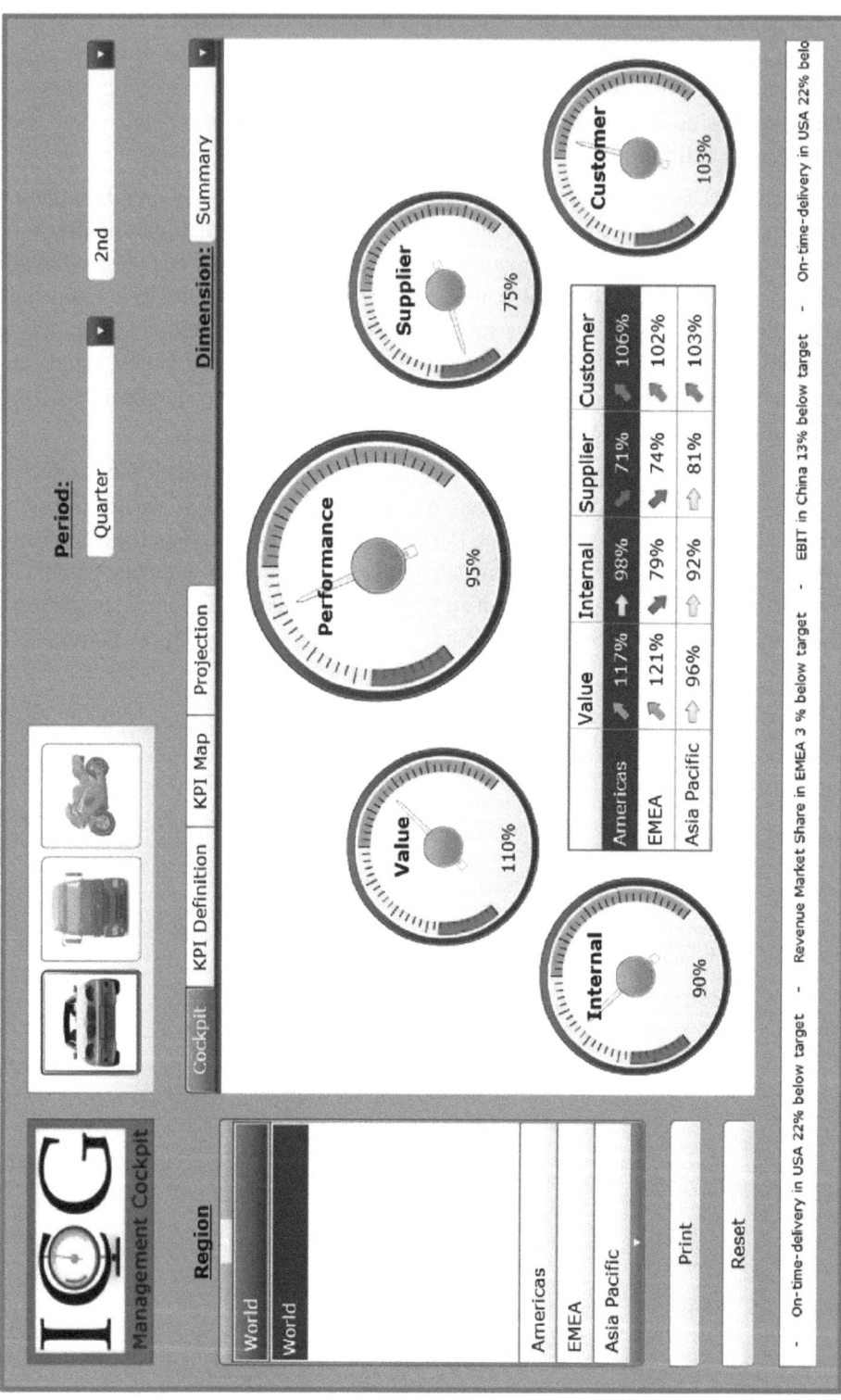

Bild 6.7 Dashboard (Heesen 2016)

6.5.1 Zielkonflikte

Zielkonflikte gibt es immer. Ob und wie viel in die Innovation Business Analytics investiert werden soll, wird sicher von verschiedenen Personenkreisen unterschiedlich beurteilt. Daher geht es zunächst darum, den Wert (Nutzen abzüglich Kosten) für den Einsatz transparent und möglichst nachvollziehbar zu klären und zu dokumentieren. So können die Ziele verschiedener Aktoren dokumentiert werden und Zielkonflikte aufgezeigt und deren Lösung begründet werden. Dies erhöht die Akzeptanz in der Organisation. Wenn dann nach der Einführung auch validiert wird, ob und wo die Einführung zu welchen Kosten und welchem Nutzen beigetragen hat, so wird der Wert für die Organisation dadurch weiter erkennbar.

Erfolgsfaktoren für die Umsetzung und Nutzung von Business Analytics und damit auch zur Vermeidung von Zielkonflikten sind:

- Klare Ausrichtung der Einführung und Nutzung von Business Analytics an der Unternehmensstrategie
- Einbettung der Business Analytics zur Optimierung der Geschäftsprozesse
- Qualifikation der Mitarbeiter, sodass sie sowohl Methoden der Business Analytics kennen und gleichzeitig auch mit der Handhabung der verfügbaren Werkzeuge der Business Analytics vertraut sind und sich wohlfühlen
- Informationsvisualisierung, die optisch ansprechend ist und wesentliche Informationen intuitiv vermittelt und damit die Akzeptanz der Benutzer fördert

6.5.2 Kompetenz in der Nutzung von Business Analytics

Auf welche weiteren Entwicklungen in Zusammenhang mit Business Analytics sollten sich Unternehmen bereits heute einstellen? Nachweislich gibt es zu wenige sogenannte Data-Scientists, die sich mit der Nutzung von Business Analytics, sowohl der Methoden der Statistik als auch des Data-Warehousing und der Anwendungen und Technologien, ausreichend auskennen. Maschinenlernen, Big Data und Data-Science-Kompetenzen sind besonders schwer zu finden und werden sich zu einem Engpass entwickeln (Berry 2019). Adecco (2019) beschreibt, dass ab 2020 Datenanalysten basierend auf Prognosen des World Economic Forum weltweit besonders gesucht sein werden und es zu einem Überhang von Nachfrage über das Angebot dieser Kompetenzen im Arbeitsmarkt kommt. ElementAI (2019) beschreibt eine besondere Problematik für den Kompetenzbereich der Künstlichen Intelligenz.

Datenanalysten besitzen analytische Kompetenzen und eine Affinität zu Mathematik, Statistik und Computer-Programmierung, darüber hinaus aber ebenso Kommunikationskompetenz, denn sie müssen ihre Erkenntnisse sowohl in Worten als auch visuell klar und einfach verständlich mitteilen können.

Gartner (2019) erwartet, dass der Bedarf nach Analytikexperten dreimal so schnell wachsen wird wie der nach allgemeinen IT-Experten und von daher bedarf es bei den Unternehmen einer Veränderung der Rekrutierungs- und Personalentwicklungsstrategie, um diesen wachsenden Bedarf decken zu können.

■ 6.6 Die wichtigsten Punkte in Kürze

- Bei der Innovationsbetrachtung sollte das Augenmerk immer auf dem Wertbeitrag von Business Analytics für die Erreichung der strategischen Ziele im Vordergrund stehen.
- Die konkreten Handlungsfelder umfassen die Bereitstellung eines Business Analytics Frameworks als Infrastruktur für deren Nutzung.
- Die konkreten Maßnahmen sind die Rekrutierung bzw. Personalentwicklung in Hinsicht auf die erforderlichen Kompetenzen, welche für die flächendeckende Nutzung von Business Analytics in allen Funktionsbereichen erforderlich ist.
- Berücksichtigt werden muss immer der Nutzen für die Organisation und gleichzeitig die Akzeptanz aller Beteiligten.
- Think big, start small, act now!

Literatur

Adecco: *Data Analyst, the most in-demand job of the coming years.* URL: https://www.morning future.com/en/article/2018/02/21/data-analyst-data-scientist-big-data-work/235/. Abgerufen am: 10. 4. 2019

Berry, Andy: *Date scientists are in-demand and well paid – so why is there a skills gap?* URL: https://www.computing.co.uk/ctg/opinion/3034263/data-scientists-are-in-demand-and-well-paid-so-why-is-there-a-skills-gap. Abgerufen am: 10. 4. 2019

Bibliographisches Institut: *Duden.* URL: https://www.duden.de/rechtschreibung/Intelligenz. Abgerufen am: 15. 8. 2019

Bundesregierung: *Wie uns Künstliche Intelligenz hilft.* Wedel, Krögers, 2019

Computer History Museum: *Moore's Law predicts the future of integrated circuits.* URL: https://www.computerhistory.org/siliconengine/moores-law-predicts-the-future-of-integrated-circuits/. Abgerufen am: 15. 8. 2019

DFKI: *Fühler im Netz 2.0 – KI für die Energiewende.* URL: https://www.dfki.de/web/news/detail/News/fuehler-im-netz-2-0/. Abgerufen am: 20. 8. 2019

Dorschel, Joachim: *Praxishandbuch Big Data: Wirtschaft, Recht, Technik.* Wiesbaden, Springer Gabler 2015

ElementAI: *The global AI talent pool going into 2018.* URL: https://www.elementai.com/news/2018/the-global-ai-talent-pool-going-into-2018. Abgerufen am: 21. 8. 2019

Gardner, Howard: *Intelligenzen: Die Vielfalt des menschlichen Geistes.* Stuttgart, Klett-Cotta 2013

Gartner: *Magic Quadrant for Analytics and Business Intelligence Platforms.* URL: https://www.gartner.com/doc/reprints?id=1-3TXXSLV&ct=170221&st=sb&mkt_tok=eyJpIjoiWm1SbE1qWTVORGxoTXpObSIsInQiOiJlUzBiOVFoWVFpUnM5S01tQVwvZnNabmxlQjFZRWZ4Q1UyYmtHVk1JTHZRTzVnQU5ZaWI2RVlWQXlssTFVobFFBUG15S2NNNcUhDOGkrczN5NEZjR3JRQWRKTmd5YVFPSDExSlQxUl NyVEFuKzVRRmJIJIUm9BVTRlcHUxaklYczlVcFNsV0x2SHdFdzVCdWZ5ckpiZ29tWGFFRPT0ifQ%3D%3D. Abgerufen am: 19.8.2019

Gierow, Hauke: *Mit Machine Learning auf Nummer sicher gehen: Warum IT-Sicherheitslösungen heutzu-tage Machine Learning (ML) brauchen.* URL: https://www.it-zoom.de/it-director/e/mit-machine-learning-auf-nummer-sicher-gehen-23678/. Abgerufen am: 21.8.2019

Heesen, Bernd: *Big Data Analytics: Revolutionizing strategy execution.* Nürnberg, Prescient 2016

Hertweck, Dieter & Kinitzki, Martin: *Datenorientierung statt Bauchentscheidung: Führungs- und Organi-sationskultur in der datenorientierten Unternehmung.* In: Dorschel, Joachim: Praxishandbuch Big Data: Wirtschaft, Recht, Technik. Wiesbaden, Springer Gabler 2015, S. 19 – 20

IDC: *Data Age 2025: The digitization of the world from edge to core.* URL: https://www.seagate.com/files/www-content/our-story/trends/files/idc-seagate-dataage-whitepaper.pdf. Abgerufen am: 19.8.2019

Marr, Bernhard: *How Much Data Do We Create Every Day? The Mind-Blowing Stats Everyone Should Read.* URL: https://www.forbes.com/sites/bernardmarr/2018/05/21/how-much-data-do-we-create-every-day-the-mind-blowing-stats-everyone-should-read/#463d226260ba. Abgerufen am: 15.8.2019

Mueller, John Paul & Massaron, Luca: *Artificial Intelligence for dummies.* Hoboken, John Wiley & Sons 2018

R Foundation: *What is R?* URL: https://www.r-project.org/about.html. Abgerufen am: 20.8.2019

Rittershaus, Axel: Was sie zum Thema KI wissen müssen. URL: https://www.computerwoche.de/a/was-sie-zum-thema-ki-wissen-muessen,3544140. Abgerufen am: 20.8.2019

Shaer, Matthew: *Is this the future of robotic legs?* URL: https://www.smithsonianmag.com/innovation/future-robotic-legs-180953040/. Abgerufen am: 20.8.2019

TheySay: *TheySay PreCeive RST API Demo.* URL: https://apidemo.theysay.io/. Abgerufen am: 21.8.2019

VFR Verlag für Rechtsjournalismus: *Datenschutz im Unternehmen: Was müssen nicht öffentliche Stellen beachten?* URL: https://www.datenschutz.org/unternehmen/. Abgerufen am: 21.8.2019

7 Sprachassistenten und Chatbots – mit dem Computer reden

René Peinl

Sprachsteuerung wurde mit Siri populär und ist dank Alexa dabei, unseren Alltag weiter zu vereinfachen. Sprachassistenten und Chatbots können aber auch in Unternehmen selbst oder in der Kommunikation mit deren Kunden gewinnbringend eingesetzt werden. Dank Künstlicher Intelligenz wird die Qualität solcher Lösungen immer besser. Man sollte jedoch nicht den Versuchungen einer schnellen Cloud-Lösung erliegen, bei der der Datenschutz auf der Strecke bleibt.

In diesem Beitrag erfahren Sie,

- welche Varianten von Sprachassistenten zur Verfügung stehen,
- welche Fallstricke bei der Implementierung eigener Sprachtechnologie zu beachten sind,
- welche Chancen und Risiken sich für Unternehmen durch Sprachsteuerung bieten.

■ 7.1 Einleitung

Es ist ein lang gehegter Traum der Menschen, mit dem Computer zu reden und natürlichsprachige Antworten auf Fragen zu bekommen. Ein digitaler Assistent, der ähnlich einem menschlichen Assistenten auf Zuruf jederzeit bereitsteht, im besten Fall selbstständig mitdenkt und Wünsche schon vorausahnt. Egal ob der „Computer" in Star Trek, K.I.T.T in Knight Rider oder J.A.R.V.I.S. in Ironman: Es gibt viele Beispiele für solche sprachgestützten Assistenten in (Science-Fiction-)Filmen. Aber wie soll das in Unternehmen funktionieren? Braucht jetzt jeder ein Einzelbüro, damit er mit seinem PC reden kann? Oder Ohrstöpsel und Kehlkopfmikrofon? Kann man die Support-Mitarbeiter entlassen, weil der First-Level-Support ab sofort von einem Chatbot oder Sprachassistenten übernommen wird?

Fakt ist, dass eine Menge hochkomplexer Herausforderungen gelöst werden müssen, bevor ein digitaler Sprachassistent gut funktionieren kann: Übersetzen der Sprachanweisungen in Text (Speech to Text, STT), Analysieren des Texts mit Methoden des Natural Language Processing (NLP) wie Named Entity Recognition (NER) zum Erkennen von Personen, Unternehmen, Orten, Zeitangaben und ähnlichem oder Part-of-Speech-Tagging (POS) zum Erkennen der Satzzusammenhänge (Subjekt-Prädikat-Objekt), sowie Erkennen des Benutzerwunsches (Intent) aus den so gewonnenen Daten. Das Beantworten der Frage mutet demgegenüber schon fast einfach an, zumindest wenn man eine semantische Wissensbasis als Grundlage hat. Dann gilt es „nur noch" mittels Inferenz die richtigen Fakten aus der Wissensdatenbank zu extrahieren, in normale Sprache zu überführen und mittels Sprachausgabe (Text to Speech, TTS) an den Benutzer zu übermitteln.

Also alles noch Zukunftsmusik und weiterhin Science-Fiction? Keineswegs! Dank erheblicher Fortschritte in mehreren der genannten Herausforderungen, die insbesondere auf der Grundlage tiefer neuronaler Netze möglich wurden, gibt es heute schon sehr gute Lösungen für überschaubare Problemdomänen. Erst im Juli 2019 wurde dem Google Assistant bescheinigt, dass er 100 % der 800 Testfragen aus den Bereichen Navigation, Einkauf und Infotainment richtig erkannt und immerhin fast 93 % davon richtig beantwortet hat (Bastian 2019).

Beispiele

- Ortskenntnis: „Wo ist das nächste Café?"
- Einkauf: „Bestelle mir Papiertücher."
- Navigation: „Wie komme ich mit dem Bus in die Innenstadt?"
- Information: „Was läuft im Kino?"
- Befehle: „Erinnere mich an ein Telefonat mit Peter."

Man muss allerdings auch wirklich alle notwendigen Schritte im Griff haben, um Fehler aus früheren Schritten durch domänenspezifische Korrekturen in den folgenden Schritten korrigieren zu können. Sonst führen die 5 – 10 % Fehlerquote pro Schritt schnell zu unbrauchbaren Ergebnissen. Doch was genau ist denn ein Sprachassistent?

■ 7.2 Digitale Sprachassistenten

Wie so häufig gibt es eine Reihe verschiedener Begriffe die für eine Technologie bzw. einen Trend stehen, aber unterschiedliche Aspekte davon betonen. Von digitalen Sprachassistenten, Conversational User Interfaces oder auch Chatbots hört und liest man (Dale 2016). Allen ist gemein, dass man ein Ergebnis erzielt, indem man mit der Maschine in eine Art Dialog einsteigt und natürlichsprachig kommuniziert.

7.2.1 Historie der Sprachassistenten

Der Markt für digitale Sprachassistenten wurde in der jüngeren Vergangenheit zunächst von Apple durch deren zugekauftes Produkt Siri und dessen Vorstellung im Oktober 2011 ins Interesse einer breiteren Öffentlichkeit gerückt. Google zog mit Google Now (später Google Assistant) 2012 nach und brachte ausgehend von sprachgesteuerter Suche nach und nach weitere Funktionen auf den Markt. Samsungs S Voice sowie der spätere, vom Siri-Entwickler Dag Kittlaus entwickelte Sprachassistent Bixby spielen zumindest im europäischen Markt noch keine große Rolle. Die genannten Assistenten waren zwar durchaus beliebt (Siri verarbeitete im Juni 2015 pro Woche 1 Mrd. Anfragen (Sentance 2016), waren jedoch auf das Smartphone beschränkt und nicht erweiterbar.

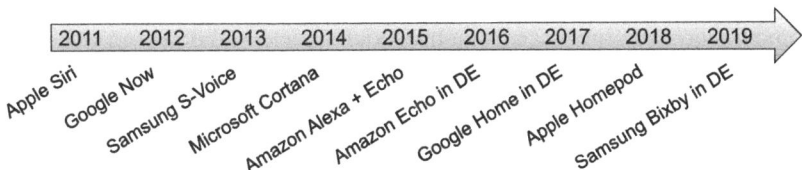

Bild 7.1 Zeitstrahl mit wichtigen Daten zu Sprachassistenten

Beides änderte sich fundamental, als Amazon im Juni 2015 seinen Sprachassistenten Alexa vorstellte, der nicht auf dem Smartphone, sondern auf einer neuen Kategorie von Gerät namens Smart Speaker lief (vgl. Bild 7.1). Smart Speaker kann man kurz als Lautsprecher mit Fernfeldmikrofonen und eingebautem Mini-PC beschreiben. In Deutschland ist dieser Amazon Echo getaufte Smart Speaker seit Oktober 2016 zu haben und besitzt eine deutsche Spracherkennung. Kurz darauf erschien in den USA der englischsprachige Smart Speaker Google Home, der seit August 2017 in deutscher Version zu kaufen ist. Während der von Microsoft entwickelte Speech-to-Text-Dienst in der Cloud einen guten Ruf hat und zusammen mit Google und anderen als führend eingestuft wird (MarketWatch 2018), kann der darauf aufbauende Sprachassistent Cortana samt seinen von Drittanbietern bereitgestellten Smart Speakern (z. B. Harman Kardon Invoke) kaum Marktanteile für sich verbuchen. Einige Automobilhersteller (z. B. BMW, Nissan) sind jedoch strategische Partnerschaften mit Microsoft eingegangen, um Sprachsteuerung im Auto anzubieten (Warren 2017). Von Amazon gibt es inzwischen schon Dutzende Integrationen in Drittprodukte. Der ehemalige Vorreiter Apple hat den Einstieg ins Smart-Speaker-Geschäft erst spät geschafft (Februar 2018 in USA bzw. Juni 2018 in Deutschland) und mit Verzögerungen kämpfen müssen. Aufgrund der Marktmacht und der treuen Gefolgschaft ist jedoch davon auszugehen, dass sich Apple in Zukunft bis zu 10 % Marktanteile sichern können wird (Kinsella 2018). In China (z. B. Baidu, Xiaomi) und anderen asiatischen Ländern gibt es weitere Sprachassistenten, die nicht in Europa verfügbar sind und auf die nicht weiter eingegangen wird.

Der Erfolg der Produkte lässt sich auch an der Anzahl von Skills ablesen, die für das jeweilige Gerät von Dritten entwickelt wurden. Skills sind analog den Apps auf dem Smartphone zu verstehen. Wie der AppStore einen großen Teil zur Popularität des iPhone beigetragen hat, sind auch Skills ein wichtiger Aspekt für den Erfolg von Smart Speakern. Während Amazon im Januar 2018 schon 25 000 Skills in den USA und selbst in Deutschland schon 3100 vorweisen konnte, hatte Google insgesamt gerade einmal 1700 und Microsoft sogar nur 235 Skills (Mutchler 2018).

Nicht vergessen werden sollte IBM, die mit Watson eigentlich mal Vorreiter waren, als sie 2011 Jeopardy gewannen (Markoff 2011). Anschließend vermarktete IBM Watson aber ausschließlich im Unternehmensumfeld statt als Consumer-Produkt. Diese Rechnung schien eine Zeitlang aufzugehen, da viele namhafte Firmen Projekte mit Watson starteten. Inzwischen mehren sich aber die Meldungen über gescheiterte Testphasen und eingestellte Projekte (Prange 2017).

7.2.2 Conversational User Interface – von der GUI zum VUI

Conversational User Interface oder auch Voice User Interface (VUI) bezeichnet dagegen den übergreifenden Trend, Computerprogramme mit Spracheingabe statt Maus oder Touch zu bedienen (Hura 2008).

 Dies manifestiert sich z. B. in sprachgesteuerten Suchanfragen am Smartphone, Sprachanweisungen an das Navigationssystem im Auto oder auch die Sprachsteuerung im Smart Home.

Die Touch-Bedienung im Smartphone hat die Interaktion zwischen Mensch und Maschine deutlich intuitiver gemacht und einer großen Gruppe weniger technikaffiner Menschen damit den Zugang zu digitaler Technik ermöglicht. Sprachsteuerung mit natürlicher Sprache hat das Potenzial, noch einen Schritt weiter zu gehen und den Umgang weiter zu vereinfachen. Sie wird andere Eingabeformen vermutlich nicht vollständig ersetzen, aber eine wertvolle Ergänzung zu etablierten Methoden werden. Und so wie es in der Vergangenheit andere neue Eingabeformen zu Beginn schwer hatten, gibt es auch heute eine Reihe von Menschen, die es merkwürdig finden, mit dem PC zu sprechen. „Mice are nice ideas, but of dubious value for business users" (George Vinall, PC Week, 24.04.1984). „There is no evidence that people want to use these things" (John C. Dvorak, San Francisco Examiner, 19.02.1984). Das sind zwei Beispiele für die Ablehnung, die Computermäusen in den 1980ern entgegenschlug. Genauso wird heute Sprachsteuerung von vielen skeptisch gesehen und es fehlt für viele die „Killeranwendung", die durch Sprachsteuerung revolutioniert oder überhaupt erst ermöglicht wird. Nichtsdestotrotz wird Sprachsuche von vielen mobilen Nutzern bevorzugt genutzt (Malik 2019) und Smart Speaker verkaufen sich in den USA und anderen Ländern sehr gut. In vielen Anwendungsfällen ist Sprache einfach wesentlich direkter und einfacher als alles andere.

> Will man im Smart Home das Licht dimmen, ohne von der Couch aufzustehen, bedeutet das bisher:
> ① Handy aus Hosentasche → ② Entsperren → ③ App suchen → ④ App starten → ⑤ Dimmen
> Mit einem Sprachassistenten im Smart Speaker vereinfacht sich das Ganze zu:
> „Alexa / Cortana / Ok Google / Siri, dimme das Licht auf 50 %."

7.2.3 Chatbots – die Nur-Text-Variante

Während digitale Sprachassistenten von den großen US-Konzernen dominiert werden, sind Chatbots auch außerhalb der großen Plattformen in Websites zu finden. Sie setzen direkt auf der Textebene an und umgehen damit das Problem der Spracherkennung (TTS) und Sprachausgabe (STT). Sie werden häufig auf Websites im E-Commerce eingesetzt, um die Kundennähe und Interaktivität zu erhöhen. Durch die Weitergabe von Fragen, die vom Chatbot nicht beantwortet werden können, an Mitarbeiter des Unternehmens wird ein weiteres Problem umgangen, das Sprachassistenten haben. Für eine eng abgegrenzte Problemstellung wie Hilfestellung bei der eigenen Website und durch diese beiden Vereinfachungen können Chatbots sehr gute Ergebnisse erzielen, wenn sie sorgfältig entwickelt wurden. Darüber hinaus ist jedoch auch bei Chatbots ein Großteil der Anwendungen auf den großen Plattformen von Facebook, WeChat, Skype und Telegram zu finden. Aber auch auf spezialisierteren Plattformen wie Slack, Github oder LinkedIn sind Chatbots beheimatet. Das Interessante an Chatbots als Teil dieser Plattformen ist, dass man sie in normale Unterhaltungen zwischen Menschen einbinden kann. Dadurch fungieren sie als eine Art Plug-in-System für Messaging-Apps und können sie um Funktionalitäten erweitern, z. B. um eine Umfrage direkt innerhalb einer Gruppenunterhaltung durchzuführen oder einen Wikipedia-Artikel zu teilen, ohne erst in den Browser wechseln zu müssen. Es gibt Chatbots, die ähnlich einem Menschen zur Kontaktliste hinzugefügt werden müssen, um mit ihnen zu interagieren und andere, die ohne „Installation" direkt in Unterhaltungen eingebunden werden können, z. B. mittels „@botname Kommando" in Telegram.

 Wenn Sie mit Ihren Freunden chatten und beschließen, sich am Wochenende zu einer Party zu verabreden, könnten Sie zunächst eine Abstimmung direkt im Gruppenchat durchführen, um den Ort der Party festzulegen, und anschließend einen Einkaufszettel-Chatbot mit in den Gruppenchat aufnehmen, um eine Einkaufsliste anzulegen, damit alle wissen, was mitgebracht werden muss.

Die meisten Chatbots in Messaging-Plattformen verarbeiten dabei keine Freitextangaben, sondern nur eine sehr begrenzte Auswahl an Kommandos. Zusätzlich blenden sie für Rückfragen häufig vorgefertigte Möglichkeiten ein, mit denen der Benutzer antworten kann. Insofern ähneln sie eher einem Telefonautomaten, bei dem man einzelne Wörter sagen oder Tasten drücken muss, oder können auch als Variante des „Wizard"-Entwurfsmuster in Computerprogrammen verstanden werden. Trotzdem können auch diese einfachen Bots sehr hilfreich sein, z. B. für verteilte Entwicklungsteams, die sich über Slack abstimmen und mittels Chatbots direkten Zugriff auf Github, Jira, Jenkins, Nagios und andere Entwicklertools direkt aus dem Gruppenchat heraus erhalten. Das erhöht die Produktivität und macht es unnötig, zwischen verschiedenen Anwendungen zu wechseln. Damit werden Messaging-Plattformen nach Browsern und E-Mail-Clients die nächste Universalanwendung, innerhalb der verschiedenste Funktionen ausgeführt werden können.

7.2.4 Weitere Begriffe

Auch die Marktforschungsunternehmen Forrester und Gartner beschäftigen sich mit dem hier diskutierten Trend. Forrester veröffentlichte dazu mehrere Berichte, z. B. zu Conversational AI für Customer Service (Jacobs 2019), Standalone Chatbots for IT Operations und Conversational Computing Platforms. *Conversational AI* betont den Aspekt der Künstlichen Intelligenz als Basis für Dialogsysteme. Echte Dialoge sind nach heutigem Stand der Technik immer noch rar. Häufig handelt es sich um vorgedachte Fragen und Erwiderungen, die einem wenig flexiblen Schema folgen. Obwohl maschinelle Lernverfahren in vielen Aspekten der Conversational AI stecken und damit der Begriff Künstliche Intelligenz in gewisser Weise gerechtfertigt ist, bleibt die eigentliche Dialogsteuerung meist davon ausgenommen. Forrester selbst verwendet als Kriterium für Conversational AI das selbstständige Lernen durch „Erfahrung", um die natürlichsprachigen Eingaben der Benutzer zu verstehen und die dahinterstehende Intention zu erkennen. IPsoft, [24]7.ai und der Spracherkennungsveteran Nuance werden als führende Anbieter solcher Systeme identifiziert (Jacobs 2019). Es bleibt aber unklar, wie genau die getesteten Systeme dieses Kriterium erfüllen.

Gartner führt in seinem Hype Cycle für emergente Technologien 2018 *virtuelle Assistenten* kurz nach der Spitze überzogener Erwartungen an und *Conversational AI Platforms* auf gutem Weg an die Spitze (Panetta 2018). Auch die dafür notwendigen Basistechnologien *tiefe neuronale Netze* und *Knowledge Graphs* sind dort vertreten. Als Zeithorizont bis zur Etablierung in Unternehmen nennt Gartner zwei bis fünf Jahre ab 2018. Es ist also höchste Zeit, sich mit dem Trend auseinanderzusetzen und ggf. erste Projekte anzustoßen.

■ 7.3 Einsatzfelder und Anwendungspotenziale

So wie viele Trends der letzten Jahre werden auch Sprachtechnologien bisher hauptsächlich im Consumer-Umfeld genutzt. Als Geschäftsanwender sollte man aber nicht mehr den Fehler machen, solche Technologien deshalb als „Spielzeug" und geschäftsuntauglich einzustufen. Spätestens seit dem Erfolg des Smartphones im Unternehmensumfeld sollte klar sein, dass Mitarbeiter dankbar sind bzw. es früher oder später sogar einfordern, dass aus dem Privatleben liebgewonnene Werkzeuge auch im Unternehmensalltag eingesetzt werden dürfen (Consumerization of IT, Harris et al. 2012).

7.3.1 Einbinden eigener Produkte ins Smart Home der Kunden

Als Anbieter von Smart-Home-Produkten kann man entweder versuchen, ein eigenes Ökosystem zu etablieren, oder sich in die bestehenden Allianzen und Ökosysteme integrieren. Da gibt es z.B. das in Deutschland etablierte Angebot qivicon (Deutsche Telekom, EnBW, Miele, EQ-3), die Z-Wave-Allianz, KNX, Loxone oder Mediola. Sie alle kommen mit einer Liste unterstützter Netzwerkprotokolle für das Smart Home und sind herstellerübergreifend mit verschiedenen gängigen Produkten kompatibel, z.B. den vernetzten Lautsprechern von Sonos, den Lampen von Phillips Hue oder der Wetterstation von Netatmo. Trotzdem bleiben eine Menge anderer Smart-Home-Produkte, die nicht kompatibel sind. Die Smart Speaker von

Amazon und Google haben im Gegensatz dazu eine sehr breite Unterstützung von Smart-Home-Geräten und sind dadurch zu einer Art Integrationsschicht geworden. Bietet man eigene Smart-Home-Produkte an, so ist die Unterstützung mindestens eines Smart Speakers schon fast Pflicht. Bietet man Skills für Amazon Alexa und Google Home, so kann das einen Wettbewerbsvorteil gegenüber den Marktbegleitern darstellen. Integriert man sich mittels HomeKit-Kompatibilität in die Apple-Welt, so kann man auf zahlungsbereite Kundschaft aus dem Apfel-Lager hoffen, muss sich aber auch auf deren hohe Anforderungen an Benutzerfreundlichkeit und Design gefasst machen.

Für die technische Umsetzung stellen die Hersteller Webportale und SDKs bereit, mit denen in kurzer Zeit ein einfacher Skill geschrieben ist. Am schnellsten geht es, wenn man den nötigen Code direkt auf der Cloud-Plattform der Anbieter hostet. Da die Daten sowieso zwingend durch die Server des Anbieters laufen ergibt sich kein Nachteil, wenn man auch deren Function-as-a-Service-Angebot mitbenutzt. Das Vorgehen, um einen Skill für Amazon Alexa zu erstellen, ist sehr ähnlich, wie im nächsten Abschnitt für den Google Assistant beschrieben. Im einfachsten Fall gibt man ein paar Dutzend Beispielsätze ein, definiert Slots (das sind eine Art Variablen oder Platzhalter innerhalb eines Satzes) und bekommt eine entsprechende JSON-Datenstruktur als Parameter an die Methode übergeben, die aufgerufen wird, wenn der Benutzer den Skill benutzen will. Im eigenen Code muss man sich dann typischerweise nicht mehr groß mit dem Parsen der Benutzereingabe herumschlagen, sondern liest einfach die Variablen aus, macht daraus eine Datenbankabfrage und formt das Ergebnis in einen natürlichsprachigen Satz als Benutzerausgabe um. Selbst wenn man das zum ersten Mal macht, bekommt man einfache Skills in einer einstelligen Stundenanzahl hin. Komplexere Anwendungen brauchen natürlich trotzdem mehr Zeit.

7.3.2 Erweitern von Smartphone-Sprachassistenten

Auch die Sprachassistenten auf dem Smartphone können mittlerweile erweitert werden. Google nennt das Actions und Apple bietet SiriKit, mit dem man Erweiterungen für Siri schreiben kann. Selbst für Bixby, den Sprachassistenten von Samsung, kann man mittlerweile Erweiterungen entwickeln, sogenannte Capsules. Alexa lässt sich ebenfalls auf dem Smartphone nutzen, ist aber im Gegensatz zu ihrer Dominanz im Smart Home eher eine Randerscheinung. Cortana wird von Microsoft inzwischen eher als Ergänzung zu Google Assistant und Siri, denn als Konkurrenz gesehen. Im Folgenden sollen die Möglichkeiten anhand von Google Assistant erläutert werden (Google 2019).

Prinzipiell können Websites und Android-Apps um Actions erweitert oder Actions von Grund auf neu erstellt werden. Für Letzteres bietet Google Vorlagen, um Smart-

Home-Geräte zu steuern, How-To-Guides, Flash-Cards oder diverse Arten von Spielen und Quizzes zu erstellen. Will man etwas ganz anderes tun, so kann man Actions auch komplett frei ohne Vorlage erstellen. Auch im letzten Fall bekommt man noch Hilfestellung von Google, indem man Codebausteine bzw. Bibliotheksfunktionen nutzen kann, um z. B. Finanztransaktionen direkt per Sprache abzuwickeln oder besonders natürlich ausgesprochene Antworten mittels SSML (Speech Synthesis Markup Language) zu erzielen. Auch für Smart Speaker mit Display wie den neuen Google Nest Hub gibt es Unterstützung, sodass man mit geringem Aufwand Ergebnisse neben der Sprachausgabe auch mit HTML, CSS und JavaScript anzeigen kann. Den Kern der Action unterstützt Google mit Dialogflow (Imrie-Situnayake 2018), einem Framework, das die Erkennung der Intention des Benutzers, Named Entity Recognition, und Dialogmanagement bietet. Bei der Erkennung der Intention nutzt Google maschinelle Lernverfahren, um aus wenigen vom Entwickler bereitgestellten Beispielen für eine Intention viele weitere Sätze mit ähnlicher Bedeutung zu erkennen. Dazu wird ein tiefes neuronales Netz verwendet, das bereits mit einer großen Menge Text vortrainiert ist. Es scheint damit deutlich über die Möglichkeiten hinauszugehen, die Alexa mit seinem Skills-Kit anbietet und nach den Erfahrungen des Autors nur wenige Abweichungen von den selbst definierten Beispielsätzen erlaubt. Der nächste Schritt besteht darin, die Details des Benutzerwunsches zu erkennen. Dazu verfügt Dialogflow über NER, ähnlich wie die anderen großen Anbieter. Neben vordefinierten Entity-Typen wie Datumswerten, Orten, Farben und Zahlen mit Einheit (z. B. Währung) kann der Entwickler eigene Entity-Typen definieren und mittels einer Liste von Werten dem System bekannt machen. Amazon nennt das Slots. Auch beim schwierigsten Teil, dem Dialogmanagement, hilft das System. Es unterscheidet zwischen linearen und nichtlinearen Dialogen und kann sogar damit umgehen, wenn der Benutzer sich zwischendurch umentscheidet. Im einfachsten Fall definiert der Entwickler nur die nötigen Informationen für die Durchführung einer Action und das System fragt selbstständig die fehlenden Teile ab.

Will man z. B. eine Action für ein Hotel erstellen, so könnte der Benutzer nach einer bestimmten Ausstattung des Hotels fragen, die Adresse haben wollen oder ein Zimmer buchen. Für die Buchung sind Anreisedatum, Abreisedatum bzw. Dauer des Aufenthalts und die Zimmerkategorie nötig. Optional können Zusatzwünsche wie Frühstück oder Parkplatz erfasst werden. Der Name des Buchenden lässt sich über das System abfragen. Der Entwickler markiert also die drei notwendigen Informationen und das System stellt sicher, dass alle Informationen da sind. Sagt der Benutzer: „Ich würde gerne ein Einzelzimmer vom fünften bis zum siebten August buchen", so liegen schon alle nötigen Daten vor. Sagt er nur Zimmer statt Einzelzimmer, so würde das System automatisch nachfragen, ob er ein Einzelzimmer, Doppelzimmer oder eine Suite haben möchte.

Nichtlineare Dialoge sind bei Google solche, die Informationen zu verschiedenen Aspekten sammeln und es daher für das Verständnis von Antworten nötig ist, den Kontext zu berücksichtigen. Was für uns Menschen ganz natürlich erscheint, ist für den Computer nicht selbstverständlich. Fragt der Sprachassistent, ob der Benutzer einen Parkplatz benötigt, so bedeutet ein Ja etwas anderes, als wenn nach dem Frühstück gefragt wird. Dazu kann der Benutzer den Kontext formal definieren und Google ordnet die Antworten dann entsprechend zu, sodass das System richtig reagieren kann.

All das wird für den Entwickler vergleichsweise einfach über eine Website eingerichtet. Er muss nur wenig Code schreiben, den er entweder direkt beim Cloud-Anbieter laufen lassen kann (bei Google Cloud Functions, bei Amazon AWS Lambda, allgemein Function-as-a Service, FaaS) oder in einem eigenen Webserver. Als Eingabe für die Funktion, die vom Anbieter des Sprachassistenten aufgerufen wird, dient ein JSON-(JavaScript Object Notation)-Objekt, welches die Benutzereingabe sowie die erkannten Intents, Entities und den Kontext enthält. Der eigene Code kann darauf reagieren und eine entsprechende Antwort oder Rückfrage ebenfalls in JSON-Form an den Sprachassistenten zurückgeben. Google nennt das Fulfillment.

7.3.3 Sprachassistenten im eigenen Unternehmen

Nicht nur für Kunden, sondern auch für die Nutzung im eigenen Unternehmen können Sprachassistenten hilfreich sein. Insbesondere für Arbeiten, bei denen die Mitarbeiter die Hände nicht frei haben, kann eine Sprachsteuerung gute Dienste leisten, sei es in der (innerbetrieblichen) Logistik, zur Unterstützung von Wartungs- und Reparaturteams oder zum unterstützten Ausfüllen von Formularen, bei denen der Sprachassistent die natürlichsprachigen Eingaben in die Bestandteile zerlegt und in die entsprechenden Formularfelder einfügt. Damit lassen sich z.B. Reisekostenabrechnungen sehr effektiv für den Mitarbeiter erledigen. Diese Anwendung stellt eine Form der Robotic Process Automation dar (Anagnoste 2017). Dank neuer Mechanismen zur Texterstellung ist es sogar möglich, Berichte mit Freitext durch Eingabe einiger Stichwörter und Teilsätze von einem Sprachassistenten generieren zu lassen und dadurch gleich eine gewisse Form von Vereinheitlichung zu erzielen. Die Ergebnisse die mit GPT-2 (Möbus 2019), Grover (Schreiner 2019a), Crokage (Nickel 2019) oder zuletzt Megatron (Schreiner 2019b) erzielt werden, sind absolut unternehmenstauglich.

Dies ist der bisher am wenigsten entwickelte Anwendungskontext, da Unternehmen mit Recht skeptisch sind, kritische Unternehmensinterna per Sprachbefehl an eine Cloud-Plattform zu senden (siehe Abschnitt 7.4), und daher die bekannten Plattformen wenig dafür genutzt werden. Von den großen Cloud-Anbietern wird scheinbar IBM mit seinem Fokus auf Unternehmenslösungen noch am ehesten vertraut und von Forrester folglich als führend in diesem Sektor angesehen (Koplowitz und Facemire 2018). Will man keine Cloud-Lösung, so bleiben bei Forrester nur der Spracherkennungsveteran Nuance, dessen Lösungen seit längerem erfolgreich in Call Centern angewendet werden, und der Newcomer rulai. Die Stärken von Nuance sieht Forrester bei komplexen Dialogen und dem guten Kundendienst, weist aber gleichzeitig auf Schwächen bei der Integration in Datenquellen des Unternehmens hin. Rulai wird auch bei Gartner als „Cool Vendor in AI for Conversational Platforms" eingestuft (Wong u. a. 2018) und kann gleichermaßen on premise installiert und für komplexe Dialoge genutzt werden. Forrester bemängelt, dass sie sich ganz auf Dialoge konzentrieren und keine umfassende KI-Plattform bieten. Das kann aus Sicht des Autors aber auch ein Vorteil sein.

Alternativ kann man auch auf Open-Source-Bausteine setzen. Diese liegen in guter Qualität vor, z. B. die Spracherkennung von Kaldi oder Mozilla Deep Speech, Natural Language Processing mit spaCY oder Rasa und Sprachausgabe mittels Merlin oder CMU Festival. Es fehlt jedoch an bestehender Integration, sodass es viel Handarbeit erfordert, bevor man sich dem eigentlichen Business Case widmen kann. Der Smart-Home-Assistent mycroft und das etwas breiter aufgestellte Angebot von snips.ai zeigen jedoch, dass man qualitativ gute Ergebnisse damit erzielen kann. Auf Deutsch funktioniert es derzeit aber noch schlechter als auf Englisch, weil es deutlich mehr frei verfügbare Trainingsdaten in englischer als in deutscher Sprache gibt. Nutzt man jedoch vortrainierte Modelle (z. B. vom Zamia-Speech-Projekt, Bartsch o. J.) und ergänzt sie um eigene Sprachdaten zum Training, so ist es trotz allem mit vertretbarem Aufwand möglich, eigene gute Sprachanwendungen aus Open-Source-Komponenten aufzubauen.

7.3.4 Sprachassistenten im E-Commerce

Sowohl per Spracheingabe (z. B. über Smart Speaker) als auch über Textnachrichten (z. B. in Chatbots im Facebook Messenger) können Produkte gekauft oder deren Kauf angebahnt werden (Kraus u. a. 2019). Insbesondere Amazon und Facebook haben ein großes Interesse daran, solchen Conversational Commerce anzukurbeln (und kräftig daran mitzuverdienen). Amazon kämpft dabei in Deutschland immer wieder gegen die Verbraucherschutzbehörden und hat vor Gericht im Zusammenhang mit den Dash-Buttons empfindliche Schlappen eingefahren, weil die Preise vor dem Kauf nicht transparent waren. Der Einkauf über Alexa scheint jedoch juristisch einwandfrei, da der aktuelle Preis vor dem Kauf bekanntgegeben wird und der Kunde noch einmal explizit bestätigen muss (Sarisakal 2018). Seit dem Debakel mit den Massenkäufen durch Alexa in den USA, das durch einen Nachrichtensprecher ausgelöst wurde, hat Amazon hier auch nachgebessert und die Möglichkeit geschaffen, zusätzlich noch einen PIN-Code zu vergeben, um Spracheinkäufe besser gegen Versehen und Missbrauch zu schützen. Für Unternehmen ist es angenehm, wenn deren Produkte über diese Funktion gekauft werden. Die Markentreue wird künstlich gestärkt, weil Amazon einfach die in der Vergangenheit am häufigsten gekauften Produkte aus der angefragten Kategorie anbietet.

Sagt man also „Alexa, kaufe mir Rasierschaum", so überprüft Amazon die Bestellhistorie. Finden sich dort 3x Produkt A von Anbieter X und 1x Produkt B von Anbieter Y, dann wird Produkt A angeboten. Alexa sagt dann etwas in der Art von: „Möchtest Du Rasierschaum <Produkt A> von <Anbieter X> zum Preis von 8,95 € kaufen?". Bestätigt der Benutzer, dann bekommt er eine Bestellbestätigung per EMail, was als angenommener Kaufvertrag gilt, wenn man nicht fristgerecht widerspricht.

Aktiv herbeiführen kann man es aber nicht, dass eigene Produkte per Spracheinkauf gekauft werden. Daher sind Chatbots hier für Unternehmen vermutlich interessanter.

7.3.5 Chatbots im E-Commerce

Während es bei Amazons Smart Speakern hauptsächlich darum geht, die Hürde zum Kauf eines Produkts so klein wie möglich zu gestalten, will Facebook die Preise für Werbung möglichst hoch halten, indem es sie möglichst benutzer- und situationsspezifisch ausspielt und damit die Conversion Rate erhöht, also das Verhältnis zwischen getätigten Käufen und gesehener Werbung. Das rentiert sich im besten Fall für Verkäufer und Vermittler, aber in jedem Fall für den Vermittler.

Je nach Kommunikationssituation können verschiedene Typen von Chatbots eingesetzt werden. Ein 1 : 1 Gespräch gleicht einem Termin beim Kundenberater. Der Kunde stellt Fragen zu Produkten oder Problemen, die er hat, und der Chatbot beantwortet sie und empfiehlt Produkte, die der Kunde dann im besten Fall gleich kauft. Um das nötige Wissen zu erlangen werden die Chatbots mit den Informationen aus der Produktdatenbank trainiert und verstehen mittels Natural Language Processing, welche Aspekte des Produkts den Kunden interessieren. Der Chatbot kann also in diesem Fall als eine Variante der Facettensuche verstanden werden (auch Feature-Suche oder Kriterien-Suche genannt).

Die 1 : n Kommunikation ist eher für soziale Medien wie Instagram typisch. Ein Benutzer postet etwas und viele Abonnenten oder Follower lesen mit (und können kommentieren). Auch hier gibt es Beispiele für erfolgreichen Chatbot-Einsatz. Es mag für den einen oder anderen merkwürdig anmuten, aber es gibt zunehmend mehr virtuelle Charaktere, die als Influencer auf Instagram und anderen Social-

Media-Plattformen tätig sind. Dort treten sie überwiegend in Form von computer-generierten Fotos auf (statt Promis). Die bekannteste ist vermutlich Lil Miquela, die schon seit 2016 aktiv ist. Zu einem möglichst überzeugenden virtuellen Influencer gehört aber auch die Möglichkeit, mit ihm zu chatten. Das kann natürlich von echten (aber unbekannten) Mitarbeitern eines Unternehmens übernommen werden. Es werden aber auch zunehmend Chatbots dafür eingesetzt, weil es billiger ist und die Qualität mittlerweile ausreicht (Kaczorowska-Spychalska 2019). Man nennt solche Bots auch Chatterbots, weil sie keinen spezifischen Zweck mit ihren Dialogen verfolgen, sondern sich zwanglos über dies und das äußern, so als würde man mit einem echten Freund plaudern. Dazu gehört natürlich auch eine ausgeprägte Persönlichkeit, die der Gesprächspartner kennenlernen kann und die zum Image des dahinterstehenden Unternehmens passt. Statt also einen Promi anzuheuern, der sich immer mal wieder mit einem Produkt des Unternehmens ablichten lässt, schafft man sich einen virtuellen Influencer an und lässt ihn über diverse Messenger-Plattformen und Social-Media-Kanäle mit seinen (hoffentlich ständig zunehmenden) Fans über Belanglosigkeiten und die positiven Aspekte des Unternehmens und seiner Produkte plaudern. Da gehört es natürlich auch zum guten Ton, dass man wohltätig ist, wie im Bild 7.2 zu sehen.

Bild 7.2 Lil Miquela auf Instagram (Quelle: https://sabguthrie.info/lil-miquela-hacked/)

Bleiben noch Chatbots, die sich in Gruppenunterhaltungen (m : n) einklinken, dort mitlesen und z. B. Restaurantvorschläge unterbreiten, wenn jemand etwas von gemeinsamem Mittagessen schreibt, oder neue Laufschuhe empfehlen, wenn jemand über seine Fortschritte beim Joggen spricht.

7.3.6 Chatbots im Kundensupport

Die FAQ-Liste auf der Website gehört zum Standard im Kundensupport. Leider sind die dort aufgeführten Antworten häufig nicht so hilfreich, wie der Kunde sich das wünscht, und manchmal haben Kunden auch schlicht keine Lust, sich durch lange Listen mit Fragen und Antworten zu hangeln, um möglicherweise hilfreiche Hinweise zu finden. Gerade die junge Generation hat gelernt, lieber mal schnell per Messenger den Freundeskreis zu fragen, anstatt lange selbst zu suchen. Solche Nutzer kann man mit einem Chatbot sehr gut abholen, wenn dieser denn gut gestaltet ist. Leider ist es ja gerade bei FAQs das häufigste Problem, dass sie eben nicht sehr gut gestaltet sind. Wer kennt nicht das Handbuch, das akribisch einzelne Menüs und Buttons der Anwendung beschreibt, statt anwendungsfallbezogen das nötige Vorgehen zu erläutern, wie man zu einem gewünschten Ziel gelangt.

 Für Chatbots gilt die Regel: Es bringt überhaupt nichts, eine schlechte FAQ-Liste mehr oder weniger 1 : 1 in einen Chatbot zu übersetzen. Das ist vergebliche Liebesmüh. Es gilt zunächst die Bedürfnisse der Benutzer zu eruieren und diese als Ausgangsbasis für eine sinnvolle Dialoggestaltung im Chatbot zu verwenden.

Darüber hinaus bietet der Chatbot jedoch die Möglichkeit, einen sanften Übergang von der Beantwortung voraussehbarer Standardfragen zu komplexeren Spezialfragen zu ermöglichen, indem bei Bedarf an einen menschlichen Supportmitarbeiter übergeben wird. Schaut man sich die klassische Supportstruktur mit 1st-, 2nd- und 3rd-Level-Support an, so kann ein Chatbot aktuell die Aufgaben des 1st-Level-Supports übernehmen und für die evtl. Weiterbearbeitung des Falls im 2nd-Level die wichtigsten Informationen zusammentragen, sodass der Supportmitarbeiter sehr effizient seinen Job machen kann und den Kunden nicht mehr mit Standardfragen nerven muss. Zudem hat man dadurch eine gute Datenbasis, die evtl. besser ausgewertet werden kann als die Protokolle der Mitarbeiter, um benutzerübergreifende Probleme zu identifizieren, die auf Produktverbesserungspotenziale schließen lassen.

■ 7.4 Chancen und Risiken

Wie anhand der Anwendungsbeispiele zu sehen ist, bieten Sprachassistenten eine Reihe von Chancen für Unternehmen. Das fängt dabei an, dass man zusätzliche Verkaufsmöglichkeiten über Skills für Sprachassistenten erzielen kann. Kunden, die Sprachassistenten schätzen gelernt haben, suchen neue Technik nach der Kompatibilität mit ihrem Lieblingsassistenten aus. Erst anschließend kommt die Frage nach der Funktionalität.

Als Zweites sollte man nicht übersehen, dass man sich über die vereinfachte Bedienung der Technik mittels Sprachschnittstelle eine ganz neue Nutzerbasis erschließen kann. Heute haben viele Menschen ein Smartphone und nutzen es mehr als nur gelegentlich für Dinge, die sie sonst nie gemacht hätten, weil ein PC zu umständlich zu bedienen ist oder sie gar keinen gekauft hätten. Dieses Potenzial bieten auch Sprachassistenten. Wichtig ist dabei, dass Sprache in vielen Fällen als alleinige Bedienmöglichkeit schwierig erscheint, aber in Kombination mit visuellem Feedback und Touch-Oberflächen oder auch Gestensteuerung eine neue Stufe der Effizienz und Einfachheit bei der Bedienung von IT-Anwendungen erreichen kann.

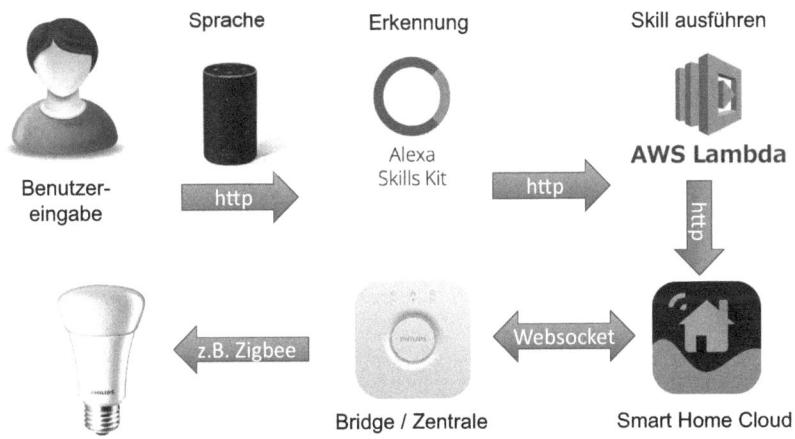

Bild 7.3 Schematische Darstellung des Ablaufs am Beispiel Smart-Home-Anwendung

Schließlich haben Sprachassistenten das Potenzial, Wettbewerbsvorteile durch höhere Produktivität beim internen Einsatz zu erzielen. Die Produktivität von Mitarbeitern ist in Deutschland im internationalen Vergleich schon recht hoch. Das ist aber auch nötig, um die hohen Löhne zu rechtfertigen, die bei uns gezahlt werden. Um nicht abgehängt zu werden, müssen neue Maßnahmen zur weiteren Produktivitätssteigerung ergriffen werden, und dabei kommt Sprachassistenten eine wichtige Rolle zu.

Wie meistens, hat die Sache aber auch eine Schattenseite. Die Sprachassistenten der großen Konzerne sind allesamt Cloud-basiert und funktionieren nach dem gleichen Prinzip (vgl. Bild 7.3). Das Gerät wartet auf das Aktivierungswort, welches es offline erkennt. Wurde das Wort erkannt, dann werden die sich anschließenden Wörter aufgenommen und zum Cloud-Dienst des Herstellers gesendet, dort in Text umgewandelt, auf dem Server des Skill-Anbieters weiterverarbeitet und das Ergebnis der Verarbeitung zum lokalen Gerät zurückgesendet.

Was außerdem noch mit den Daten geschieht, ist unklar. Dass sie für eine gewisse Zeit gespeichert werden, ist jedoch bekannt, da sie z. B. schon einmal bei polizeilichen Ermittlungen als Beweismittel an die Behörden ausgehändigt wurden (Holland 2017).

> Zudem werden die Daten auch als Grundlage für die Verbesserung der Spracherkennung genutzt (Jurran 2019). Dieser Teil ist besonders relevant, da bei maschinellen Lernverfahren die Menge und Qualität der Trainingsdaten entscheidend für die Qualität der resultierenden Erkennung ist. Damit hat der Anbieter mit den meisten Nutzern auch die beste Ausgangslage für den Ausbau der Marktführerschaft, basierend auf der Menge an Daten, die gesammelt werden. Es entsteht eine Art natürliches Monopol.

Darüber hinaus werden die Daten vermutlich auch zu Werbezwecken genutzt, entweder direkt vom Hersteller wie bei Amazon (T-Online 2018) oder per Verkauf an Händler bzw. Einbeziehen ins AdSense-Netzwerk, wie das bei Google vermutlich der Fall ist. Die Vermutung wird durch Berichte bestätigt, wonach die Hersteller auch Daten einsammeln, die nicht zwingend benötigt würden, wie z. B. das Telefonbuch des Anwenders (NDR 2017). Die Hoffnung, dass die DSGVO solchen Praktiken einen Riegel vorschieben könnte, hat sich bisher leider nicht bestätigt. Die von der EU in den letzten Jahren wegen Missbrauchs der Marktposition verhängten Strafen (z. B. bei Android) scheinen auch nur beschränkte Wirkung zu zeigen.

> Als Unternehmenskunde sollte man also nicht auf die Marketingaussagen der großen Hersteller hereinfallen und einem „DSGVO-konform"-Logo vertrauen. Statt des bequemen Wegs über die Cloud dieser Anbieter sollte man lieber auf Lösungen setzen, die im eigenen Rechenzentrum laufen (on premise) oder bei einem IaaS-Anbieter der Wahl gehostet werden. So hat man die Daten selbst im Griff, benötigt aber auch Personal oder Dienstleister mit höheren Kompetenzen und muss etwas mehr Aufwand betreiben.

■ 7.5 Weitere Entwicklung

Einige der großen Cloud-Anbieter haben verstanden, dass es Kunden gibt, denen Datenschutz wichtig ist und die nicht bereit sind, Daten in die Cloud zu senden, um Sprachsteuerung zu bekommen. Daher arbeiten Google und Co mit Hochdruck an offline-fähigen Lösungen. Im Mai 2019 erklärte Google, dass sie Machine-Learning-Modelle mit über 100 GB aus der Cloud auf ein halbes Gigabyte für den Offline-Betrieb eingedampft hätten (Bronstein 2019).

Auf der anderen Seite werden Machine-Learning-Modelle aber auch immer umfangreicher und können nur noch von Unternehmen trainiert werden, die Zugang zu gigantischen Rechenressourcen haben. Nvidias Sprachgenerator Megatron wurden unternehmensintern auf einem Supercomputer mit 1472 Grafikkarten trainiert. Für eigene Experimente mit dem freigegebenen Sourcecode (ein fertig trainiertes Modell wurde nicht veröffentlicht) empfiehlt Nvidia mindestens 512 Grafikkarten. Das entspricht bei fast 5000 € für eine Quadro-RTX-6000-Grafikkarte einem Investment von 2,5 Mio. €. Begnügt man sich mit dem „kleineren" Quadro-Modell RTX 5000, so liegt man immer noch bei gut der Hälfte, falls die „nur" 16 GB Grafikspeicher der RTX 5000 überhaupt ausreichen, um so große Modelle zu trainieren. Je größer der Rechenaufwand für das Training, umso wichtiger ist die Veröffentlichung vortrainierter Modelle, sodass Unternehmen darauf aufsetzen können und „nur noch" anwendungsfallspezifische Trainingsdaten mittels Transfer Learning in das Modell integrieren müssen, statt bei null zu beginnen. So wäre es z. B. sinnvoll, dass Branchenverbände sich darum bemühen, vortrainierte Modelle für ihre Branche zur Verfügung zu stellen.

Weiterhin wird daran gearbeitet, Sprachassistenten proaktiver zu machen. Wie in der Einleitung beschrieben, erwartet man von einem persönlichen Assistenten im besten Fall, dass er selbst mitdenkt und Wünsche vorausahnt. Bisher sind entsprechende Versuche häufig daran gescheitert, dass Assistenten, die proaktiv gehandelt haben, schlichtweg schnell nervten. Manch einer erinnert sich vielleicht noch an Karl Klammer, der einem in Microsoft Office mit gut gemeinten Ratschlägen zur Seite stand. Durch die Fortschritte bei maschinellen Lernverfahren könnte der nächste Anlauf, proaktive digitale Assistenten zu etablieren, besser funktionieren. Erste, noch wenig intelligente Aspekte davon sind schon Realität. Man denke an Stauwarner im Auto, die selbstständig Umfahrungen vorschlagen, oder auch Müdigkeitsassistenten, die eine Fahrpause empfehlen, wenn sie aufgrund der Fahrdauer, Lenkbewegungen und anderen Faktoren Müdigkeit beim Fahrer vermuten. Sherpa.ai, ein spanisches Unternehmen, arbeitet daran, solch vorausschauendes Verhalten ihrem Sprachassistenten beizubringen, und hat Samsung und Porsche als Kunden gewinnen können.

Durch Lernen und Berücksichtigen der persönlichen Vorlieben und Routinen könnten Sprachassistenten tatsächlich deutlich hilfreicher werden. Auch das Erklären der eigenen Möglichkeiten gehört dazu. Bisherige Sprachassistenten werden nämlich immer noch überwiegend zu unproduktiven Dingen genutzt, wie z. B. Witze erzählen, das Wetter abfragen oder Musik abspielen. Ein Assistent, der gut dosiert immer wieder einmal auf möglicherweise hilfreiche Funktionen hinweist, könnte den Nutzer dazu animieren, einen größeren Prozentsatz der Funktionalität auszuschöpfen. Das Phänomen, dass Nutzer nur 20 % der Funktionen eines Programms nutzen und auch nur wenig mehr kennen, ist in der IT längst bekannt und bei Sprachassistenten besonders akut, da man nicht einfach mal alle Menüs durchschauen kann. Die notwendigen persönlichen Daten will man als Benutzer aber nur dann dem Sprachassistenten anvertrauen, wenn der Datenschutz tatsächlich gesichert ist und nicht nur ein „DSGVO-konform"-Logo auf der virtuellen Verpackung klebt. Für Unternehmen ist das aber einfacher zu kontrollieren als für Privatanwender, wenn die Server im eigenen Rechenzentrum stehen. Damit kann man leicht sicherstellen, dass keine Daten an Dritte gehen.

■ 7.6 Die wichtigsten Punkte in Kürze

- Nach dem Jahrzehnt der Touch-Oberflächen (2007 – 2017) könnte das nächste Jahrzehnt der Sprachsteuerung gehören.
- Die Verbesserungen bei maschinellen Lernverfahren der letzten Jahre sorgen dafür, dass KI-basierte Assistenten und Chatbots einfache regelbasierte zunehmend ablösen werden.
- Die Nutzung von Cloud-Plattformen als Basis für eigene sprachgesteuerte Anwendungen verspricht schnelle Ergebnisse, birgt aber auch erhebliche Datenschutzrisiken.
- Unternehmen sollten eigene Erfahrungen mit Sprachsteuerung in Bereichen sammeln, die nicht kritisch sind, aber Quick-wins versprechen.

Literatur

Anagnoste, Sorin (2017): „Robotic Automation Process – The next major revolution in terms of back office operations improvement". In: Proceedings of the International Conference on Business Excellence. De Gruyter Open, S. 676 – 686.

Bartsch, Günter (o. J.): „Zamia – free, open source AI". Abgerufen am 04. 11. 2019 von http://zamia-speech.org/.

Bastian, Matthias (2019): „KI-Assistenz: Google Assistant verweist Siri und Alexa auf die Plätze". MIXED.de. Abgerufen am 20. 08. 2019 von https://mixed.de/ki-assistenz-google-assistant-verweist-siri-und-alexa-auf-die-plaetze/.

Bronstein, Manuel (2019): „Bringing you the next-generation Google Assistant". Google. Abgerufen am 04.11.2019 von https://migration-dot-gweb-uniblog-publish-prod.appspot.com/products/assistant/next-generation-google-assistant-io/.

Dale, Robert (2016): „The return of the chatbots". In: Natural Language Engineering. 22 (5), S. 811–817.

Google (2019): „App Actions | Google Developers". Abgerufen am 04.11.2019 von https://developers.google.com/assistant/app/overview.

Harris, Jeanne; Ives, Blake; Junglas, Iris (2012): „IT Consumerization: When Gadgets Turn Into Enterprise IT Tools". In: MIS Quarterly Executive. 11 (3).

Holland, Martin (2017): „Ermittlungen zu mutmaßlichem Mord: Amazon händigt Alexa-Aufnahmen aus". heise online. Abgerufen am 21.08.2019 von https://heise.de/-3646131.

Hura, Susan L. (2008): „Voice User Interface". In: Kortum, Philip (Hrsg.): HCI beyond the GUI: Design for haptic, speech, olfactory, and other nontraditional interfaces. Elsevier, S. 197ff.

Imrie-Situnayake, Daniel (2018): „Basics of Dialogflow – 3 part gettubg started series". YouTube. Abgerufen am 04.11.2019 von https://www.youtube.com/channel/UC1EXoqvR9VrmWnM9S47SfVA.

Jacobs, Ian (2019): Forrester New Wave – Conversational AI For Customer Service, Q2 2019. Forrester.

Jurran, Nico (2019): „Fremde Ohren". In: c't – Magazin für Computertechnik. 18/2019 .

Kaczorowska-Spychalska, Dominika (2019): „How chatbots influence marketing". In: Management. 23 (1), S. 251–270.

Kinsella, Bret (2018): „Smart Speakers to Reach 100 Million Installed Base Worldwide in 2018, Google to Catch Amazon by 2022". Voicebot. Abgerufen am 25.08.2019 von https://voicebot.ai/2018/07/10/smart-speakers-to-reach-100-million-installed-base-worldwide-in-2018-google-to-catch-amazon-by-2022/.

Koplowitz, Rob; Facemire, Michael (2018): The Forrester New WaveTM: Conversational Computing Platforms, Q2 2018. Forrester.

Kraus, Daniel; Reibenspiess, Victoria; Eckhardt, Andreas (2019): „How Voice Can Change Customer Satisfaction: A Comparative Analysis between E-Commerce and Voice Commerce". In: 14th International Conference on Wirtschaftsinformatik. Siegen.

Malik, Daniyal (2019): „How Popular is Voice Search in 2019?". Digital Information World. Abgerufen am 25.08.2019 von https://www.digitalinformationworld.com/2019/03/mobile-voice-usage-trends.html.

MarketWatch (2018): „Speech Recognition Market Size to Reach US $16 Billion by 2023". MarketWatch. Abgerufen am 21.08.2019 von https://tinyurl.com/y8b2b26j.

Markoff, John (2011): „On ‚Jeopardy!' Watson Win Is All but Trivial". The New York Times. 16.2.2011.

Möbus, Maika (2019): „OpenAI: Wird Large-Scale Language Model GPT-2 Open Source?". entwickler.de. Abgerufen am 28.08.2019 von https://entwickler.de/online/machine-learning/openai-gpt-2-774m-language-model-579905567.html.

Mutchler, Ava (2018): „January 2018 Voice App Totals Per Voice Assistant". Voicebot. Abgerufen am 21.08.2019 von https://voicebot.ai/2018/01/26/january-2018-voice-app-totals-per-voice-assistant/.

NDR (2017): „Wie Amazon mit Alexa Kundendaten sammelt". Abgerufen am 21.08.2019 von https://www.ndr.de/ratgeber/verbraucher/Wie-Amazon-mit-Alexa-Kundendaten-sammelt,alexa202.html.

Nickel, Oliver (2019): „Crokage: Quelltexthilfe nutzt Millionen Antworten von Stack Overflow". Golem.de. Abgerufen am 28.08.2019 von https://www.golem.de/news/crokage-quelltexthilfe-nutzt-millionen-antworten-von-stack-overflow-1908-143287.html.

Panetta, Kasey (2018): „5 Trends Emerge in the Gartner Hype Cycle for Emerging Technologies, 2018". Gartner. Abgerufen am 20.08.2019 von https://www.gartner.com/smarterwithgartner/5-trends-emerge-in-the-gartner-hype-cycle-for-emerging-technologies-2018/.

Prange, Matthias; Kamp, Michael; Kroker, Sven (2017): „Watson: IBMs Supercomputer stellt sich dumm an". Wirtschaftswoche. Abgerufen am 21.08.2019 von https://www.wiwo.de/unternehmen/it/watson-ibms-supercomputer-stellt-sich-dumm-an/20325548.html.

Sarisakal, Lilly (2018): „Die Bereitschaft der Verbraucher zur Nutzung des digitalen Sprachassistenten Alexa beim Kauf von high- und low-interest-Produkten". (Bachelorarbeit) München: Hochschule für angewandtes Management.

Schreiner, Maximilian (2019a): „Dieser Fake-News-Generator schlägt OpenAIs GPT-2 – testet ihn selbst". MIXED.de. Abgerufen am 28.08.2019 von https://mixed.de/dieser-fake-news-generator-schlaegt-openais-gpt-2-testet-ihn-selbst/.

Schreiner, Maximilian (2019b): „Megatron: Nvidias neue Sprach-KI übertrifft selbst OpenAIs GPT-2". MIXED.de. Abgerufen am 28.08.2019 von https://mixed.de/megatron-nvidias-neue-sprach-ki-uebertrifft-selbst-openais-gpt-2/.

Sentance, Rebecca (2016): „What does Meeker's Internet Trends report tell us about voice search?". Search Engine Watch. Abgerufen am 21.08.2019 von https://www.searchenginewatch.com/2016/06/03/what-does-meekers-internet-trends-report-tell-us-about-voice-search/.

T-Online (2018): „Amazon erhält Patent für Werbung nach Stimmlage". www.t-online.de. Abgerufen am 21.08.2019 von https://www.t-online.de/-/84619034.

Warren, Tom (2017): „Nissan and BMW bring Microsoft's Cortana assistant to cars". The Verge. Abgerufen am 21.08.2019 von https://www.theverge.com/ces/2017/1/5/14184140/microsoft-cortana-nissan-bmw-car-integration.

Wong, Jason; Goertz, Werner; Baker, Van (2018): „Cool Vendors in AI for Conversational Platforms". Gartner. Abgerufen am 28.08.2019 von https://www.gartner.com/en/documents/3883864/cool-vendors-in-ai-for-conversational-platforms.

8 Internet der Dinge

Markus Weinberger, Jens Döring

Das Internet der Dinge ist als Begriff seit einigen Jahren etabliert und wird in vielen Unternehmen diskutiert. Dennoch erscheint das Thema häufig abstrakt und wenig greifbar. Mit sehr unterschiedlichen Geschwindigkeiten schreitet die Anwendung in unterschiedlichen Märkten und Branchen voran. Es wird von entscheidender Bedeutung sein, die Möglichkeiten des Internets der Dinge rechtzeitig zu erkennen und zu nutzen. Das größte Risiko liegt in untätigem Abwarten.

In diesem Beitrag erfahren Sie,

- wo das Internet der Dinge heute steht und lernen verschiedene Anwendungsbeispiele kennen,
- wie das Internet der Dinge von Unternehmen genutzt werden kann,
- welche Herausforderungen dabei zu meistern sind,
- wie die technischen Ebenen einer Internet-der-Dinge-Lösung zusammenspielen,
- wie Sie bei der Umsetzung Ihrer Ideen vorgehen.

■ 8.1 Einleitung

Das Internet der Dinge (Internet of Things, IoT) beschreibt die Idee, dass mehr und mehr physische Objekte direkt oder indirekt mit dem Internet verbunden werden. Sie können so Daten über ihren eigenen Zustand oder den ihrer Umwelt, die mit Sensoren erfasst werden, übertragen oder Befehle, Daten oder auch Software aus dem Internet beziehen. Ermöglicht wird dies durch die fortschreitende Entwicklung wesentlicher technischer Komponenten (Fleisch 2010). Sensoren, Mikroprozessoren, Funkmodule und ähnliche Hardware-Komponenten werden im Allgemeinen laufend kleiner, billiger und energieeffizienter. Aber auch die Kosten für beispielsweise Internetverbindungen in drahtlosen Netzwerken oder Cloudcomputing fallen kontinuierlich. Dave Evans von Cisco hat das Internet der Dinge als den Zustand beschrieben, wenn „mehr Dinge oder Objekte mit dem Internet verbunden sind, als Menschen". Dies ist seit etwa 2008 oder 2009 der Fall (Evans 2011).

Erste Auswirkungen dieser Entwicklung sind bereits in vielen Branchen und Wirtschaftszweigen, aber auch im Allgemeinen in vielen Lebensbereichen der Menschen sichtbar. Unternehmen investieren verstärkt in Industrie 4.0 (Rittmeister 2018). Das sogenannte Smart Home hält Einzug in mehr und mehr Haushalten. 2018 war bereits in nahezu der Hälfte aller deutschen Haushalte ein Fernseher an das Internet angeschlossen (Tenzer 2018). Und die Nutzung von digitalen Sprachassistenten, wie zum Beispiel Amazon Echo, steigt stark an (Carius et al. 2018).

Dennoch steht das Internet der Dinge erst am Anfang. Die Veränderungen für Unternehmen und Menschen, die es in Zukunft bringen wird, lassen sich heute bestenfalls vage erahnen. Die Situation ist vergleichbar mit den 90er-Jahren, als das Internet zunehmend an Bedeutung gewann. Auch damals war nicht absehbar, wie groß die Veränderungen für viele Unternehmen, aber auch für die Gesellschaft sein würden, die das Internet hervorgerufen hat.

Die Prognose wäre, dass das Internet der Dinge ähnlich große Auswirkungen haben wird, mit ungeahnten Möglichkeiten aber auch großen Risiken für Unternehmen aller Branchen, mit Auswirkungen in allen Wirtschafts- und Lebensbereichen der Menschen. Im folgenden Kapitel werden Beispiele aus unterschiedlichen Branchen vorgestellt, die diese Prognose unterstreichen.

■ 8.2 Formen/Ausprägungen

Bereits heute findet das Internet der Dinge Anwendung in vielen Branchen. Im Consumer-Bereich werden mehr und mehr vernetzte Produkte angeboten, deren Mehrwert sich im Wesentlichen auf eine Fernsteuerung per App beschränkt. Zu dieser Kategorie zählen beispielsweise vernetzte Kaffeemaschinen (Nespresso 2019) oder Bettdecken (Smartduvet 2019). Es werden aber auch in diesem Bereich vernetzte Lösungen angeboten, die weit größeren Nutzen entfalten, ohne dass die Vernetzung, quasi als Selbstzweck, im Vordergrund steht. Das eCall-System ist seit 2018 für alle in der EU neu zugelassenen PKW und LKW vorgeschrieben (Regier, 2019). Jedes Fahrzeug wird damit zu einem vernetzten Fahrzeug, das im Falle eines Unfalls über eine mobile Datenverbindung automatisch die Position und weitere Daten an eine Leitstelle übermittelt, sodass Rettungskräfte schneller in Marsch gesetzt werden können. Ein weiteres Beispiel wären vernetzte Heizungssysteme, die ohne Zutun des Besitzers Daten an den Installateur übertragen. Dadurch können der Betrieb und damit der Brennstoffverbrauch optimiert und Reparaturzeiten bei Störungen reduziert werden (Bosch 2019).

Unternehmen in sehr vielen Branchen setzen IoT-Lösungen ein, um Kosten zu senken oder Umsatz zu steigern. In der Logistik sind mittlerweile Flottenmanagementsysteme weit verbreitet, die auf der Vernetzung der LKW basieren. Durch diese Systeme sollen Wartungsintervalle optimiert werden, was sich in niedrigeren Wartungskosten und geringeren Ausfallzeiten der Fahrzeuge niederschlägt. Darüber hinaus kann durch den Einsatz dieser Systeme der Treibstoffverbrauch signifikant gesenkt werden (Sayrs et al. 2018).

 Der Zustand von Windturbinen, die zur Stromerzeugung eingesetzt werden, wird in vielen Fällen aus der Ferne überwacht. Die Ziele sind auch hier, Wartung und Reparaturen zu reduzieren und somit letztlich die Kosten der Windenergie zu senken (Tchakoua 2014).

Die Liste der Beispiele ließe sich bereits heute sowohl im Consumer- als auch im professionellen Bereich beliebig fortsetzen. Bild 8.1 zeigt verschiedene Marktsegmente, mit Beispielen kategorisiert nach Business to Consumer (B2C) und Business to Business (B2B).

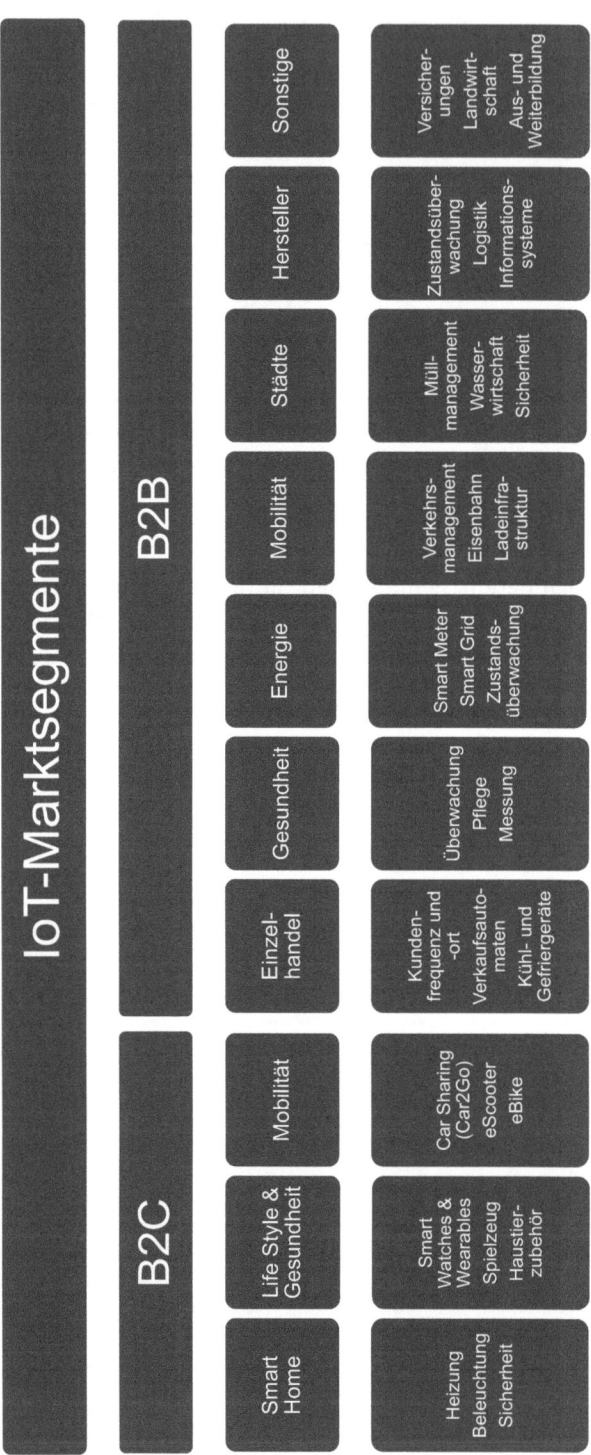

Bild 8.1 IoT-Marktsegmente (in Anlehnung an: https://iot-analytics.com/iot-market-segments-analysis)

■ 8.3 Einsatz- und Anwendungspotenziale

Unternehmen können das Internet der Dinge in zwei grundsätzlich unterschiedlichen Ansätzen nutzen. Vernetzte IoT-Lösungen können eingesetzt werden, um interne Prozesse eines Unternehmens zu verbessern, zu optimieren und so letztlich Kosten zu senken und Ertrag zu steigern, wobei das eigentliche Angebot des Unternehmens im Wesentlichen unverändert bleibt. Andererseits ermöglicht das Internet der Dinge vielen Unternehmen auch völlig neue Nutzenversprechen. Beide Ansätze sind grundsätzlich unterschiedlich und sollten separat betrachtet werden, auch wenn ein Unternehmen beide Ansätze verfolgt. Dies ist durchaus möglich, aber nicht zwingend erforderlich.

Die beiden Ansätze werden in den folgenden Kapiteln vorgestellt und an Beispielen erläutert.

 Trennen Sie die Betrachtung von Kostensenkungspotenzialen durch das Internet der Dinge strikt von der Suche nach neuen Wertversprechen, die auf IoT-Lösungen basieren. Die Komplexität ist in beiden Bereichen ohnehin hoch. So kommen Sie schneller zum Erfolg. ■

8.3.1 Kostensenkung und Produktivitätssteigerung durch IoT

In sehr vielen Branchen werden schon heute IoT-Lösungen eingesetzt, um Kosten zu senken oder die Produktivität zu steigern. Wichtig ist, dass bei diesen Ansätzen das eigentliche Wertversprechen, also das Angebot, das dem Kunden gemacht wird, unverändert bleibt.

Zur Erreichung dieser Ziele werden vielfältige Ansätze verfolgt. Ein sehr weitverbreiteter Ansatz ist das sogenannte Condition Monitoring. Dabei wird der Zustand einer vernetzten Maschine oder Anlage überwacht, um frühzeitig und zielgerichtet auf außergewöhnliche Ereignisse reagieren zu können. Stillstandszeiten und Produktionsausfälle werden so zunächst minimiert. In der Folge können die gesammelten Daten genutzt werden, um Wartungs- und Serviceintervalle zu optimieren – weg von starren Intervallen, hin zu vorausschauender Wartung ausschließlich dann, wenn diese wirklich erforderlich ist. Dies ermöglicht weitere Kostensenkungen.

 In der Offshore-Industrie werden die Antriebe von Schiffen überwacht. Im Fall eines Problems können Spezialisten an Land die Daten analysieren und die Mannschaft an Bord mit Expertenwissen unterstützen, was in vielen Fällen die Behebung

> von Problemen ermöglicht, ohne einen Hafen anzulaufen. Für bestimmte Schiffstypen lässt sich so der Zeitaufwand für ungeplante Wartungs- und Reparaturarbeiten um bis zu 70 % reduzieren. Durch optimierte Wartungsintervalle lassen sich bis zu 50 % der Wartungskosten einsparen (Windischhofer 2016).

In vielen Fällen lassen sich Einspar- oder Produktivitätssteigerungspotenziale durch Condition Monitoring relativ leicht abschätzen, insbesondere wenn es sich um kritische Maschinen und Anlagen handelt. Investitionen in die erforderlichen IoT-Lösungen lassen sich somit gut plausibilisieren.

Ein weiterer, sehr erfolgreicher Ansatz betrifft Optimierungen in Logistik und Lieferkette, die auf dem Internet der Dinge basieren. Letztendlich geht es hier meist darum, die Balance zwischen Verfügbarkeit von Erzeugnisrohstoffen und Produkten bei gleichzeitig möglichst niedrigen Lagerbeständen zu optimieren. Dabei kommen Systeme zum Einsatz, die zum Beispiel über RFID-Tags jederzeit den Bestand in einem Lager messen und den Materialfluss im Fertigungsprozess verfolgen können.

> Die Firma Würth bietet ein System an, bei dem die Menge an C-Teilen (z. B. Schrauben oder Beilagscheiben) in Behältern automatisch erfasst wird. Sobald eine definierte Restmenge unterschritten wird, wird eine Bestellung neuer Teile ausgelöst. Im Wesentlichen kann damit der Materialbestand reduziert werden, was Kosten reduziert. Aber auch beispielsweise Inventuren werden deutlich vereinfacht (Würth Industrie Service GmbH 2019).

Condition Monitoring und Logistikoptimierung sind lediglich zwei relativ weitverbreitete Ansätze, wie das Internet der Dinge zur Optimierung der internen Prozesse eines Unternehmens eingesetzt werden kann. Es gibt eine Vielzahl weiterer Möglichkeiten.

> Die Optimierung interner Prozesse mithilfe des Internets der Dinge ist in sehr vielen Branchen denkbar. Dies ist bei weitem nicht nur auf herstellende Unternehmen beschränkt. Im Einzelhandel kann beispielsweise genauer erfasst werden, für welche Produkte sich besonders viele Kunden interessieren. Und Leasingunternehmen können die Nutzung und den Zustand ihrer Assets genauer verfolgen.

8.3.2 Neue Nutzenversprechen durch IoT

Der Begriff des Nutzenversprechens entstammt dem Feld der Geschäftsmodelle. Das Nutzenversprechen beschreibt dabei das Angebot, das ein Unternehmen seinen Kunden macht (Gassmann, Frankenberger & Csik 2013).

Durch Vernetzung eines Produkts lässt sich in der Regel dessen Nutzenversprechen erweitern. Zur Funktion des physischen Gegenstands kommt dann eine digitale Komponente hinzu (Fleisch, Weinberger & Wortmann 2014). Ein Beispiel wäre ein autonomer Rasenmäher, der ohne menschliches Zutun im Garten seine Bahnen zieht. Viele dieser Geräte sind heute vernetzt, wodurch zusätzliche digitale Funktionen möglich werden. Die Geräte können beispielsweise die Wettervorhersage in die Planung ihrer Mähaktivitäten einbeziehen, sie können per App gestoppt werden, wenn Kinder im Garten spielen, oder sie können im Fall eines Diebstahls aus der Ferne deaktiviert werden. Zum Nutzenversprechen des physischen Geräts – Rasenmähen – kommen jetzt zusätzliche digitale Funktionen hinzu. Dies ist in Bild 8.2 dargestellt.

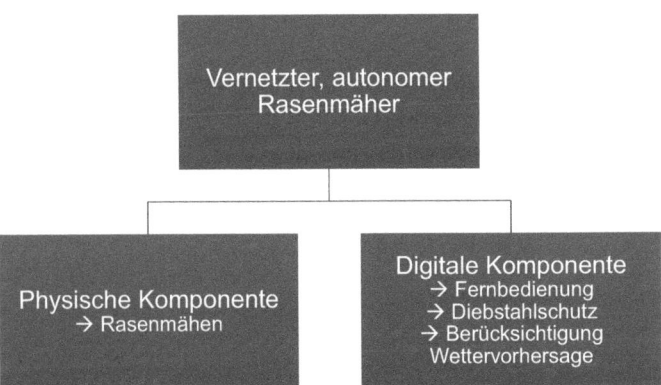

Bild 8.2 Physische und digitale Komponenten bei einem vernetzten, autonomen Rasenmäher

Dies eröffnet nicht nur neue Umsatzmöglichkeiten, z. B. Zusatzeinnahmen für Premiumfunktionen. Möglicherweise noch wichtiger ist der Umstand, dass die digitalen Angebote einen völlig neuen Kommunikationskanal zwischen Hersteller und Nutzer eröffnen. Wusste der Hersteller des Rasenmähers in obigem Beispiel nicht, wer seine Geräte kauft, ist er heute über eine App direkt mit den Nutzern verbunden.

Die oben erläuterte Erweiterung des Nutzenversprechens eines einzelnen Produkts ist jedoch nur als ein erster Schritt zu sehen. Die Daten, die vernetzte Geräte liefern, können auch in ihrer Gesamtheit, also über alle Geräte betrachtet werden. Dies ist ein Ansatz, um den Fokus der Geschäftstätigkeit mehr in Richtung der digitalen Komponente zu rücken.

Die Firma Netatmo bietet vernetzte Wetterstationen mit Innen- und Außensensoren für Konsumenten an. Gemäß der oben dargestellten Logik wird hier das Nutzenversprechen dahingehend erweitert, dass die Daten, beispielsweise zur Luftqualität im Kinderzimmer, auch aus der Ferne überwacht werden können (Netatmo 2019).

Der Hersteller bittet den Kunden bei der Einrichtung des Systems um die Erlaubnis, die Daten der Außensensoren weiterverwenden zu dürfen. Aus der Vielzahl dieser Sensordaten erzeugt die Firma in Echtzeit ein sehr hochauflösendes Bild des weltweiten Wettergeschehens. Während eine interaktive Karte mit den aktuellen Messwerten für jedermann kostenlos abrufbar ist (Netatmo, Netatmo Weathermap 2019), werden die Rohdaten beispielsweise an Wetterdienste verkauft (Netatmo 2019).

Die Firma erzielt also Verkaufserlöse mit dem vernetzten Produkt, das im Vergleich zu herkömmlichen Wetterstationen ein innovatives Wertversprechen macht, und zusätzlich mit den Daten, die mit den verkauften Sensoren gewonnen werden.

Die obigen Ausführungen illustrieren, dass vernetzte Produkte weit mehr sind als altbekannte Dinge, die jetzt über eine App ferngesteuert werden können. Die digitale Komponente bietet Herstellern einen direkten Zugang, einen direkten Kommunikationskanal zu den Nutzern ihrer Produkte, und sie eröffnet darüber die Möglichkeit zu vielfältigen Serviceangeboten. Darüber hinaus können vernetzte Produkte die Basis für den Aufbau von datenbasierten Geschäftsmodellen bilden. Sie können der Grundstein für den Aufbau einer Datenplattform sein.

■ 8.4 Chancen und Risiken

Die Chancen, die das Internet der Dinge für Unternehmen bietet, bestehen einerseits darin, neue Umsatzpotenziale zu erschließen, andererseits können interne Prozesse optimiert und so letztlich Kosten gesenkt werden. Beide Aspekte wurden bereits ausführlich in Abschnitt 8.3 erläutert.

Ein Unternehmen, das diese Chancen nutzen will, muss jedoch auch Risiken in Kauf nehmen und Herausforderungen meistern. Das größte Risiko wird in vielen Branchen jedoch darin bestehen, nichts zu tun und abzuwarten. Die wichtigsten Herausforderungen und Risiken werden in den folgenden Abschnitten genauer erläutert.

8.4.1 Herausforderungen aus Markt und Wettbewerb

In vielen Branchen dürfte das größte Risiko angesichts des Internets der Dinge in untätigem Abwarten liegen.

Es ist durchaus zu erwarten, dass in vielen Branchen Produkte ohne Vernetzungsfunktion nicht mehr verkäuflich sind. Dies kann darin begründet sein, dass die Kunden entsprechende Produkte wegen ihrer Vorteile deutlich bevorzugen. Möglicherweise sind beispielsweise künftig Heizungssysteme ohne Internetanschluss nicht mehr verkäuflich, weil die Kunden die Vorteile bei Wartung, Reparaturen und im Komfort nicht mehr missen wollen. Ob und wann es einen entsprechenden Wendepunkt für bestimmte Produkte gibt, ist je nach Branche und Produkt sicher sehr unterschiedlich und möglicherweise schwer zu prognostizieren. Gesetzliche Regelungen oder sonstige sehr starke Anforderungen, z. B. von Versicherungen, stellen einen Sonderfall dieses Aspekts dar. Bereits in Abschnitt 8.2 wurde das eCall-System als Beispiel angeführt, das neue PKW und LKW ohne Internetverbindung in der EU unverkäuflich macht.

Ein weiterer Aspekt, der verdeutlicht, dass Warten ein hohes Risiko birgt, betrifft Plattformen. Am Beispiel von Smartphones und den Betriebssystemen Android und iOS lässt sich die Bedeutung von Plattformen gut nachvollziehen. Betriebssysteme, für die viele Apps angeboten werden, finden auch viele Nutzer; aber diese sind eine wichtige Voraussetzung dafür, dass Entwickler ihre Apps für das jeweilige Betriebssystem entwickeln. Es wirken Netzwerkeffekte. Und es wird in einer Branche nur eine begrenzte Anzahl konkurrierender Plattformen geben. Unternehmen, die es schaffen, eine solche Plattform aufzubauen und zu dominieren, wie im Smartphone-Beispiel Google und Apple, haben eine sehr starke Position, die vielfältige Geschäftsmodelle ermöglicht (Schuermans, Constantinou & Vakulenko 2015). Auch das Internet der Dinge wird in vielen Branchen von Plattformen profitieren, wenn es beispielsweise gilt die Interoperabilität von Systemen verschiedener Hersteller zu gewährleisten. Dies lässt sich am Beispiel des sogenannten Smart Home nachvollziehen. In kaum einem Haushalt werden sämtliche Gerätschaften in Domänen wie Heizen, Licht, Unterhaltung, Sicherheit und so weiter von ausschließlich einem Hersteller sein. Eine Plattform, die diese unterschiedlichen Gerätschaften verbindet und Datenaustausch ermöglicht, ermöglicht also zusätzliche Use Cases, die zusätzlichen Kundennutzen bieten. Das Rennen ist in diesem Bereich noch nicht entschieden (Voigt 2019). Neben Anbietern von Smart-Home-Geräten, wie z. B. der Firma Nest, versuchen zunehmend auch große Internetkonzerne wie Amazon und Google mit ihren Sprachassistenten Echo bzw. Now in diesem Bereich Fuß zu fassen.

Darin zeigt sich auch ein weiteres Risiko, das abwartende Firmen überraschen kann: Das Wettbewerbsumfeld verändert sich durch das Internet der Dinge in vielen Bereichen deutlich. Ziehen wir ein weiteres Beispiel aus dem Kontext des

Smart Home heran. Dieses Thema ist freilich auch für die Hersteller von Heizsystemen relevant. Als Vertreter könnten Bosch, mit den Marken Buderus und Junkers, oder Vaillant genannt werden. In das Wettbewerbsumfeld dieser traditionsreichen Unternehmen treten seit einigen Jahren Startups wie nest oder tado ein. Beide bieten vernetzte Thermostate mit entsprechend erweitertem Nutzenversprechen und besetzen damit das User Interface. Diese Unternehmen wiederum müssen mit den oben erwähnten Plattformen von Amazon und Google kompatibel sein, um im Markt bestehen zu können (Tado 2019) (Amazon 2019).

 Handeln Sie – Abwarten birgt Risiken

- Je nach Branche und Produkt könnte es einen Wendepunkt geben, ab dem Produkte ohne Vernetzung nicht mehr marktfähig sind.
- In vielen Branchen sind Plattformen noch nicht voll etabliert. Unternehmen, die hier dominieren, werden eine sehr starke Position besetzen.
- Das Wettbewerbsumfeld verändert sich, getrieben durch das Internet der Dinge, signifikant. Völlig neue Wettbewerber gewinnen an Einfluss.
- Setzten Sie sich frühzeitig mit Geschäftsmodellen für das Internet der Dinge auseinander (Fleisch, Weinberger & Wortmann, Business Models and the Internet of Things 2014).

8.4.2 Technische und organisatorische Herausforderungen

Neben den in Abschnitt 8.4.1 erläuterten Herausforderungen, die durch Markt und Wettbewerb entstehen, hält das Internet der Dinge weitere Herausforderungen bereit, die zunächst durch die Technologie induziert werden.

Die technischen Ebenen, die adressiert werden müssen, um ein IoT-System bestehend aus vernetzten Geräten, Cloud Server, Datenanalyse und schließlich User Interfaces zu realisieren, werden in Abschnitt 8.5 detaillierter erläutert. Dennoch dürfte bereits jetzt nachvollziehbar sein, dass in praktisch jedem Unternehmen die nötigen technischen Kompetenzen unterschiedlich stark ausgeprägt sein werden. Produzierende Unternehmen werden naturgemäß bei Entwicklung und Produktion von Hardware, den Dingen, stärker sein. IT- und Internet-Unternehmen dürften dagegen bei Datenanalyse, Cloud-Systemen und User Interfaces im Vorteil sein. Auch unter Großkonzernen dürfte es nur wenige Beispiele geben, die sämtliche Technologieebenen eines Internet-der-Dinge-Systems gleichermaßen abdecken können. Daraus erwächst für quasi alle Unternehmen, die das Internet der Dinge nutzen wollen, die Notwenigkeit, fehlende eigene Kompetenzen zu ergänzen. Dies kann entweder durch den Aufbau entsprechender Kompetenzen im eigenen Unternehmen erfolgen oder durch Zusammenarbeit mit anderen Unterneh men. Beide Aspekte werden im Folgenden näher beleuchtet. Dabei werden in der Praxis in den meisten Fällen beide Ansätze parallel verfolgt.

Der Aufbau fehlender Kompetenzen im Unternehmen erfordert es zunächst die passenden Mitarbeiter zu finden. Dabei werden häufig Profile gesucht, die auf dem Arbeitsmarkt nur schwer zu finden sind. Es ist zu berücksichtigen, dass Mitarbeiter mit Ausbildung und Hintergrund gesucht werden, die im Unternehmen bisher nicht oder nur in geringer Zahl vorhanden sind. Es kann also schon durchaus herausfordernd sein, eine präzise und ansprechende Stellenausschreibung zu formulieren. Zudem muss ein Unternehmen gerade auf einem engen Arbeitsmarkt attraktiv für die Zielgruppe sein. Beispielsweise müsste sich ein Unternehmen, das stark in der Fertigung ist, in dessen Fabrikhallen die Luft nach Kühlschmiermittel riecht, als attraktiver Arbeitgeber für App-Entwickler präsentieren. Dies wird durch kulturelle und organisatorische Unterschiede erschwert; Flexibilität und ein Umfeld, das die Kreativität fördert hier, stringente Strukturen und klare, präzise Vorgaben und Anweisungen dort. Sind geeignete Mitarbeiter gefunden, müssen diese in die Organisation des Unternehmens integriert werden. Hier gibt es viele verschiedene Optionen, beispielsweise könnten die neuen Mitarbeiter mit völlig neuen Kompetenzen in die bestehenden Strukturen integriert werden oder es könnten neue Einheiten aufgebaut werden. Eine einfache, pauschale Empfehlung, welcher Weg hier richtig ist, lässt sich nicht geben.

Wenn fehlende Kompetenzen nicht im eigenen Unternehmen aufgebaut werden sollen, muss mit anderen Firmen zusammengearbeitet werden, um eine Internet-der-Dinge-Lösung zu realisieren. Dabei ist zu berücksichtigen, dass es sich dabei immer um ein relativ komplexes, technisches System handeln wird. Schnittstellen und Anforderungen an ein Teilsystem, das von externen Partnern entwickelt und hergestellt wird, müssen also permanent und eng abgestimmt werden. Weiterhin ist leicht nachvollziehbar, dass insbesondere im Bereich von Cloud-Computing und User Interfaces die Entwicklung nie beendet ist. Kunden erwarten immer wieder Updates, die ggf. auch neue Funktionalität bringen, Software und Systeme müssen gewartet und auf dem aktuellen Stand gehalten werden. Diese Aktivitäten können durchaus auch auf den übrigen technischen Ebenen des Gesamtsystems Änderungen induzieren. Aus diesen Gründen wird es im Allgemeinen erforderlich sein, langfristige Zusammenarbeit mit den externen Partnern anzustreben und, wie es der Begriff „Partner" schon ausdrückt, diese Zusammenarbeit weniger als eine Beauftragung im Sinne einer Kunden-Lieferanten-Beziehung zu verstehen, sondern vielmehr als längerfristige, partnerschaftliche Kooperation. Dies wiederum erfordert für viele traditionelle, etablierte Unternehmen ein Umdenken hin zu Offenheit und Vertrauen.

In der Praxis wird, wie bereits erwähnt, meist eine Mischung aus Kompetenzaufbau im eigenen Unternehmen und Partnerschaft mit anderen Unternehmen erfolgversprechend sein. Denn zumindest zur Definition von Schnittstellen müssen kompetente Ansprechpartner vorhanden sein. Darüber hinaus werden Menschen gebraucht, die als Systemarchitekten, Product Owner oder Projektleiter das Gesamtsystem überblicken, um grundlegende Entscheidungen treffen und die Arbeit an den einzelnen Teilsystemen koordinieren zu können.

 Kein Unternehmen kann die Herausforderungen des Internets der Dinge alleine bewältigen.

- Bauen Sie nötige Kompetenzen im Unternehmen auf.
- Gehen Sie aber auch Partnerschaften mit anderen Unternehmen ein.
- Balancieren Sie Kompetenzaufbau und Partnerschaften aus.
- Suchen Sie Mitarbeiter, die das Gesamtsystem überblicken.

■ 8.5 Technologien

Eine komplette Lösung im Internet der Dinge umfasst immer eine relativ umfangreiche Ansammlung verschiedenster Technologien. Dieser Abschnitt gibt einen Überblick über die wesentlichen technischen Ebenen. Dabei dient die Struktur nach Fleisch et al. (Fleisch, Weinberger & Wortmann 2014) als Leitfaden, die in Bild 8.3 dargestellt ist.

Bild 8.3 Ebenen einer Internet-der-Dinge-Lösung (Fleisch, Weinberger & Wortmann 2014)

Bei der Ebene „Physischer Gegenstand" handelt es sich zunächst um das zu vernetzende Produkt, das in vielen Fällen bereits lange bekannt ist. Ob es sich hier um ein Türschloss, eine Fertigungsmaschine, ein Auto oder ein Gefriergerät für Supermärkte handelt, es muss sich selbstverständlich immer um ein Produkt handeln, das die Anforderungen der Kunden möglichst gut erfüllt und zusätzlich eventuell anwendbare Vorschriften einhält.

In nahezu allen Fällen wird der physische Gegenstand durch Sensoren oder Aktoren, wie zum Beispiel Relais, Motoren oder Displays ergänzt. Für die Steuerung der Aktoren und der Kommunikation, aber insbesondere auch für die Vorverarbeitung der Sensorinformationen wird meist zusätzlich ein Mikrocontroller oder auch Mikroprozessor in den physischen Gegenstand integriert. Die Programmierung dieser sogenannten eingebetteten Systeme, davon ist insbesondere bei Mikrocontrollern die Rede, erfolgt typischerweise in niedereren Programmiersprachen wie beispielsweise C. Man spricht von Embedded Software.

Für die Übertragung von beispielsweise Sensor- oder Zustandsdaten oder auch für den Empfang von etwa Befehlen oder Softwareupdates muss der physische Gegenstand mit einer Technologie zur Vernetzung ausgerüstet werden. Diese Vernetzung kann per Kabel, Kupfer oder zum Beispiel Glasfaser, hergestellt werden oder drahtlos. Auch für drahtlose Vernetzung gibt es eine Vielzahl an Möglichkeiten, die jeweils Vor- und Nachteile haben, beispielsweise Kosten, Reichweite, Netzabdeckung oder Energieverbrauch betreffend. Um nur ein Beispiel etwas detaillierter zu illustrieren: Der Energieverbrauch betrifft natürlich nicht nur die Ebene „Vernetzung", sondern zum Beispiel auch die Sensorik und den Mikrocontroller. Insbesondere für drahtlose und batterie- oder akkubetriebene Geräte ist dieser Faktor aber von großer Bedeutung. Ein anderer wichtiger Aspekt für Vernetzung kann die Infrastruktur sein. Für manche Funktechnologien, z.B. Zigbee, wird in der Regel ein zusätzliches sogenanntes Gateway benötigt, über das eine Verbindung zum Internet hergestellt wird, während WLAN in Gebäuden häufig vorhanden ist. Außerhalb von Gebäuden kann beispielsweise Mobil- oder in entlegenen Gebieten Satellitenfunk genutzt werden, wofür aber Gebühren zu bezahlen sind. Neben den Kosten spielen unter anderem auch die verfügbaren Übertragungsgeschwindigkeiten und Verzögerungs- oder Latenzzeiten eine Rolle. Besonders für sehr datenintensive Anwendungen mit Echtzeitanforderungen verspricht der neue Mobilfunkstandard 5G eine wesentliche Leistungssteigerung.

Die vierte Ebene in der oben dargestellten Struktur beinhaltet eine Infrastruktur, in der unter anderem Daten gesammelt und verarbeitet werden. Heute handelt es sich hierbei meist um zentrale Server, mit denen die vernetzten Geräte kommunizieren. Je nach Anwendung werden zur Verarbeitung der Daten Technologien herangezogen, die sich unter Schlagworten wie künstliche Intelligenz, maschinelles Lernen oder Big Data zusammenfassen lassen. Zusätzlich müssen auf dieser Ebene aber viele weitere Anforderungen bedient werden. Es müssen ggf. tausende oder

Millionen von Geräten und Nutzern verwaltet werden, Daten gespeichert werden und Schnittstellen zu anderen Systemen, z. B. zu einem Enterprise-Ressource-Planning-(ERP)-System bereitgestellt werden, um nur einige Beispiele zu nennen. Ein Anbieter einer Internet-der-Dinge-Lösung kann einen eigenen Server aufbauen und betreiben, um diese Anforderungen zu bedienen, oder er kann Serverkapazität bei einem Cloud-Anbieter mieten und dort die entsprechende Software betreiben. Dabei ist zu beachten, dass sich diese Software in ihren Anforderungen, den verwendeten Programmiersprachen und Technologien und auch in ihren Entwicklungsparadigmen deutlich von der oben erwähnten Embedded Software unterscheidet.

Schließlich ist eine weitere technische Ebene, mit „Service" bezeichnet, erforderlich, um die Interaktion des Systems mit Nutzern zu ermöglichen. Technisch kann es sich hierbei um Web-Frontends handeln, also Internetseiten, die auf dem Server der vierten Ebene bereitgestellt und dort abgerufen werden können. Insbesondere im Konsumentenbereich sind auf dieser Ebene heute Smartphone-Apps sehr weit verbreitet, Sprachassistenten erfreuen sich jedoch zunehmender Beliebtheit und bieten ebenfalls die Möglichkeit, beispielsweise die Beleuchtung im Smart Home zu steuern. Doch nicht immer muss die Nutzerinteraktion auf dieser Ebene ausschließlich technisch umgesetzt werden. Bei den eCall-Systemen, die im Fall eines Autounfalls automatisch eine Leitstelle informieren, nimmt ein Mitarbeiter einer Leitstelle Kontakt zu den Fahrzeuginsassen auf.

Aus der Sicht des Nutzers wird das Internet-der-Dinge-System auf den Ebenen „Physischer Gegenstand" und „Service" erlebbar, während die übrigen Ebenen in der Regel eher verborgen bleiben. In den beiden genannten Ebenen manifestiert sich das in Abschnitt 8.3.2 eingeführte erweiterte Nutzenversprechen einer IoT-Lösung.

■ 8.6 Vorgehensweise zur Umsetzung

Bei der Entwicklung digitaler (und physischer) Produkte und Services werden derzeit verstärkt zwei aufeinander aufbauende Strategien verfolgt – die designgetriebene und die iterative Produktentwicklung. Der Ansatz der designgetriebenen Produktentwicklung verfolgt das Ziel, Neuentwicklungen eng am Nutzer auszurichten und damit eine hohe Akzeptanz bei diesem zu erreichen. Der Ansatz der iterativen Produktentwicklung hingegen ermöglicht durch Prototypen und kurze Iterationszyklen frühzeitig Userfeedback einzuholen und in der nächsten Iterationsstufe umzusetzen.

8.6.1 Designgetriebene Produktentwicklung

Mit der designgetriebenen Produktentwicklung können Lösungen entwickelt werden, die das oben beschriebene Nutzenversprechen mit hoher Sicherheit erfüllen. Die designgetriebene Produktentwicklung hat ihren Ursprung in der Gestaltung. Dort wird sie eingesetzt, um Innovationen und Weiterentwicklungen bestehender Produkte (Redesigns) zu entwickeln. Die designgetriebene Produktentwicklung gliedert sich in mehrere Phasen: Analyse, Synthese, Ideation, Prototyping und Test. In der Analysephase tauchen die Gestalter in die Welt der Nutzer ein. Sie versuchen, das Umfeld eines Nutzers oder einen Prozess ganzheitlich zu verstehen. Hier kommen unterschiedliche Methoden wie die User Journey oder andere Observationsmethoden zum Einsatz. In der darauffolgenden Synthesephase werden die gewonnenen Erkenntnisse und die gesammelten Materialien ausgewertet. Dabei gilt es Problemstellen, die sogenannten „Pain-Points", zu identifizieren. Diese liefern wiederum die Basis für die Ideationsphase, in der unterschiedliche Lösungsansätze formuliert und zu Produkt- und Serviceinnovationen oder Redesigns weiterentwickelt werden. Neben der nutzerzentrierten Gestaltung sind selbstverständlich auch die technische Machbarkeit und die Finanzierbarkeit zu beachten.

Das Umdenken zur nutzerzentrierten Produktentwicklung hat unter anderem großen Firmen wie Apple zum Erfolg verholfen. So formulierte Steve Jobs bereits 1997: „You've got to start with the customer experience and work backwards to the technology."

8.6.2 Iterative Produktentwicklung

Spätestens nach der dritten Phase beginnt die iterative Produktentwicklung. Dieser Ansatz stammt ursprünglich aus der Softwareentwicklung und wird in der Gestaltung an vielen Stellen praktiziert.

In der Iterativen Produktentwicklung werden die Lösungsansätze aus der vorher erläuterten Ideationsphase (eine Vielzahl an Lösungsansätzen sollte entstanden sein) in mehreren Zyklen in Prototypen umgesetzt, überprüft und schrittweise verfeinert und verbessert. Die Prototypen werden dabei in steigenden funktionalen und ästhetischen Qualitätsstufen realisiert. In jeder Stufe gibt es Nutzertests, um die Nutzerakzeptanz kontinuierlich zu gewährleisten und zu verbessern. Die Arbeitsweise richtet sich ganz nach dem Leitsatz „Fail Fast, Fail Often" (oder auch „Fail Fast, Fail Cheap"). Diese Denkweise findet man auch in den Scrum-Prozessen der agilen Softwareentwicklung. Sie besagt vor allem, dass ein Unternehmen aus gescheiterten Produktansätzen lernen sollte. Die Gefahr, zu lange an unzureichenden Produktideen festzuhalten, soll minimiert werden, da sonst erheblicher wirtschaftlicher Schaden droht.

Weitere Design-Methoden können den Entwicklungsprozess unterstützen (Dark Horse Innovation 2016). Ein besonders empfehlenswerter Workshop ist „Kill your Company", bei dem Entscheider eines Unternehmens in rund drei Stunden versuchen, Strategien für das Verdrängen der eigenen Firma vom Markt zu entwickeln. Vor allem in Hinblick auf die Marktrelevanz von Produkten und Services des Internets der Dinge können mit diesem Ansatz interessante Aspekte aufgedeckt werden (Kirsch 2012).

Im Gegensatz zum iterativen Vorgehen steht die Produktentwicklung nach dem Wasserfallmodell, das auch heute noch häufig zum Einsatz kommt: Erst werden aufwendige Prozesse in Gang gesetzt, lange Entwicklungszeiten benötigt und hohe Investitionskosten getätigt, bevor ein Funktionsmodell realisiert wird. Mit dem Markteintritt treffen dann die Produktlösungen auf die Nutzer. Dieses birgt große Risiken, vor allem in der heutigen Zeit, in der Product Life Cycles immer kürzer werden. Die iterative Produktentwicklung soll hier Abhilfe schaffen.

■ 8.7 Weitere Entwicklung

Die technischen Ebenen einer Lösung im Internet der Dinge, die in Abschnitt 8.5 vorgestellt wurden, spiegeln die Vorstellung wider, dass vernetzte physische Gegenstände mit „ihrem" Server kommunizieren, der wiederum ein spezifisch für die jeweilige Lösung entwickeltes Nutzer-Interface bedient. Die Lösung wird also als in sich geschlossen angenommen. In Zukunft werden die vernetzten Dinge jedoch zunehmend untereinander Daten austauschen und sich gegenseitig beeinflussen, ohne Zutun des Menschen. In manchen Domänen ist diese Entwicklung bereits zu erahnen, wie etwa beim Smart Home und den dort beobachtbaren Entwicklungen von Plattformen, vgl. Abschnitt 8.4.1.

Dieses hochvernetzte Internet der Dinge bringt zusätzliche Anforderungen, wie beispielsweise eine eindeutige, sichere Identifizierung der vernetzten Dinge, Konsistenz von Daten unterschiedlicher Lieferanten und Nutzer und die Incentivierung von beispielsweise Datenlieferanten. In diesem Kontext wird der sogenannten Blockchain- oder Distributed-Ledger-Technologie großes Potenzial zugeschrieben (Kshetri 2017).

Fast alle im Internet der Dinge vernetzten Gegenstände liefern Daten. Damit entsteht in der digitalen Welt, in den IT-Systemen, ein hochauflösendes Bild der physischen Welt (Fleisch 2010). Es wird unerlässlich sein, fortgeschrittene Methoden wie maschinelles Lernen und Künstliche Intelligenz anzuwenden, um aus dieser riesigen Datenmenge relevante Informationen zu generieren und Aktionen abzuleiten.

Die Relevanz dieser Methoden geht aber weiter: Die Idee des Internets der Dinge geht dahin, dass künftig quasi jeder physische Gegenstand mit dem Internet verbunden sein kann (Fleisch 2010). Schon in der Annäherung an diese Vision wird klar, dass diese vernetzten Dinge nicht alle per separater Smartphone-App mit dem Nutzer kommunizieren können. Systeme müssen in die Lage versetzt werden, autonom Entscheidungen zu treffen und zu agieren. Beispielsweise müssen automatisierte Fahrzeuge, die in einer Stadt künftig die Aufgaben von Taxis übernehmen könnten, ohne direktes Zutun des Menschen entscheiden, wie sie verfahren, wenn ein Fahrgast ausgestiegen ist und möglicherweise nicht direkt der nächste Auftrag vorhanden ist.

Doch das Internet der Dinge wird sich nicht nur technisch weiterentwickeln, wie das oben dargestellt wird. Bereits in Abschnitt 8.4 wurde auf sich verändernde Strukturen im Markt, neue Formen der Zusammenarbeit zwischen Unternehmen und innovative Geschäftsmodelle hingewiesen, die das Internet der Dinge ermöglicht, wenn nicht sogar erfordert. Die Entwicklung von Business-Ökosystemen, die Branchen und Domänen übergreifen, wird künftig von großer Relevanz werden. Als Beispiel sei hier das Thema „Smart City" angeführt. Unter diesem Schlagwort werden Anwendungen aus den unterschiedlichsten Domänen, beispielsweise Wasserwirtschaft, Sicherheit und Verkehr, zusammengeführt – nicht nur technisch, sondern auch wirtschaftlich und in Geschäftsmodellen.

■ 8.8 Die wichtigsten Punkte in Kürze

- Das Internet der Dinge wird alle Branchen und auch alle Lebensbereiche des Menschen verändern.
- Das Internet der Dinge steht heute noch sehr am Anfang seiner Entwicklung. Die Kombination mit Technologien, wie beispielsweise maschinellem Lernen und künstlicher Intelligenz wird weitere Innovationen induzieren.
- Es eröffnet in sehr vielen Bereichen Möglichkeiten, die Produktivität zu steigern und Kosten zu senken.
- Neue Nutzenversprechen und Geschäftsmodelle werden möglich.
- Das größte Risiko besteht darin, untätig abzuwarten.
- Die Technologie mag komplex erscheinen und in vielen Fällen auch tatsächlich sein. Sie wird mit den richtigen Partnern handhabbar.
- Niemand kann alleine großen Erfolg im Internet der Dinge haben. Das Denken in Partnerschaften und Ökosystemen ist der Schlüssel zum Erfolg.

Literatur

Amazon (2019): Nest Thermostat. Abgerufen am 23.07.2019 von https://www.amazon.de/Nest-Labs-Inc-Thermostat/dp/B01LXYILGF.

Bosch (2019): Heizungsservice – Ferndiagnose per Internet mit Bosch HomeCom. Abgerufen am 15.07.2019 von https://www.bosch-homecom.com/de/de/heizungsservice/.

Carius, L. & Meinecke, C. (29.8.2018): bitkom. Abgerufen am 28.06.2019 von Digitale Sprachassistenten erreichen den Massenmarkt: https://www.bitkom.org/Presse/Presseinformation/Digitale-Sprachassistenten-erreichen-den-Massenmarkt.html.

Dark Horse Innovation (2016): Digital Innovation Playbook – Das unverzichtbare Arbeitsbuch für Gründer, Macher und Manager. Murmann Publishers GmbH.

Evans, D. (04/2011). The Internet of Things – How the Next Evolution ot the Internet is Changing Everything. Abgerufen am 18.02.2019 von https://www.cisco.com/c/dam/en_us/about/ac79/docs/innov/IoT_IBSG_0411FINAL.pdf.

Fleisch, E. (2010): What is the internet of things? An economic perspective. Economics, Management, and Financial Markets, S. 125–157.

Fleisch, E., Weinberger, M. & Wortmann, F. (2014): Business Models and the Internet of Things. Bosch IoT Lab Whitepaper.

Gassmann, O., Frankenberger, K. & Csik, M. (2013): Geschäftsmodelle entwickeln – 55 innovative Konzepte mit dem St. Galler Business Model Navigator. München: Carl Hanser Verlag GmbH & Co. KG.

Kirsch, K. (2012): How to Kill Your Company: 50 Ways You're Bleeding Your Organization and Damaging Your Career. iUniverse.

Kshetri, N. (2017): Can blockchain strengthen the internet of things? IT professional, 19(4), S. 68–72.

Nespresso (2019): Nespresso Expert. Abgerufen am 15.07.2019 von https://www.nespresso.com/de/de/expert-machines-range.

Netatmo (2019): Netatmo – Ihre persönlichen Wetterdaten auf Ihrem Smartphone. Abgerufen am 22.07.2019 von https://www.netatmo.com/de-de/weather/weatherstation.

Netatmo (2019): Netatmo Connect – Use Cases. Abgerufen am 22.07.2019 von https://www.netatmo.com/en-us/connect/showcase.

Netatmo (2019): Netatmo Weathermap. Abgerufen am 22.07.2019 von https://weathermap.netatmo.com/.

Regier, S.S. (2019): The Acceptance and Consulting Quality of Automatic Emergency Call Systems for Cars. CERC, S. 175–184.

Rittmeister, D.-S. (14.12.2018): Ernst & Young. Abgerufen am 28.06.2019 von Deutsche Unternehmen erhöhen Investitionen in Industrie 4.0 – Großunternehmen geben das Tempo vor: https://www.ey.com/de/de/newsroom/news-releases/ey-20181214-deutsche-unternehmen-erhoehen-investitionen-in-industrie-4-0-grossunternehmen-geben-das-tempo-vor.

Sayar, D. & Er, Ö. (2018): The antecedents of successful IoT service and system design: Cases from the manufacturing industry. International Journal of Design, 12.1, S. 67–78.

Schuermans, S., Constantinou, A. & Vakulenko, M. (2015): Asymmetric Businesss Models – The secret weapon of software-driven companies. London: VisionMobile.

Smartduvet (2019): Smartduvet – Dual Zone Climate Controlled Self-making Bed. Abgerufen am 15.07.2019 von https://www.smartduvet.com/.

Tado (2019): Die tado° Smarte Klimaanlagen-Steuerung. Abgerufen am 23.07.2019 von https://www.tado.com/de/.

Tchakoua, P. W.-H. (2014): Wind turbine condition monitoring: State-of-the-art review, new trends, and future challenges. Energies(7(4)), S. 2595–2630.

Tenzer, F. (24.09.2018): Statista. Abgerufen am 28.06.2019 von Anteil der TV-Haushalte in Deutschland mit einem an das Internet angeschlossenen TV-Gerät (Connected TV) in den Jahren 2013 bis 2018: https://de.statista.com/statistik/daten/studie/461654/umfrage/anteil-der-tv-haushalte-in-deutsch land-mit-angeschlossenem-tv-geraet/.

Voigt, M. (29.05.2019): Smart Home Studie 2018: Plattform Ecosysteme und Kooperationen sind die Zukunft. Abgerufen am 23.07.2019 von https://kiwi.ki/blog/smart-home/smart-home-studie-2018/.

Windischhofer, R. (2016): ABB – Remote Monitoring for Vessel Engines on Propulsion Systems. Conference of Things. Stockholm.

Würth Industrie Service GmbH (2019): IBIN® – DER ERSTE INTELLIGENTE KANBAN BEHÄLTER. Abgerufen am 18.07.2019 von https://www.wuerth-industrie.com/web/de/wuerthindustrie/cteile_ management/kanban/kanban_steuerung/ibin_intelligenterbehaelter/ibin.php.

9 Open Source

Irene Weber

In der IT-Branche hat sich Open-Source-Software (OSS) heute durchgesetzt, führende IT-Konzerne verwenden Open-Source-Code und entwickeln ihn auch selbst. Doch auch für Unternehmen anderer Branchen bietet Open-Source-Software Potenzial.

In diesem Beitrag erfahren Sie,

- dass Open-Source-Software nicht nur ein Schlagwort, sondern genau definiert ist,
- was es mit den Risiken von Open Source auf sich hat und wie man damit umgeht,
- welche Vorteile und Potenziale Open-Source-Software auch für Nicht-IT-Firmen bietet.

■ 9.1 Einleitung

Ein Unternehmen kann auf verschiedene Weise mit Open-Source-Software tätig werden:

- Open-Source-Software herstellen,
- fertige Open-Source-Softwaresysteme anwenden, um eigene betriebliche Aufgaben damit zu bearbeiten,
- die Entwicklung eigener Software durch die Verwendung von Open-Source-Softwarekomponenten beschleunigen.

Besonders die letztgenannte Anwendungsmöglichkeit ist zum Standard geworden: 2018 zeigten Software-Audits, dass fast alle Firmen Open-Source-Komponenten in ihre selbstentwickelte Software einbauen; ihre Codebasen enthalten im Schnitt einen Open-Source-Anteil von ein bis zwei Drittel, siehe Tabelle 9.1. Vorgefertigte Komponenten beschleunigen die Entwicklung von Software deutlich und sind dadurch quasi unverzichtbar, doch sie bringen auch Risiken mit sich; Abschnitt 9.2.4 spricht diese an.

Tabelle 9.1 Open-Source-Anteil in Codebasen in ausgewählten Branchen

Branche	OSS vorhanden (%)	OSS Anteil (%)
Energie und Umwelttechnik	100	64
Gesundheitspflege, Medizintechnik, Life Sciences	96	64
Einzelhandel & E-Commerce	99	64
Luft- und Raumfahrt, Automotive, Transport, Logistik	96	37
Produzierendes Gewerbe, Industrie, Robotik	92	43

OSS vorhanden (%): Anteil der Codebasen, die Open Source enthalten, in %. OSS-Anteil (%): Anteil von Open Source in Codebasen in %
(Synopsys Cybersecurity Research Center 2019)

Der Schwerpunkt dieses Beitrags liegt jedoch auf den Potenzialen, die der Open-Source-Ansatz für Unternehmen bietet, die nicht primär als Softwarehersteller tätig sind. Diese erschließen sich am besten, wenn man betrachtet, was Open-Source-Software genau charakterisiert und wie sie entsteht.

■ 9.2 Freie und Open-Source-Software

„Open Source" bedeutet offene Quelle, doch das Wesentliche an Open-Source-Software ist nicht der sichtbare Quellcode, sondern sind Freiheiten, die Open-Source-Software bietet und für die der sichtbare Quellcode Voraussetzung ist.

9.2.1 Bedeutung des Quellcodes

Software zu programmieren heißt, in einer Programmiersprache eine Abfolge von Befehlen zu schreiben, zusammen mit Bedingungen, wann der Computer diese Befehle ausführen soll, um zum Beispiel auf eine Benutzereingabe zu reagieren, Berechnungen auszuführen, Daten zu speichern usw. Dies ist der Quellcode. Er hat die Form von Textdateien und ist für Geübte lesbar und verständlich. Entwickler versuchen, möglichst übersichtlichen und verständlichen Quellcode zu erstellen, denn wenn Programme erweitert oder geändert werden, geschieht dies im Quellcode.

Um die Software auszuführen, muss man den Quellcode in ein Format übersetzen, das der Computer als Befehle interpretieren kann, wie in Bild 9.1 visualisiert. Der Übersetzungsvorgang produziert ebenfalls Dateien, doch deren Inhalt ist für Menschen kaum verständlich. Dieses Format der Software bezeichnet man als Objekt-code oder auch als „ausführbare Version". Während Quellcode weitgehend unab-hängig davon ist, auf welchem Computersystem die Software später laufen soll, benötigen verschiedene Computersysteme speziell für sie erstellten Objektcode.

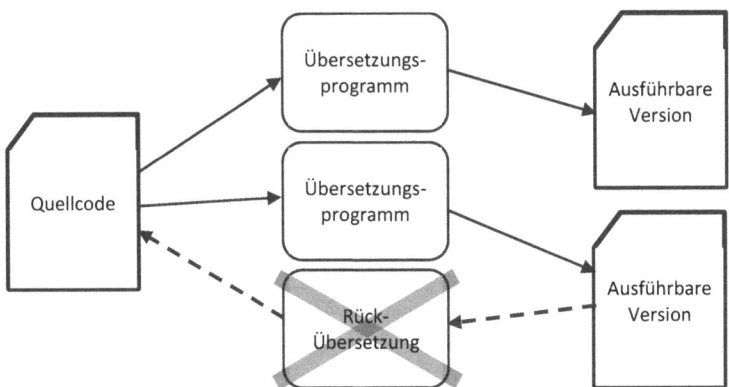

Bild 9.1 Quellcode und ausführbare Versionen (Objektcode)

Prinzipiell kann jeder, der über den Quellcode und passende Übersetzungssoft-ware verfügt, aus dem Quellcode selbst den ausführbaren Code erzeugen; in der Praxis ist dazu jedoch viel Know-how erforderlich.

Software in Form von Objektcode ist wie eine Black Box, man kann ihr Verhalten von außen beobachten, aber nicht erkennen, wie es genau zustande kommt. Liegt eine Software nur als Objektcode vor, spricht man von Closed Source. Es gibt Werk-zeuge, die in der Lage sind, aus dem Objektcode einer Software ihren Quellcode mehr oder weniger gut zu rekonstruieren, doch dies ist – außer für bestimmte, eng abgegrenzte Anwendungssituationen – gesetzlich verboten (§ 69a-e UrhG 2019).

9.2.2 Kriterien für Freie Open-Source-Software

Open-Source-Software legt ihren Quellcode offen, wesentlich ist jedoch, dass sie der Allgemeinheit bestimmte Nutzungsrechte oder Freiheiten gewährt, für deren Ausübung der Quellcode benötigt wird. Die Free Software Foundation (FSF), eine allgemein anerkannte Institution zur Förderung von Freier und Open-Source-Soft-ware, definiert diese so:

 Eine Freie oder Open-Source-Software ist eine Software, die folgende Freiheiten oder Rechte gewährt:

1. Die Freiheit, das Programm auszuführen, auf beliebige Weise und für jeden Zweck.

2. Die Freiheit, die Funktionsweise des Programms zu untersuchen und das Programm zu ändern.

3. Die Freiheit, Kopien des Programms weiterzugeben.

4. Die Freiheit, Kopien von geänderten Versionen des Programms weiterzugeben.

Das Vorliegen des Quellcodes ist die Voraussetzung dafür, diese Freiheiten wahrnehmen zu können.

(Diese Definition wurde übersetzt und gekürzt. (Free Software Foundation 2019))

Eine alternative, allgemein anerkannte Definition stammt von der Open Source Initiative (OSI); sie stimmt in den wesentlichen Punkten mit der Definition der FSF überein (Open Source Initiative 2007). Während die OSI den Begriff „Open Source Software" in den Vordergrund stellt, spricht die FSF von „Freier Software". Der Begriff Free Open Source Software, abgekürzt FOSS, bringt beides zusammen und trifft die Idee sehr gut.

 Der Gegenbegriff zu Open-Source-Software ist proprietäre Software. Im Unterschied zu Freier Open-Source-Software behält bei proprietärer Software der Eigentümer der Software das Vervielfältigungsrecht sowie das Recht zu bestimmen, wer die Software wie, wann und zu welchen Zwecken einsetzt, für sich.

9.2.3 Open-Source-Software-Lizenzen

In Deutschland fällt Software-Quellcode unter das Urhebergesetz, zusammen mit Büchern, Bildern, Musik und ähnlichen Werken, deren Herstellung eine schöpferische, kreative Leistung erfordert. Die Urheberschaft an einem Werk ist immer an eine natürliche Person gebunden, der bestimmte Rechte an ihrem Werk zustehen. Die Urheberschaft ist nicht übertragbar, doch kann ein Urheber Verwertungsrechte an seinem Werk an andere abtreten. Software wird kaum noch von Einzelnen entwickelt und hat daher meist mehrere Urheber.

Bei Arbeitnehmern, die ein Werk im Rahmen ihres Arbeitsverhältnisses schaffen, gehen die Rechte meist automatisch an den Arbeitgeber, falls es keine anderen vertraglichen Vereinbarungen gibt.

Das angloamerikanische Pendant zu Urheberrecht und Verwertungsrecht ist das Copyright. Da viele Texte zu Open-Source-Software auf Englisch vorliegen, wird im Folgenden meist der Begriff Copyright verwendet.

Die Nutzung der Software bedarf der Zustimmung des Rechteinhabers in Form einer Lizenz. Open-Source-Softwarelizenzen gewähren der Allgemeinheit weitgehende Nutzungsrechte, die jedoch an Bedingungen geknüpft sind. Diese sichern die Nutzer und die Urheber der Software ab und verhindern, dass sich jemand die Software aneignen und sie zur proprietären Software machen kann.

Jeder Rechteinhaber kann seine Softwarelizenz frei formulieren, doch oft werden für Open-Source-Software vordefinierte Lizenzen wiederverwendet, die von Organisationen und Softwareherstellern entworfen wurden, zum Beispiel die in Tabelle 9.2 genannten. Eine Liste mit geprüften Open-Source-Lizenzen ist auch bei der OSI abrufbar (Open Source Initiative 2019).

Durch die Lizenz treten die Rechteinhaber ihre Rechte nicht ab, vielmehr kommt durch die Nutzung der Software ein Lizenzvertrag zwischen Nutzer und Rechteinhaber zustande. Die Softwarelizenz ist rechtlich bindend, insofern ist Open-Source-Software auch ein juristisches Konzept.

Tabelle 9.2 Meistverwendete Open-Source-Lizenzen (Balter 2015)

Rang	Lizenz	Anteil an Projekten
1	MIT	44,7 %
2	GPLv2+v3	21,8 %
3	Apache	11,19 %

Die Bedingungen in Open-Source-Lizenzen sind grundlegend für das Verständnis von Open-Source-Software. Daher wird hier eine Lizenz, die GPLv3, als Beispiel näher betrachtet. Unter den in Tabelle 9.2 genannten Lizenzen stellt sie die strengsten Forderungen an die Nutzer der Software.

 Wichtige Inhalte der GPL, nach (GPL v3.0, 2007):

- Der Lizenzvertrag ist uneingeschränkt und unwiderruflich gültig (Recht), solange der Nutzer die Lizenzbedingungen nicht verletzt. Verletzt der Nutzer die Lizenzbedingungen, erlischt automatisch der Lizenzvertrag.

- Ein Nutzer darf den Quellcode der Software einsehen und untersuchen (Recht). Damit schließt die Lizenz ausdrücklich die Anwendung von Anti-Circumvention-Gesetzen aus.

- Der Rechteinhaber gewährt mit der Lizenz dem Nutzer auch die Nutzungsrechte an Patenten des Rechteinhabers, die sich auf die lizenzierte Software erstrecken (Recht). Dies schützt den Nutzer vor Ansprüchen aus Patentverletzungen.

- Der Nutzer darf die Software auf beliebige Weise nutzen, auch eine kommerzielle Nutzung ist ausdrücklich zulässig (Recht).

- Der Nutzer darf die Software als Quellcode und als ausführbare Versionen auf beliebigen Medien kostenlos oder gegen Gebühren weiterverbreiten und sie in eigene Produkte integrieren. Der Nutzer darf kostenpflichtigen Support oder Garantien für das Programm anbieten (Recht).

- Wer die Software verbreitet, darf keine Gebühren für ihre Nutzung verlangen (Pflicht), denn die Software soll frei verfügbar bleiben.

- Wird die Software in ausführbarer Form, als Objektcode weitergegeben, sind Quellcode und Lizenztext beizufügen oder auf Anfrage herauszugeben (Pflicht), damit die Software frei bleibt.
- Jede modifizierte Version muss mit Datumsangabe darüber informieren, dass es sich um eine modifizierte Version handelt und wer die Urheber bzw. Rechteinhaber der Modifikationen sind (Pflicht). Dies schützt die Urheber der ursprünglichen Software.
- Wird GPL-lizenzierte Software modifiziert oder in eine Software fest integriert, darf die resultierende Software nur unter der GPL weitergegeben werden (Pflicht).
- Jede Gewährleistung oder Haftung für die Software werden ausgeschlossen. Dies schützt die Copyright-Inhaber vor Forderungen seitens der Nutzer.

In der GPL verdient vor allem die Bedingung „Weitergabe nur unter derselben Lizenz" genauere Betrachtung, denn diese Bedingung macht die GPL zu einer sogenannten viralen oder infektiösen Open-Source-Lizenz. Für solche Formulierungen wurde der Begriff Copyleft geprägt, als Wortspiel und Gegensatz zum Copyright.

 Copyleft besagt, dass Software, die durch Modifikation oder Weiterentwicklung von Copyleft-lizenzierter Software entstanden ist oder Copyleft-lizenzierte Software beinhaltet, auch nur unter einer Copyleft-Lizenz weiterverbreitet werden darf.

Copyleft wurde eingeführt, um die Verbreitung von Open-Source-Software zu fördern. Es verhindert, dass Unternehmen aus Open-Source-Software abgeleitete Software kommerzialisieren und von der Arbeit der Open-Source-Entwickler profitieren, ohne der Allgemeinheit etwas zurückzugeben. Copyleft ist eine sehr restriktive Bedingung, denn sie zwingt zur Offenlegung des Quellcodes jeglicher Software, die Copyleft-Komponenten enthält. Für Hersteller proprietärer Software, die den Quellcode geheim halten wollen, ist es deshalb ausgeschlossen, Copyleft-Komponenten zu verwenden. Da sich dies als Hemmnis für die Verbreitung von Open Source erwiesen hat, wurden auch Software-Lizenzen entwickelt, die auf Copyleft verzichten; man bezeichnet sie als permissive Lizenzen. Die MIT- und die Apache-Lizenz aus Tabelle 9.2 sind permissive Lizenzen.

 Permissive Open-Source-Lizenzen erlauben, dass Software, die durch Modifikation von permissiv Open-Source-lizenzierter Software entstanden ist oder solche beinhaltet, auch unter anderen Lizenzen weiterverbreitet werden darf.

9.2.4 Risiken von Open-Source-Software

Bei der Diskussion über Open-Source-Software ist viel von Risiken die Rede. Risiken, die für Open-Source-Software ganz spezifisch sind und bei proprietärer Software so nicht auftreten, sind solche, die sich direkt aus den Open-Source-Lizenzen ergeben.

Ein Risikoszenario: Ein Anwender von Open-Source-Software verletzt unwissentlich Lizenzbedingungen und wird dann dafür belangt.

In der Vergangenheit mussten Betroffene deswegen Schadenersatz leisten oder Unterlassungserklärungen unterzeichnen (z. B. Diedrich 2013; Janke 2019). In einem häufig zitierten Fall hat die Firma Cisco den Quellcode ihrer Software offengelegt, nachdem darin Copyleft-lizenzierte Komponenten entdeckt wurden (Smith 2009).

Die Nutzung von Open-Source-Software ist uneingeschränkt frei. Risiken bestehen dann, wenn Open-Source-Software weitergegeben wird: zum Beispiel zum Download angeboten oder als Bestandteil eigenentwickelter Software.

Um diese Risiken zu vermeiden, würde ein Blick in die Lizenzbedingungen der Open-Source-Software genügen. Das Problem dabei ist, dass Software heutzutage selten „aus einem Guss" ist, sondern, wie auch Tabelle 9.1 zeigt, bei der Entwicklung sehr viel Code aus Open-Source-Software einfließt, die wiederum selbst Fremdcode enthält usw. Oft sind Firmen gar nicht in der Lage, ohne Weiteres festzustellen, welche Open-Source-Software sie verwenden, und können daher auch nicht sicher sein, deren Lizenzbedingungen einzuhalten.

Ein zweites Risiko, das mit Open-Source-Software einhergeht, betrifft die Sicherheit der Software. Wie jede Software kann auch Open-Source-Software Codestücke enthalten, die im Laufe der Zeit als Sicherheitsrisiko oder Schadcode erkannt werden. Zwar werden solche Schwachstellen auch bei Open-Source-Software von den Entwicklern in aller Regel schnell behoben. Wer die Open-Source-Software in eigenen Softwareprojekten verwendet, muss die Korrekturen auch in seiner Codebasis nachziehen (Synopsys Cybersecurity Research Center 2019).

 Die Aufgabe, den Code einer Software nach Open-Source-Bestandteilen zu durchsuchen, bezeichnet man als Component Analysis. Ein Ergebnis der Component Analysis ist die Software Bill of Materials (SBOM), also eine Stückliste aller Open-Source-Komponenten, die in der Software enthalten sind. Component Analysis erfolgt mit speziellen Softwaretools und wird von spezialisierten Beratungsunternehmen als Service angeboten.

(Springett 2019) gibt einen kompakten Einblick in die Thematik und bietet auch eine Liste einschlägiger Softwarewerkzeuge.

■ 9.3 Open-Source-Projekte

Die Freiheit von Open-Source-Software bewirkt, dass sich oft viele Personen in Open-Source-Projekten engagieren, auf freiwilliger Basis oder im Auftrag von Unternehmen und meist geografisch verteilt. Um die gemeinschaftliche Arbeit zu ermöglichen und zu koordinieren, benötigen Open-Source-Projekte Organisation und eine technische Infrastruktur. Hierbei haben sich durch effektive und benutzerfreundliche Werkzeuge unterstützte Best Practices herausgebildet, die so erfolgreich sind, dass sie unter dem Label „Inner Source" zunehmend auch für unternehmensinterne Softwareentwicklungsprojekte übernommen werden, ein Beispiel unter vielen beschreibt (SAP/GitHub 2019).

9.3.1 Technische Infrastruktur

In typischen Open-Source-Projekten liegt der Quellcode auf Code-Hosting-Plattformen, auf denen Schreibberechtigte den Code ändern und ergänzen können. Der Code ist öffentlich sichtbar und auch der Fortschritt des Entwicklungsprozesses lässt sich öffentlich beobachten. Die derzeit wohl beliebteste dieser Online-Plattformen ist GitHub; öffentliche Projekte, deren Code jeder einsehen und kopieren kann, beherbergt GitHub kostenlos.

Ein weiteres typisches Werkzeug ist der Issue Tracker, in dem Aufgaben wie Fehlerkorrekturen oder Funktionserweiterungen priorisiert und verwaltet werden. Nicht nur Entwickler, auch Nutzer können Probleme und Wünsche im Issue Tracker erstellen. Daneben sind weitere Kommunikationskanäle wie Wikis, Online-Foren und Mailinglisten sehr gebräuchlich.

9.3.2 Community

Die Personen, die an einem Open-Source-Projekt beteiligt sind, bezeichnet man als die Community des Projekts. Typischerweise findet man in der Community eines Open-Source-Projekts folgende Rollen (Peters & Ruff), (GitHub Open Source Guides 2019):

- Leader: Einzelperson oder Gremium mit Entscheidungsbefugnis
- Owner: verwalten das Projekt und besitzen volle Zugriffsrechte auf die Codebasis
- Maintainer: haben Verantwortung und Entscheidungsautorität über Teilbereiche des Projekts
- Committer, Core Developer: tragen eigenverantwortlich Code zum Projekt bei und sichten Code von anderen Beitragenden

- Contributor: tragen Programmcode, aber auch Dokumentation, Tests, Übersetzungen etc. zum Projekt bei; ihre Beiträge werden von Committern nach Prüfung in das Projekt eingespeist.
- User: nutzen die Software, geben Feedback, machen Vorschläge und unterstützen andere User bei Problemen.

Bild 9.2 veranschaulicht den Aufbau einer Open-Source-Community. Von außen nach innen nehmen die Rechte, die Verantwortung und der Einfluss der Personen zu.

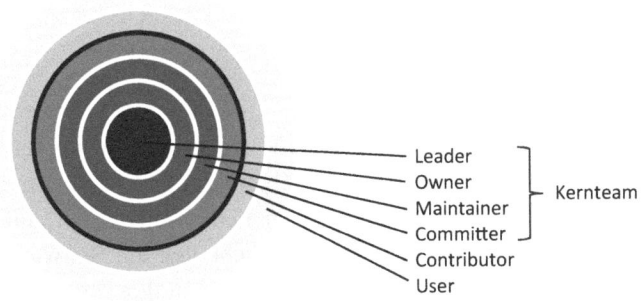

Bild 9.2 Community eines Open-Source-Projekts in Anlehnung an (Kees, Markowski 2019, S. 34)

9.3.3 Vorteile von Open-Source-Software

Die Offenheit der Software und die gemeinschaftliche Entwicklung durch eine heterogene Community bewirken die Vorteile, die man Open-Source-Software oft zuschreibt:

- Bessere Qualität des Codes, da mehr Personen den Code untersuchen und Fehler und Sicherheitsprobleme beheben können
- Mehr Innovation und bessere Funktionalität durch Input von sehr unterschiedlichen Personentypen. Neben dem Kernteam des Projekts und Anwendern können sich auch an der Technologie interessierte Early Adopters, unabhängige Entwickler und Berater, akademische Nutzer usw. für ein Projekt engagieren.
- Schnellere Entwicklung und Aufbau eines Ökosystems um die Software, wenn aus der Community Zusatz- und Ergänzungsprodukte geschaffen werden und sich ein Pool von Experten und Dienstleistern bildet
- Mehr Sichtbarkeit für das Projekt, wenn die Community in Foren, Vorträgen usw. aktiv wird und beginnt, die eigene Expertise und eigene Produkte aus dem Umfeld des Projekts zu vermarkten

WordPress

WordPress startete 2003 als Blogsoftware auf Initiative von zwei Studenten, die den Open-Source-Code eines anderen Projekts unter der GPL weiterentwickelten. 2019 ist WordPress das am häufigsten genutzte Web-Content-Management-System, über ein Drittel aller Websites weltweit sind mit WordPress erstellt und mehr als 50 000 Plug-ins, zum Beispiel für Webshops oder zur Verwaltung von Events, sind verfügbar (WordPress 2019).

■ 9.4 Open-Source-Software anwenden

Ein großes Angebot an Open-Source-Anwendungssoftware für Unternehmen ist verfügbar. Eine umfangreiche Marktübersicht über Open-Source-Unternehmenssoftware bietet (Kees, Markowski 2019). Ein Unternehmen, das Software produktiv für unternehmenskritische Zwecke einsetzt, benötigt nicht nur die Software an sich, sondern auch begleitende Dienstleistungen, Zusatzprodukte und Sicherheiten, die den zuverlässigen und effizienten Einsatz der Software gewährleisten. Bild 9.3 gibt einen Überblick über die Elemente, die das Gesamtpaket einer unternehmensfähigen Anwendungssoftware ausmachen (Riehle 2012).

Bei proprietärer Software bietet in der Regel der Softwarehersteller dieses Gesamtpaket an, direkt oder über ausgewählte Beratungsunternehmen. Diese stehen in einem Abhängigkeitsverhältnis zum Softwarehersteller, da nur dieser die Funktionsweise der Software genau kennt, Fehler beheben und Updates bereitstellen kann. Bei Open-Source-Software besteht diese Abhängigkeit nicht, denn jeder kann freie Software verbreiten und Dienstleistungen und Zusatzprodukte dazu anbieten. Es stellt sich aber die Frage nach der Zuverlässigkeit dieser Angebote. Eine Antwort darauf gibt Commercial Open Source oder Enterprise Open Source.

Anwendbares Produkt	Software	Kernsoftware *Zusatzsoftware* *
	Zusatzprodukte	Dokumentation Installationsanleitung Handbuch etc.
	Basis-Support	Foren, Mailinglisten Online-Tutorials
Anwendungs-verfügbarkeit (Operational Comfort)	Garantien	Updates, Bugfixes, Security Patches Stabile Systemstände (Stable Releases) Funktionalitätsgarantien, Softwarezertifizierung
	Support	Incident Management Support-Hotline
	Betrieb	Administration, Wartung, Monitoring Hosting, SaaS (Managed Service)
Anwendungs-befähigung	Schulung	Inhouse-Schulung Off-Site-Training Zertifizierung
	Consulting	Einführungsberatung Anpassungsprogrammierung Anwendungsberatung

* Plug-ins, Administrationswerkzeuge, Schnittstellen, Dienstprogramme etc.

Bild 9.3 Gesamtpaket einer unternehmensfähigen Anwendungssoftware (angelehnt an Riehle 2019)

9.4.1 Commercial und Enterprise Open Source

Commercial Open Source bedeutet, dass Unternehmen versuchen, mit Open-Source-Software Einnahmen zu erwirtschaften. Die Unternehmen selbst sprechen eher von Enterprise Open Source, da sie ihre Angebote an Unternehmen richten, für die sie Open-Source-Software unternehmens- oder „enterprise"-tauglich machen. Dabei gibt es drei Geschäftsmodelle:

1. Single-Vendor Open Source

2. Distributoren und

3. Service- und Supportdienstleister.

9.4.2 Single Vendor Open Source

Single Vendor Open Source ist das aktuell verbreitetste Open-Source-Geschäftsmodell. Typisch für solche Projekte ist, dass die Software ganz oder größtenteils von Mitarbeitern eines einzigen Unternehmens entwickelt wird und dieses Unternehmen als Single Vendor die Verwertungsrechte am Quellcode vollständig besitzt. Der Single Vendor kann dadurch die Software parallel unter zwei Lizenzen anbieten (Dual-Licensing):

- unter einer proprietären Lizenz als sogenannte Enterprise Edition und
- unter einer Open-Source-Lizenz als sogenannte Community Edition.

Dual Licensing bei Anwendungssoftware ermöglicht das folgende Geschäftsmodell, wobei es in der Praxis natürlich auch Varianten gibt.

Der Single Vendor stellt die Community Edition unter einer Open-Source-Lizenz zur Verfügung, um von den Vorteilen einer Open-Source-Community (siehe Abschnitt 9.3.3) zu profitieren.

Die Community Edition steht für interessierte Anwender bereit, die die Software evaluieren und auch produktiv einsetzen können. Der Single Vendor hofft darauf, dass Unternehmen, die mit der Community Edition in die Anwendung der Software einsteigen, später zur Enterprise Edition wechseln, für die dann Lizenzgebühren fällig werden.

Der Erfolg des Geschäftsmodells für den Single Vendor hängt davon ab, die Unterschiede zwischen Community Edition und Enterprise Edition wirkungsvoll auszutarieren. Die Community Edition dient als Türöffner. Ihre Qualität und Funktionalität sollten dafür ausreichen, echten Nutzen zu bringen und sich im produktiven Einsatz zu bewähren. Denn andernfalls wird sie dort nicht lange und intensiv genug genutzt, um den Kunden zu überzeugen und zu binden. Andererseits muss die Enterprise Edition so viel Mehrwert bieten, dass sich der Umstieg auf die kostenpflichtige Version lohnt.

Über verschiedene im Folgenden erläuterte Stellschrauben lässt sich der Umstieg mehr oder weniger stark forcieren.

Zusatzangebote und Services

Für die Enterprise Edition sichert der Single Vendor zusätzliche Sicherheits- und Qualitätschecks und ähnliche Eigenschaften zu, die für den produktiven Einsatz wichtig sind.

Zusatzfunktionen wie Schnittstellen zu Drittsoftware, Clientprogramme, Administrationswerkzeuge sowie Support- und Wartungsverträge etc. werden nur für die Enterprise Edition angeboten.

Release-Management

Ein Release ist ein Stand der Software, der von den Entwicklern für anwendungsfähig befunden und veröffentlicht wird. Unter Release-Management sind hier die Zyklen zu verstehen, in denen neue Releases für die Anwendung freigegeben werden. Man unterscheidet zwischen Major Releases, den Upgrades, und zusätzlichen Minor Releases, Bugfixes, Security Patches und Ähnlichem, welche die sogenannten Updates bilden.

Upgrades enthalten neue Funktionen und können sich hinsichtlich Bedienung, Schnittstellen etc. so stark von der Vorgängerversion unterscheiden, dass bei Anwendern beim Umstieg größere Anpassungen nötig werden.

Updates dagegen bringen keine fundamentalen Änderungen mit sich, sondern beschränken sich auf kleinere Verbesserungen und lassen sich ohne großen Aufwand in produktiv genutzte Softwareinstallationen einpflegen.

Für den produktiven Einsatz in Unternehmen ist es wichtig, häufig und über eine lange Zeitdauer hinweg Updates zu erhalten, um die laufende Softwareinstallation zu pflegen. Häufige Release-Wechsel sind eher ungünstig, weil sie Aufwand und Kosten für die unternehmenseigene IT und externe Beratung verursachen und die Benutzer im Unternehmen zum Umlernen zwingen. Das Release-Management bildet also einen Hebel, um eine Community Edition mehr oder weniger attraktiv zu machen.

9.4.3 Distributoren und Service- und Supportdienstleister

Das Geschäftsmodell der Distributoren besteht darin, aus einer Auswahl möglicher Komponenten von Open-Source-Software aufeinander abgestimmte Softwarepakete (Bundles, Distributionen) zusammenzustellen und diese gegen Gebühr zu vertreiben; bekannte Beispiele sind diverse Linux-Distributionen.

Eine zweite Geschäftschance beruht darauf, Anwendern zuverlässig Zugang zu Bugfixes und stabilen Versionen der Software zu verschaffen, wie Release-Management. Dies wickeln sie oft über eine „Enterprise Subskription" ab, bei der zahlende Kunden den Zugang zu den Updates für eine festgelegte Laufzeit abonnieren (siehe zum Beispiel RedHat 2019). Support- und Wartungsverträge sind meist ebenfalls an eine „Enterprise Subskription" gekoppelt.

Aus Sicht der Anwender sind die Geschäftsmodelle der Single Vendors und der Distributoren sehr ähnlich. Zwar besitzt der Single Vendor exklusive Rechte an einer Enterprise Version, doch die einmal freigegebene Version der Software bleibt frei und jeder könnte damit durch besseren Service mit dem Single Vendor in Wettbewerb treten.

9.4.4 Potenziale und Risiken für Anwender

Die Freiheit von Open-Source-Software bedeutet auch Freiheit für Anwender. Im Vergleich zu proprietärer Software ist Open-Source-Software für Anwender im Idealfall

- kostengünstiger, da lizenzkostenfrei,
- kostengünstiger, da auch Dienstleister im Wettbewerb stehen,
- flexibler, da man die Software selbst anpassen kann,
- mitgestaltbar, da Anwender sich in die Community einbringen und die Entwicklung der Software beeinflussen können,
- zukunftssicherer, da kein Hersteller die freie Version der Software abkündigen oder das Lizenzmodell wesentlich ändern kann (zum Beispiel die Nutzung in der Cloud erzwingen),
- transparenter, da kein Hersteller unsichtbare oder unerwünschte Funktionen einbauen kann (wie zum Beispiel intransparenter Datenaustausch mit Systemen des Herstellers) und
- freier, denn sie erzeugt keinen Vendor-Lock-in – wenn das Open-Source-Angebot eines Dienstleisters, Distributors oder Single Vendors nicht (mehr) zufriedenstellend ist, können Wettbewerber bessere Alternativen anbieten und Anwender bekommen die Chance, bessere Alternativen zu finden.

 SugarCRM und SuiteCRM

SugarCRM ist ein Customer-Relationship-System, das 2004 als Open-Source-Projekt gestartet und im Dual-Licensing-Modell entwickelt und vertrieben wurde.

2014 kündigte die Firma hinter SugarCRM an, dass sie keine weiteren Versionen der Community Edition bereitstellen werde. Ab 2017 gab es keine Bugfixes und Updates mehr und 2018 folgte die Ankündigung, das öffentliche Code Repository zu entfernen (Oram 2018).

Als SugarCRM ab 2013 sein Open-Source-Engagement zurückfuhr, wurde mit SuiteCRM ein Entwicklungszweig abgeleitet, den seitdem ein Distributor weiterentwickelt und kommerziell supportet (SalesAgility 2019a und 2019b).

Die Einführung einer neuen Anwendungssoftware kostet Zeit und Arbeit. Ebenso die Ablösung einer vorhandenen Software, wenn damit Daten erstellt wurden, die exportiert und für Nachfolgesysteme aufbereitet werden müssen. Bei Open-Source-Software liegen die Einstiegshürden oft sehr niedrig, trotzdem sollte auch sie mit Bedacht ausgewählt und eingeführt werden.

Um Kostentransparenz zu gewinnen, empfiehlt es sich, früh zu prüfen, in welchen Punkten die Community Edition gegenüber der Enterprise Edition eingeschränkt ist, zu welchen Konditionen Support für die Enterprise Edition erhältlich sind und wie der Anreiz zum Umstieg auf die Enterprise Edition erzeugt wird. Oft findet man dazu Tabellen mit Feature-Vergleichen zwischen Community und Enterprise Edition.

Einige Softwareanwendungen werden mit dem Label „Open" beworben, sind aber tatsächlich nicht Open Source nach allgemeinem Verständnis (Abschnitt 9.2.2). Dies sagt nichts über Qualität und Eignung der Software, doch ein Blick in die Lizenz schafft Klarheit.

Bei Open-Source-Software besteht die Gefahr der Verwaisung, das heißt, dass die Community das Projekt aufgibt. Auf der Entwicklungsplattform der Software, in ihren Kommunikationskanälen und in Online-Foren zeigt sich, wie aktiv die Community ist und womit sie sich beschäftigt.

Unabhängige, professionell agierende Support- und Beratungsdienstleister sind ein guter Hinweis, dass es sich um eine etablierte und business-taugliche Software handelt.

Manche Single-Vendor-Open-Source-Projekte sind, um sich vor Wettbewerbern zu schützen, nicht wirklich offen für Mitwirkung und Beiträge von außen, einige der typischen Open-Source-Vorteile kommen dann entsprechend schwächer zum Tragen. Doch eine unter freie Lizenz gestellte Version bleibt immer frei und könnte im Bedarfsfall auch von anderen weitergeführt werden.

■ 9.5 Open-Source-Software gemeinschaftlich entwickeln

Auch für Firmen, die nicht zur IT-Branche gehören, gibt es Gründe, gemeinsam Software zu entwickeln. Ein Open-Source-Projekt bietet sich dafür als organisatorischer Rahmen an.

9.5.1 Anwenderkonsortien

Unter einem Anwenderkonsortium ist ein Zusammenschluss von Firmen zu verstehen, die Open-Source-Software entwickeln lassen, die sie zur Erledigung von Aufgaben im eigenen Betrieb einsetzen werden. Gründe wie die folgenden können Nicht-IT-Firmen den Anstoß geben, als Anwenderkonsortium Software für den eigenen Bedarf unter eigener Steuerung zu entwickeln:

- Der Markt bietet keine passende Anwendungssoftware, oder die vorhandenen Angebote sind hinsichtlich Kosten, Funktionalität oder Service nicht zufriedenstellend.

- Die Anwender sind an einer Standardisierung interessiert und entwickeln mit der Software zugleich auch gemeinsame Standards, mit der Software als Pilot-Implementation.

- Die Anwender möchten sicherstellen, dass sie auch über lange Zeiträume hinweg Support für die Software erhalten; daher soll der Support nicht an einen einzelnen proprietären Hersteller gebunden sein, sondern vielen IT-Dienstleistern als Geschäftschance offenstehen.

Für Anwenderkonsortien ist es wichtig, beim Betrieb von Software auf Support-Dienstleister zurückgreifen zu können. Anwenderkonsortien binden darum auch IT-Firmen mit ein, die die Entwicklungsarbeit leisten und später in die Rolle des Dienstleisters wechseln.

Für die Organisation und die Infrastruktur des Open-Source-Projekts können Anwenderkonsortien auf die bewährten Techniken der Open-Source-Entwicklung zurückgreifen. Wenn das Projekt inhaltlich und formal passt, bietet sich die Option, es unter der Governance einer der etablierten Open-Source-Stiftungen auf deren Infrastruktur zu führen, zum Beispiel (Eclipse Foundation 2019).

 Anwenderkonsortium ReShare

Das Projekt ReShare gründeten Bibliotheken und Universitäten zusammen mit IT-Firmen, um ihre proprietäre Fernleiheplattform abzulösen. Im Lauf der Zeit hatte sich ein Quasi-Monopol gebildet, da alle Bibliotheken im Fernleiheverbund dieselbe proprietäre Software nutzten. Es gab kaum Alternativen, ein Wechsel weg von der proprietären Software war erschwert durch eine restriktive Datenlizenz, die die Anwendungsdaten unter Verschluss hielt.

Das Konsortium finanziert das Projekt durch Beiträge, die Rechte an der Software hält eine dafür gegründete Stiftung. Die Codebasis des Projekts ist offen gehostet auf GitHub. Die Software soll kommerziell verwertet werden, wobei die Konsortiumsmitglieder bevorzugte Konditionen erhalten, damit sie ihr finanzielles Engagement wieder ausgleichen können (ReShare 2019; Knowledge Integration 2019).

Anwenderkonsortium openKONSEQUENZ

Im Projekt openKONSEQUENZ entwickelt ein Konsortium aus Netzbetreibern, IT-Herstellern und Institutionen eine Software-Plattform und Anwendungsmodule für den Betrieb von Energie- und Wassernetzen. Das Projekt wird betreut von der Eclipse Foundation, die auch die Codebasis hostet (OpenKonsequenz 2019).

9.5.2 Herstellerkonsortien

In Herstellerkonsortien entwickeln Unternehmen, die zueinander im Wettbewerb stehen, gemeinsam Software, die sie mit ihren Produkten an ihre Kunden weitergeben. Eine entscheidende Überlegung bei Projekten dieser Art ist es, wie die Unternehmen mit ihren Produkten den Kunden gegenüber unterscheidbar bleiben können.

Nicht alle Teile der Software in einem Produkt sind für Kunden sichtbar und tragen zur Unterscheidbarkeit bei. Die Grenze zwischen den differenzierenden und den nichtdifferenzierenden Anteilen, die nicht für alle Hersteller gleich verlaufen muss, bezeichnet man als Alleinstellungsgrenze. In Bild 9.4 ist dies an einem Beispiel visualisiert.

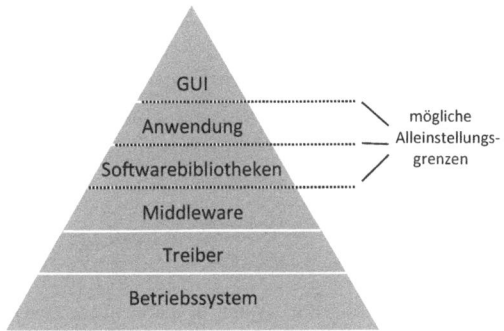

Bild 9.4 Beispiel für Alleinstellungsgrenzen, angelehnt an (Emde 2016)

Projekte von Herstellerkonsortien zielen darauf ab, die wettbewerbsrelevanten Teile von den vorwettbewerblichen Teilen abzugrenzen und die vorwettbewerblichen Anteile gemeinsam zu entwickeln. Dies spart Zeit und Kosten, die den wettbewerbsrelevanten Teilen zugutekommen können (GenIVI 2014; Emde 2016).

Herstellerkonsortium GenIVI

Das Konsortium GenIVI (IVI= In-Vehicle-Infotainment) wurde 2009 von Automobil-herstellern und Zulieferern ins Leben gerufen, um gemeinsam Standards und Soft-ware für In-Vehicle-Infotainment zu entwickeln. In-Vehicle-Infotainment umfasst Anwendungen für Navigation, Unterhaltung, Konnektivität zu mobilen Geräten und mehr. Die Anwendungen produzieren Informationen, die situationsabhängig auf der geeignetsten Anzeigefläche im Fahrzeug erscheinen sollen.

Um dies technisch zu realisieren, ist ein ganzer Stapel von Softwaresystemen nötig, die aufeinander aufbauen und eine Plattform bilden, über die die Anwendun-gen auf die Anzeigeflächen zugreifen können, siehe auch Bild 9.4.

In mehreren Projekten lässt GenIVI individuelle Softwarekomponenten, Standard-schnittstellen und eine IVI-Softwareplattform entwickeln, auf die die Anwendungen aufsetzen können (GenIVI 2014; Green Car Congress 2016).

■ 9.6 Die wichtigsten Punkte in Kürze

- Open-Source-Software bietet der Allgemeinheit umfangreiche, in der Art der Nutzung und in der Dauer unbeschränkte Nutzungsrechte. Dies eröffnet große Potenziale, die hier aus der Sicht von Anwendern und Firmen außerhalb der IT-Branche betrachtet wurden.

- Open-Source-Software ist häufig günstiger als proprietäre Software. Im Zug der Digitalisierung gewinnen auch Offenheit und Kompatibilität zu Standards und anderen Systemen, Transparenz, Unabhängigkeit und Zukunftssicherheit als Ar-gumente für Open Source an Gewicht.

Literatur

§69a-e UrhG (2019): Urheberrechtsgesetz § 69a – e. Abgerufen von Bundesamt für Justiz: https://www.gesetze-im-internet.de/urhg/__69a.html.

Balter, B. (9. März 2015): Open source license usage on GitHub.com. Abgerufen von The GitHub Blog: https://github.blog/2015-03-09-open-source-license-usage-on-github-com.

Diedrich, O. (13. März 2013): Deutsches Gericht bestätigt Gültigkeit der LGPL. Abgerufen von Heise Newsticker: https://www.heise.de/newsticker/meldung/Deutsches-Gericht-bestaetigt-Gueltigkeit-der-LGPL-1822508.html.

Eclipse Foundation (2019): Fostering open industry collaboration to develop new industry platforms. Abgerufen von Eclipse Working Groups: https://www.eclipse.org/org/workinggroups/about.php.

Emde, C. (2016): Whitepaper „Freie und Open Source Software (FOSS)". Abgerufen von OSADL Open Source Automation Development Lab: https://www.osadl.org/uploads/media/Whitepaper-Freie-und-Open-Source-Software-FOSS-D_01.pdf.

Free Software Foundation (29. Juli 2019): The Free Software Definition (Version 1.165). Abgerufen von GNU Operating System: https://www.gnu.org/philosophy/free-sw.html.en.

GenIVI (2014): GenIVI BMW Case Study. Abgerufen von https://www.genivi.org/sites/default/files/logos/GENIVI_BMW_case study_113016 Final.pdf.

GitHub Open Source Guides (Aug. 2019): How to Contribute to Open Source: Anatomy of an open source project. Abgerufen von GitHub Open Source Guides: https://opensource.guide/how-to-contribute/#anatomy-of-an-open-source-project used under the CC-BY-4.0 license.

GPL v3.0 (29. Juni 2007): GNU GENERAL PUBLIC LICENSE. Abgerufen von Gnu Org.: https://www.gnu.org/licenses/gpl-3.0.html.

Green Car Congress (15. Nov. 2016): GENIVI Alliance showcasing Remote Vehicle Interaction (RVI) technology with latest functionality at AutoMobility LA. Abgerufen von Green Car Congress: https://www.greencarcongress.com/2016/11/20161115-genivi.html.

Janke, M. (10. Juli 2019): Abmahnung von McHardy wegen Verletzung der GPL-Lizenz. Abgerufen von Janke & Schult – Rechtsanwälte in Bürogemeinschaft: https://www.medienrecht-urheberrecht.de/urheberrecht/769-abmahnungen-von-mchardy-wegen-verletzung-der-gpl-lizenz.html.

Kees, A. & Markowski, D.R. (2019): Open Source Enterprise. Grundlagen, Praxistauglichkeit und Marktübersicht quelloffener Unternehmenssoftware (2. Ausg.). Springer Vieweg.

Knowledge Integration (2019): Our role in Project ReShare development and a call for participation. Abgerufen von Knowledge Integration: https://www.k-int.com/role-project-reshare-development-call-participation/.

Open Source Initiative (22. März 2007): The Open Source Definition. Abgerufen von Open Source Initiative: https://opensource.org/osd.

Open Source Initiative (2019): Licenses & Standards. Abgerufen von Open Source Initiative: https://opensource.org/licenses.

OpenKonsequenz (2019): Modulare, herstellerunabhängige Open-Source-Software für Netzbetreiber. Abgerufen von OpenKonsequenz: www.openkonsequenz.de.

Oram, C. (6. Apr. 2018): Sugar Community Edition open source project ends. Abgerufen von Sugar Community: https://community.sugarcrm.com/community/news/blog/2018/04/06/sugar-community-edition-open-source-project-ends.

Peters, S. & Ruff, N. (kein Datum): How open source projects are managed. Abgerufen von The Linux Foundation: https://www.linuxfoundation.org/resources/open-source-guides/participating-open-source-communities/#2.

RedHat (2019): Red Hat subscription model FAQ. Abgerufen von Red Hat: https://www.redhat.com/en/about/value-of-subscription.

ReShare (2019): FAQ. Abgerufenvon Project Reshare: https://projectreshare.org/faq/.

Riehle, D. (2012). The Single-Vendor Commercial Open Source Business Model. Information Systems and e-Business Management, 10(1), S. 5 – 17.

Riehle, D. (3. März 2019): Single-Vendor Open Source at the Crossroads (Slides for the Linux Foundation Open Source Leadership Summit 2019). Abgerufen von Software Research and the Industry: https://dirkriehle.com/wp-content/uploads/2019/03/Single-Vendor-Uploaded-2019-03-13.pdf.

SalesAgility (2019a): SalesAgility – The creators and maintainers of SuiteCRM. Abgerufen von SuiteCRM: https://suitecrm.com/about/about-us/salesagility/.

SalesAgility (2019b): SuiteASSURED – Total Care for SuiteCRM. Abgerufen von SuiteCRM: https://suitecrm.com/enterprise/suiteassured/.

SAP/GitHub (2019): SAP customer story. Abgerufen von GitHub: https://github.com/customer-stories/sap.

Smith, B. (20. Mai 2009): FSF Settles Suit Against Cisco. Abgerufen von Free Software Foundation: https://www.fsf.org/news/2009-05-cisco-settlement.html.

Springett, S. (30. März 2019): Component Analysis. Abgerufen von OWASP: https://www.owasp.org/index.php/Component_Analysis.

Synopsys Cybersecurity Research Center (2019): Open Source Security And Risk Analysis. Abgerufen von https://www.synopsys.com/software-integrity/resources/analyst-reports/2019-open-source-security-risk-analysis.html.

WordPress (2019): About, Plugins. Abgerufen von WordPress Org.: https://wordpress.org/about.

10

3D-Druck & Co. – Potenziale der additiven Fertigung

Andreas Fischer

Rapid Prototyping (RP), 3D-Druck, generative Fertigung (GF), additive Fertigung (AF) bzw. Additive Manufacturing (AM) sind Begriffe, welche die schichtweise, aufbauende Erzeugung realer dreidimensionaler Bauteile beschreiben. Medial wird gerne der Begriff 3D-Druck verwendet, jedoch ist additive Fertigung der fachlich korrekte Begriff für diese Art von Verfahren. Der aktuelle Begriff stellt damit auch klar, dass es sich bei den Verfahren inzwischen um Fertigungsverfahren handelt.

In diesem Beitrag erfahren Sie,

- auf welcher grundlegenden Strategie die Verfahren der additiven Fertigung basieren,
- wie additive Fertigung als Fertigungsverfahren sinnvoll eingesetzt werden kann,
- welche unterschiedlichen Applikationen mit der additiven Fertigung möglich sind.

■ 10.1 Aufbaustrategie der additiven Fertigung

Bereits seit den 1970er-Jahren wird die Fertigungsstrategie hinter der additiven Fertigung neben traditionellen Fertigungsverfahren eingesetzt. Ab circa 2012 setzte der zweite große Hype um diese Fertigungsstrategie ein, der insbesondere durch das hohe mediale Interesse gefördert wurde. Im Unterschied zum ersten Hype Anfang der 1990er-Jahre waren verschiedenste Verfahren und damit Maschinen und Verarbeitungsmaterialien erhältlich. Als Ursprung der Fertigungsstrategie wird die patentierte Strategie „Contour Relief Maps" von 1892 von J.E. Blanther zur Erzeugung von Geländemodellen gesehen. Die beschriebene Strategie von Blanther zeigt die grundsätzliche Essenz jedes additiven Verfahrens. Um

die Geländemodelle zu erzeugen, wurden die jeweiligen Höhenlinien aus Wachs-
platten ausgeschnitten, aufeinandergesetzt und mittels Wärmeeinwirkung verbunden (vgl. Bild 10.1).

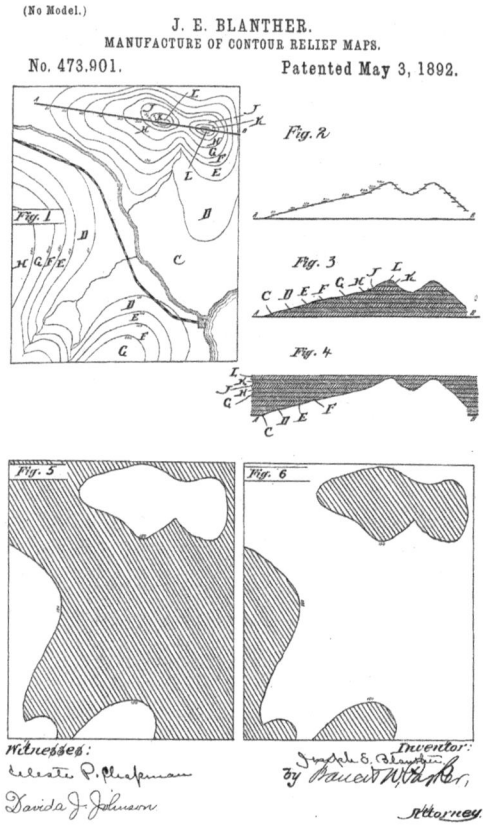

Bild 10.1 Weltweites Patent US473901A von Joseph E. Blanther
(https://patents.google.com/patent/US473901A/en)

Additive Fertigung bedeutet, dass ein dreidimensionales Objekt virtuell in spezifisch gleich dicke Schichten entlang einer geometrischen Achse zerlegt wird. Diese
virtuellen Schichten werden dann wiederum nacheinander in der realen Welt von
einer Maschine durch spezifische Materialien erzeugt. Physikalisch besteht das
Problem der Überhänge. Schichten, welche zu der vorausgegangenen Schicht
einen Winkel größer als 45 Grad aufweisen, müssen gestützt werden, da diese
sonst aufgrund der Schwerkraft nach unten fallen oder verbogen werden. Je nach
Verfahren wird dieses Problem unterschiedlich gelöst und es erzeugt einen höheren Materialverbrauch, höhere Herstellungszeiten wie auch eine Nachbearbeitung
der Bauteile. Ein typisches Oberflächenmerkmal von Objekten, die schichtweise

erzeugt werden, ist die Treppenkontur, welche je nach Schichtstärke in ihrer Wahrnehmbarkeit variiert.

Sehr nahe an der Fertigungsstrategie von Blanther ist die Verfahrensgruppe Laminated Object Manufacturing (LOM). Als Ausgangsmaterialien kommen bei dieser Verfahrensgruppe Plattenmaterialien, dünne Folien oder Papier zum Einsatz. Die Konturen der Schichten werden je nach System mittels Laser, Fräser oder Schneidemesser erzeugt. Die Schichten werden passgenau aufeinandergesetzt und verbunden. Nach dem Verbinden der Schichten werden die Bauteilkontur und der sich ergebende, nicht zum Bauteil gehörende Teil geschnitten. Der nicht zum Bauteil gehörende Bereich übernimmt die Funktion der Stützung von Überhängen. Um nach der Erzeugung des Bauteils das mechanische Entfernen der nicht zum Bauteil gehörigen Segmente zu erleichtern, werden diese mittels kleiner quadratischer Schnitte unterteilt.

Den ersten Hype um die additive Fertigung lösten die ersten digital gesteuerten Stereolithographie-(SLA-)Maschinen aus. Diese Systeme gehören zur Verfahrensgruppe der UV-Aushärtung und nutzten das Prinzip der lokal induzierten Copolymerisation für die Erzeugung der Schichten. Nötige Stützen werden je nach Geometrie berechnet und auf die gleiche Weise wie das Bauteil erzeugt. Die Stützen müssen nach dem Bau des Objekts mechanisch entfernt werden. Das Prinzip der Copolymerisation von Harz in einem Behälter mittels Laser wurde zum ersten Mal 1977 vorgestellt. Mit der ersten Stereolithographie-Maschine von 1987 war es erstmals möglich, Bauteile basierend auf Computerdaten, schichtweise herzustellen. Die große Erwartungshaltung, dass ab sofort alle Bauteile auf schnelle Weise und ohne großen Aufwand direkt aus Computerdaten herstellbar sind, konnte jedoch nicht befriedigt werden. Dies lag zum einen am beträchtlichen Aufwand der Vor- und Nachbereitung des eigentlichen Fertigungsprozesses. Zum anderen konnten die Bauteile nicht die erforderlichen Werte hinsichtlich Festigkeit und Steifigkeit erreichen.

Der zweite Hype wurde indirekt durch das Fused Deposition Modeling (FDM) ausgelöst. Fused Deposition Modeling gehört zu der Verfahrensgruppe Extrusion und nutz das Prinzip des Aufspritzens von geschmolzenen Polymeren mittels Düse. Die Schichten werden durch die Extrusion von verschiedenen Thermoplasten erzeugt. Die nötigen Stützen werden ebenfalls durch Extrusion aufgebaut entweder aus dem gleichen Werkstoff wie das Bauteil oder aus einem spezifischen, welcher sich in einer je nach Material gearteten Flüssigkeit auflösen lässt. Durch das Ende der Laufzeit einiger früher Patente der Firma Stratasys, welche als Erfinder des Fused Deposition Modeling gilt, konnten sehr günstige Geräte insbesondere für Heimanwender auf den Markt gebracht werden. Vorteilhaft für diese Entwicklung war neben der Patentsituation auch der Umstand, dass Systeme aus der Verfahrensgruppe Extrusion eine überschaubare Technologie erfordern, keine spezifischen Anforderungen an die Aufstellorte stellen und eine sehr hohe Zahl von Materialien und Applikationen ermöglichen. Stellenweise handelt es sich bei den Heimgeräten um Bausätze und offene Geräte. Unter offenen Geräten ist zu verstehen, dass mit diesen Systemen prinzipiell jedes erhältliche thermoplastische Material, welches in Filament-Form gebracht wird, druckbar ist. Dies ist bei Stratasys-Systemen nicht möglich. Das Filament bei Stratasys ist durch einen Chip gesichert, der bewirkt, dass nur Filamente von Stratasys nutzbar sind. Diese Strategie von Stratasys und weiteren Systemherstellern wie auch die Einstellung von spezifischem Verbrauchsmaterial für ältere additive Systeme brachten Geschäftsmodelle hervor, welche alternatives Verbrauchsmaterial zu günstigeren Konditionen anbieten. Speziell für Fused Deposition Modeling und Polyjet-Maschinen von Stratasys bietet die Schweizer Firma iSQUARED AG seit 2009 verschiedenste kompatible Verbrauchsmaterialien an, welche bis zu 50 % kostengünstiger sind als die originalen Materialien. In der Kombination von älteren Maschinen und kompatiblen, kostengünstigen Verbrauchsmaterialien ist es möglich, marktfähige Herstellkosten für Kunststoffteile zu erzielen. Im Zuge dieser Entwicklung im Fused-Deposition-Modeling-Bereich kamen auch weitere Verfahrensgruppen mit Geräten auf den Markt, welche kostengünstig im Vergleich zu bestehenden Systemen sind und auch bezüglich Materialvielfalt und Aufstellort verbessert waren. In der Verfahrensgruppe UV-Aushärtung waren dies Stereolithographie-(SLA-) und Digital-Light-Processing-(DLP-)Systeme. Aktuell setzt dieser Trend auch in der Verfahrensgruppe Sintern ein. Hier sind Systeme im Kunststoff- und Metallbereich verfügbar. Für den Kunststoffbereich sind dies SelectiveLaser-Sintering(SLS-)Systeme und im Metallbereich Selective-Laser-Melting-(SLM-) Systeme.

 Durch den Einsatz von kostengünstigen additiven Fertigungssystemen lassen sich die Herstellkosten drastisch durch geringere Material- und Maschinenstundensätze senken. Nicht jedes Bauteil ist jedoch grundsätzlich dafür geeignet. Große Bauteile und Bauteile mit komplexen Geometrien, bei denen unter Umständen eine mechanische Entfernung der Stützen nicht möglich ist, sind oft nicht geeignet. Viele Hersteller bieten deshalb eine Kostenkalkulation des Bauteils und Probedrucke an. Dieses sollte vor der Entscheidung wahrgenommen werden.

Ähnlich wie beim ersten Hype um die additive Fertigung Ende der 80er-Jahre werden auch heutzutage sehr hohe Erwartungen in den 3D-Druck gesetzt, die trotz besserer Technologie erst teilweise erfüllt werden können. Themen, wie Reduktion der Herstellzeit, Verbesserung der Oberflächenqualität oder Materialauswahl und Kombinationsmöglichkeiten, bieten noch Entwicklungsmöglichkeiten. Klar zu erkennen ist, dass der zweite Hype viele neue Entwicklungen im Bereich der Geschäftsmodelle, der Applikationen wie auch der Prozess- und Anlagenentwicklung hervorgebracht hat und noch weiter hervorbringt.

■ 10.2 Verfahrensgruppen der additiven Fertigung

Historisch bedingt haben sich verschiedene Begrifflichkeiten bei schichtaufbauenden Verfahren etabliert. Durch die technologische Weiterentwicklung und damit die erweiterten Einsatzmöglichkeiten von additiven Systemen entstanden neue zusätzliche Oberbegriffe:

- Rapid Prototyping (RP): Fertigung von Muster- und Prototypenteilen
- Rapid Tooling (RT): Fertigung von Werkzeugen für urformende und umformende Fertigungsverfahren
- Additive Manufacturing (AM): Fertigung von Bauteilen und Kleinserien als marktfähige Produkte

Im deutschsprachigen Raum wird neben dem englischen Begriff Additive Manufacturing (AM) auch der Begriff der additiven Fertigung (AF) bzw. generativen Fertigung (GF) angewandt. Durch das aktuell noch anhaltende Medieninteresse an der additiven Fertigung ist auch der eingängige und selbsterklärende Oberbegriff 3D-Drucken im Umlauf. Der Begriff ist jedoch mit Vorsicht zu verwenden, da dieser mit einem spezifischen additiven Fertigungsverfahren verwechselt werden kann. Hierbei handelt es sich um das 3Dimensional Printing (3DP), welches der Verfahrensgruppe Bindertechnologie angehört.

Neben der Einordnung nach DIN 8580 können additive Systeme auch anhand des Zustands des Ausgangsmaterials, des Werkstoffs des erzeugten Bauteils, des Einsatzes im Produktentstehungsprozesses oder der Verfahrensprinzipien unterteilt werden. Die Unterscheidung nach Verfahrensprinzipien (Tabelle 10.1) wird häufig angewandt, da sie auch fachfremden Personen einen guten Überblick der Systematiken gibt.

Tabelle 10.1 Einteilung der additiven Fertigungsverfahren nach Prinzipien. Kunststoffbasierte Systeme sind hellgrau hinterlegt, metallbasierte dunkelgrau hinterlegt. (Fischer 2019)

Verfahrens-gruppe	System	Abkürzung	Prinzip
Sintern	Selective Laser Sintering	SLS	lokales Aufschmelzen von Pulver-werkstoffen
	Selective Laser Melting	SLM	
	Electron Beam Sintering	EBS	
	Electron beam melting	EBM	
Extrusion	Fused Deposition Modeling	FDM	Aufspritzen von geschmolzenen Polymeren mittels Düse
	Fused Layer Modeling	FLM	
	Atomic Diffusion Additive Manufacturing	ADAM	

Tabelle 10.1 Einteilung der additiven Fertigungsverfahren nach Prinzipien. Kunststoffbasierte Systeme sind hellgrau hinterlegt, metallbasierte dunkelgrau hinterlegt. (Fischer 2019) *(Fortsetzung)*

Verfahrens-gruppe	System	Abkürzung	Prinzip
UV-Aushärtung	Stereolithographie	SLA	lokal induzierte Copolymerisation
	Multi Jet Modeling	MJM	
	Digital Light Processing	DLP	
	Nano Particle Jetting	NPJ	
Bindertechnologie	3Dimensional Printing	3DP	Binder wird in Pulverbett gezielt aufgebracht
	Multi Jet Fusion	MJF	
	Metal Binder Jetting	MBJ	
Laminieren	Laminated Object Manufacturing	LOM	Ausschneiden und Fügen von Platten (Kunststoff, Metall und andere)
Auftragen	Laserauftragschweißen	LMD	Aufbringen und Schmelzen von Material
	Metallpulverauftrag	MPA	

In der Verfahrensgruppe Extrusion sind die zwei Systeme Fused Deposition Modeling (FDM) und Fused Layer Modeling (FLM) aufgeführt. Prozesstechnisch betrachtet handelt es sich um die gleiche Fertigungsstrategie. Die erhältlichen Systeme unterscheiden sich nur geringfügig, wobei Fused-Deposition-Modeling-Systeme preislich höher angesiedelt sind, einen robusteren Prozess und höheren Automatisierungsgrad aufweisen. Beim Fused Deposition Modeling handelt es sich um einen von der US-Firma Stratasys generierten Begriff, der somit hauptsächlich Anlagen dieser Firma abdeckt. Weltweit gesehen sind Stratasys-Anlagen am weitesten verbreitet und am häufigsten im Einsatz, was auf die im relativen Vergleich geringen Anschaffungskosten, die einfache Handhabung und die gute Qualität der Bauteile zurückzuführen ist. Unter dem Begriff Fused Layer Modeling (FLM) werden alle Anlagen geführt, die der Verfahrensgruppe Extrusion zuzuordnen sind und nicht von der Firma Stratasys oder zugehörigen Unternehmen hergestellt werden.

■ 10.3 Die Oberfläche von additiv hergestellten Bauteilen

Bei allen additiven Systemen ist die Oberfläche der Bauteile durch den schichtweisen Aufbau in Z-Richtung geprägt. Je nach Verfahren ist diese Stufenbildung verschieden stark wahrnehmbar und sichtbar. Diese spezifischen Oberflächen und die Prägung von Konsumenten auf Oberflächen, welche über Spritzguss erzeugt werden, können ein Hemmnis für additiv erzeugte Produkte darstellen. Additive Systeme, welche vornehmlich Flüssigkeiten verarbeiten, haben die geringste Stufenbildung und damit die glattesten Oberflächen in Z-Richtung. Jedoch nehmen die Produktionsdauer und damit auch die Herstellkosten je Bauteil bei einer hohen Z-Auflösung zu. Additive Systeme aus der Verfahrensgruppe Sintern weisen zudem, bedingt durch das Verfahrensprinzip, eine poröse Oberfläche auf. Dies gilt sowohl für die kunststoff- wie auch metallbasierten Systeme. Im Kunststoffbereich der Verfahrensgruppe kann diese zu Schmutzanhaftungen führen oder ein Eindringen von Flüssigkeiten begünstigen (vgl. Bild 10.2). Aus diesem Grund empfiehlt es sich, die Bauteile durch Gleitschleifen zu glätten und zu färben. Da die Bauteile vornehmlich in Weiß erstellt werden, kann zusätzlich zu den vorigen Effekten eine UV-bedingte Vergilbung einsetzen. Oberflächen in X-Y-Richtung haben mehrheitlich eine geringere prozessbedingte Auflösung. Bei Fused Deposition Modeling und Fused Layer Modeling wird diese Auflösung durch den Düsendurchmesser und die darauf basierende Bahnplanung maßgeblich beeinflusst.

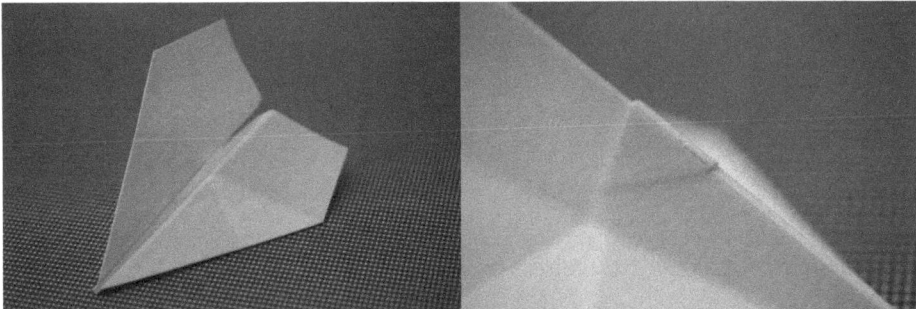

Bild 10.2 Faltflieger aus Polyamid mittels Selective Laser Sintering mit Schmutzanhaftungen am Griffpunkt (Uhlemann 2019)

 Die spezifische Oberflächencharakteristik von additiv erzeugten Bauteilen ist oft ein Hinderungsgrund zum additiven Produkt. Es stehen zwar zahlreiche Methoden zur qualitativen Verbesserung der Oberflächen zur Verfügung, jedoch sind damit auch weitere Aufwände hinsichtlich Herstellzeit und Kosten verbunden. Die herstellungsspezifischen Oberflächen können aber auch gezielt als Funktion eingesetzt werden, zum Beispiel um eine erhöhte Abrutschsicherung bei Handgriffen zu erzeugen.

Beim Fused Deposition Modeling und Fused Layer Modeling sind die verfahrensspezifischen Extrusionsraupen deutlicher in den X-Y-Richtungen zu erkennen. Auch können in dieser Richtung Fehlstellen auftreten, welche aus dem Zusammenspiel von Düsendurchmesser, Geometrie und Bahnplanung resultieren. Teilweise ist es nicht mehr möglich, eine weitere Extrusionsraupe zwischen Bauteilkontur und Bauteilfüllung zu setzen. Dadurch resultiert schlussendlich eine Fehlstelle, die sowohl auf der Oberfläche wie auch im Bauteil vorkommen kann (vgl. Bild 10.3).

Bild 10.3 Oberflächenfehlstellen an einem über Fused Deposition Modeling hergestellten Kamerafilter der Firma Emerge UG (Uhlemann 2019)

Um die Oberfläche von FDM- oder FLM-Bauteilen zu glätten, sind neben manuellem Schleifen Methoden wie Sandstrahlen, Gleitschleifen, Warmformen mit Polyphenylsulfon-Folien und Anlösen mit Lösungsmittel möglich. Manuelle Arbeit kann insbesondere bei den Methoden Gleitschleifen und Anlösen mit Lösungsmittel reduziert werden. Nicht bei allen Methoden zur Oberflächenbehandlung ist jegliche Bauteilgeometrie geeignet. Komplexe Geometrie, wie dreidimensionale Strukturen oder Bauteile mit feinen Details, können durch die Methoden kaum optimiert werden. Innenliegende Flächen wie zum Beispiel bei Kanälen können nicht komplett durch die Methoden erreicht und verbessert werden. Auch können negative Auswirkungen auf die Maßhaltigkeit und gewünschte scharfe Kanten erfolgen. Teilweise können Oberflächenfehler speziell der Oberflächen in X-Y-Richtung mit den Methoden Gleitschleifen und Anlösen mit Lösungsmittel nicht vollständig behoben werden.

Die qualitativ hochwertigsten Oberflächen weisen die Systeme der Verfahrensgruppe UV-Aushärtung auf. Stellenweise und systemabhängig wird diese nur durch nötige Stützungen beeinträchtigt, welche mechanisch entfernt werden müssen. Zurückzuführen ist diese hochwertige Oberfläche auf eine sehr hohe Auflösung in Z- wie auch X-Y-Richtung. Dies ist möglich durch die Nutzung eines flüssigen Materialmediums. Zu beachten ist, dass höhere Auflösung in der additiven Fertigung auch immer einhergeht mit einer Erhöhung der Herstellzeit je Bauteil, was sich wiederum in den Herstellkosten spiegelt.

 Bei den additiv hergestellten Kamerafiltern der Firma Emerge UG (emerge3d.solutions) hat die spezifische Oberfläche keine negativen funktionalen Auswirkungen auf das Produkt. Die in einer Art digitalen Manufaktur hergestellten und hoch personalisierten Filter erzeugen ihre Effekte oft über komplexe dreidimensionale Strukturen im Filter-Innenbereich (vgl. Bild 10.4). Damit sind die aufgeführten Methoden zur Oberflächenbehandlung kaum anwendbar, ohne das Bauteil negativ zu beeinflussen oder sogar zu beschädigen. Die Herstellkosten der mit Fused Deposition Modeling hergestellten Filter sind relativ niedrig, da außer dem eigentlichen Fertigungsprozess keine weiteren Nachbehandlungen nötig sind. Dies gilt auch für den nachgelagerten Schritt der Entfernung der Stützen, da die fertigen Filter wegen der überhangslosen Geometrie direkt von den Bauplatten abgenommen werden können. ∎

Bild 10.4 Effekterzeugung durch additiv hergestellte Kamerafilter, links ohne Filter und rechts mit additivem Filter (Uhlemann 2019)

■ 10.4 Additive Stützstrukturen

Bei allen dreiachsig aufgebauten additiven Verfahren wird eine spezifische Stützstruktur benötigt, um Überhänge bei Bauteilen zu erzeugen. Als Faustregel gilt, dass Überhänge, welche mehr als 45° aufweisen, Stützstrukturen benötigen. Eine Ausnahme bilden hier additive Systeme, welche zur Erzeugung von Bauteilen mehr als drei Achsen aufweisen. Dazu gehören industrieroboterbasierte Systeme, aber auch kompakte Systeme wie der ARBURG freeformer, bei dem der sich bewegende Bauteilträger mit bis zu fünf Achsen ausgestattet ist. Verfahrensbedingt sind diese Ausnahmen vornehmlich in der Verfahrensgruppe Extrusion zu finden. Nachdem das Bauteil additiv erzeugt wurde, muss die Stützstruktur in einem weiteren nachgelagerten Schritt entfernt werden.

Bei mechanisch entfernbarem Stützmaterial ist darauf zu achten, dass Hohlräume oder filigrane Bauteilsegmente nicht realisierbar oder zumindest problematisch sein können. Bei löslichem Stützmaterial ist darauf zu achten, dass Hohlräume mit mindestens einer Öffnung versehen sind, um das Eindringen der Flüssigkeit zu ermöglichen. Das Bauteil sollte nach dem Auflösen des Stützmaterials in klarem Wasser für einige Stunden gereinigt werden, um Reste der Entstützungsflüssigkeit zu entfernen. Bei der Planung von Bauteilen, welche additiv hergestellt werden sollen, ist eine vorsorgliche Minimierung von nötiger Stützung zu empfehlen. Weiterhin ist die Ausrichtung der Bauteile im Bauraum hinsichtlich Stabilitätserhöhung, Bauzeit- und Stützmaterialreduktion zu wählen. Kontaktflächen der Bauteile zu den Stützen weisen zudem oft eine minderwertigere Oberflächenqualität auf.

Je nach eingesetztem Bauteilmaterial und Verfahren ist das Stützmaterial mechanisch oder löslich entfernbar. Bei der löslichen Variante wird das spezifische Stützmaterial in einem nachgelagerten Schritt teilautomatisiert in einer Flüssigkeit aufgelöst und so vom Bauteil entfernt. Bei den mechanischen Varianten müssen je nach Verfahren die erzeugten Stützen, welche eine geringe Haftung zum Bauteil aufweisen, abgebrochen oder nicht verschmolzenes Pulver entfernt werden.

Bei der Verfahrensgruppe Sintern erfolgt über das Pulver, welches nicht zum Bauteil gehört, die Stützung. Beim Selective Laser Melting werden dabei stellenweise zusätzliche Stützstrukturen zur Pulverstützung aufgebaut. Da das Pulver bei thermoplastischen Sinterverfahren durch die hohe Bauraumtemperatur qualitativ beeinflusst wird, sind die Verfahren darauf ausgelegt, die Bauräume der Anlagen maximal mit Bauteilen zu bestücken und so stützendes Pulver zu minimieren.

Diese Einschränkung ist bei der Verfahrensgruppe Extrusion nicht der Fall. Bei den beiden Verfahren der Verfahrensgruppe kommen je nach Bauteilmaterial mechanisch entfernbare oder lösliche Stützen zum Einsatz. Durch gezielte Berechnungen werden diese minimiert, da sie zu höheren Kosten und Aufbauzeiten führen (vgl. Bild 10.5). Beim Fused Deposition Modeling sind die Kosten je Kilogramm Stützmaterial und Bauteilmaterial gleich. Somit ist es durchaus möglich, dass die Kosten für das Stützmaterial höher sind als die für das eigentliche Bauteil. Die Stützmaterialien des Fused Deposition Modeling lassen sich mittels eines Natriumhydroxid-Pulverkonzentrats und Wasser durch Umwälzung und Wärmezufuhr auflösen. Das Mischungsverhältnis ist 950 Gramm Pulver auf 42 Liter Wasser. Die

Entfernung des Stützmaterials hat auf die klassischen ABS-Bauteile keine nachweisbaren negativen Auswirkungen. Die Entsorgung, die Kosten der Chemikalien und des gelösten Stützmaterials können insbesondere bei großen Mengen ein nicht zu unterschätzender negativer Faktor werden.

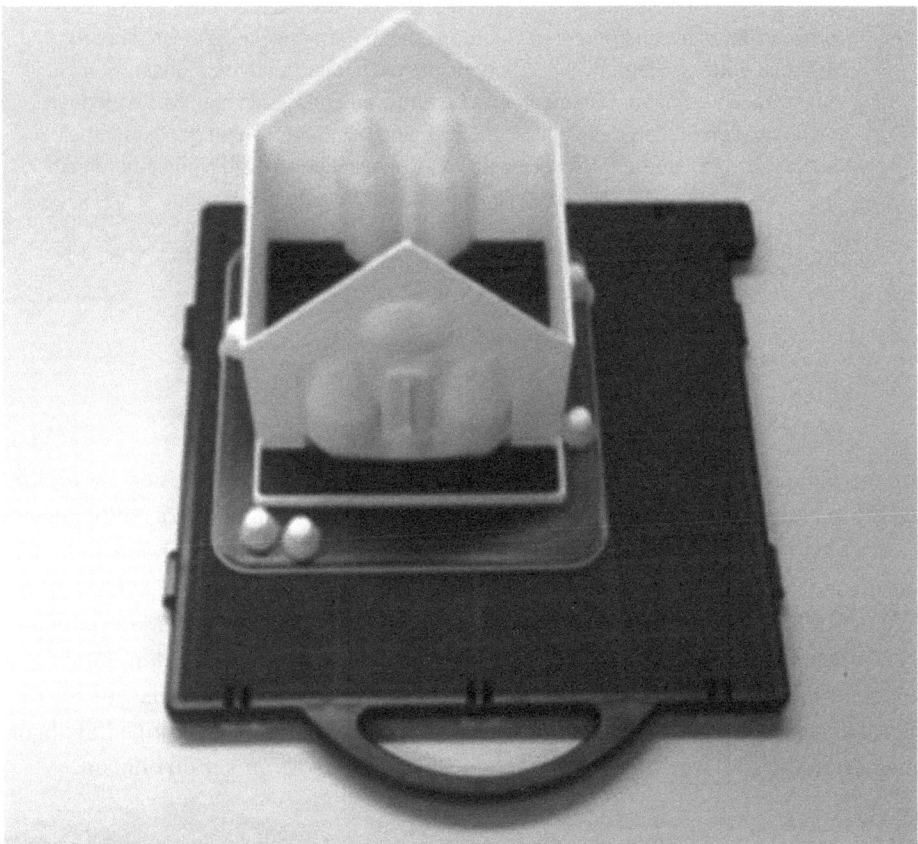

Bild 10.5 Trägerplatte mit Bauteil und Stützstruktur aus einem HP Designjet Color 3D (Fischer 2013)

Die Verfahrensgruppe UV-Aushärtung setzt wie die Extrusion auf mechanisch und löslich entfernbare Stützen. Auch hier wird bei der Berechnung auf eine Minimierung gesetzt. Ähnlich wie die Verfahrensgruppe Sintern setzt die Gruppe Bindertechnologie verfahrensbedingt auf die Pulverstützung. Im Gegensatz zum Sintern sind die Bauteile bei der Bindertechnologie nach dem Bauvorgang nicht hoch belastbar, was zu einer erhöhten Fehlproduktion führen kann. Diese Problematik gibt es nicht beim Multi-Jet-Fusion-System von HP. Abschließend kommen bei der Gruppe Laminieren nur mechanisch entfernbare Stützen zum Einsatz. Diese lassen sich jedoch verfahrensbedingt nicht so minimieren wie bei der Extrusion und

UV-Aushärtung und sind zudem, hinsichtlich der besseren Haftung am Bauteil, schwerer zu entfernen.

 Um einen dreidimensionalen Bogen zu generieren, benötigt man bei den Verfahren der Extrusion ein Stützmaterial, das die Bauteilkontur an den Stellen über 45° füllt und verhindert, dass spezifische Teile der Schicht verrutschen oder gar im Bauprozess physikalisch bedingt nach unten abfallen. Im Anschluss muss das Stützmaterial entfernt werden. Dies kann mechanisch oder durch den Einsatz von Chemikalien erfolgen. Das mechanische Entfernen des Stützmaterials ist jedoch nicht an allen Stellen des Bauteils möglich und das Bauteil kann dabei in Mitleidenschaft gezogen werden. Beim Einsatz von Chemikalien zur Entfernung des Stützmaterials können auch die Bauteileigenschaften beeinflusst werden.

■ 10.5 Bauteilmaterialien der Verfahren

Im Vergleich zu der Materialbandbreite, welche beim Spritzguss zur Verfügung steht, scheint diese bei der additiven Fertigung überschaubar zu sein. Jedoch wächst sie stetig an, was auf das erhöhte Interesse der produzierenden Industrie an dieser Fertigungsstrategie zurückzuführen ist. Dieser Trend ist auch von der Chemieindustrie wahrgenommen worden, welche mit spezifischen Materiallösungen aufwartet, da Kunststoffe, welche spezifische Spritzgussvarianten darstellen, nicht immer problemlos additiv verarbeitet werden können. Interessant an den Bauteilmaterialien und Verbrauchsmaterialien der additiven Fertigung sind die erzielbaren Margen, welche zu zahlreichen Geschäftsmodellen geführt haben.

 Hochwertiges thermoplastisches Spritzgussgranulat liegt bei einem Kilopreis von circa fünf bis acht Euro. Die Umarbeitung in thermoplastisches Filament, welches bei der Verfahrensgruppe Extrusion genutzt wird, liegt je Kilogramm bei circa acht Euro. Der Verkaufspreis von einem Kilogramm Standard-Filament im professionellen Bereich liegt bei circa 240 Euro.

Die Verfahrensgruppe Sintern basiert auf thermoplastischen Bauteilmaterialien mit Ausnahme des Selective Laser Melting, welches Metall und Legierungen als Bauteilmaterial nutzt. Zu den Bauteilmaterialien des Selective Laser Melting gehören folgende Metalle:

- ■ Edelstahl
- ■ Werkzeugstahl
- ■ Aluminium und Aluminiumlegierungen

- Titan und Titanlegierungen
- Chrom-Cobalt-Molybdän-Legierungen
- Bronzelegierungen
- Edelmetalllegierungen
- Nickelbasislegierungen
- Kupferlegierungen

Das Selective Laser Sintering wird oft von der produzierenden Industrie präferiert, um insbesondere Sonder- und Kleinserien zu produzieren. Ein Beispiel hierfür ist die Fast Factory in Kombination mit dem Solution Engineering Center der Festo AG in Esslingen, welche 2010 etabliert wurde. Neben dem Selective Laser Sintering kamen hier auch Selective Laser Melting, Fused Deposition Modeling und Drahterodieren zum Einsatz. Beim Selective Laser Sintering werden vornehmlich folgende thermoplastischen Kunststoffe in Pulverform eingesetzt:

- Polyamid (PA)
- Polystyrole (PS)
- Thermoplastische Elastomere (TPE)
- Polyaryletherketone (PAEK)

Die Verfahrensgruppe Extrusion stellt die meistverkauften Anlagen weltweit. Die Systeme haben inzwischen auch in den Privatbereich Einzug gehalten. Oft handelt es sich hierbei um Systeme, die dem Fused Layer Modeling zuzuordnen sind. Diese hohe Verbreitung auch im privaten Sektor hat zu einer hohen Materialvariation, wie zum Beispiel Farben und Materialarten, darunter auch Stützmaterialien, geführt. Sowohl das Bauteil- als auch das Stützmaterial liegen beim Fused Deposition Modeling als thermoplastisches Filament mit einem Durchmesser von 1,75 mm vor. Je nach Anlagentyp wird das Filament auf Rollen oder in Kartuschen bereitgestellt. Die am häufigsten genutzten Bauteilmaterialien des Fused Deposition Modeling sind:

- Acrylnitril-Butadien-Styrol (ABS)
- Acrylester-Styrol-Acrylnitril (ASA)
- Polyamid (PA)
- Polycarbonat (PC)
- Polyphenylsulfon (PPSU)
- Polyetherimid (PEI / ULTEM)
- Polylactide (PLA)
- Thermoplastisches Polyurethan (TPU)

Die UV-aushärtenden Verfahren nutzen lichtaushärtende Kunststoffe, sogenannte Photopolymere, welche als Flüssigkeit genutzt werden. Bei der Stereolithographie sind das Acryl-, Epoxid- oder Vinylesterharze. Bei der Verfahrensgruppe Bindertechnologie wird pulverförmiger Werkstoff mittels abgestimmter Klebschichtweise zum Bauteil. Das 3Dimensional Printing kann mit Metallen wie Stahl, Bronze und Edelstahl betrieben werden, aber auch mit Keramik- und Sandsteinpulver. Das von HP entwickelte Multi-Jet-Fusion-System setzt wiederum hauptsächlich auf Polyamid und kann als konkurrierendes System zu Selective Laser Sintering gesehen werden. Abschließend wartet die Verfahrensgruppe Laminieren mit den Materialien Papier, Kunststoff oder Metall auf, welche bei den Verfahren als Folie oder Plattenmaterial vorliegt. Zusätzlich bringt die Verfahrensabwandlung Foam Laminated Object Manufacturing (FLOM) der Firma Syncree UG weiter Materialien wie Polyurethan (PU) und Polyethylen (PE), aber auch ungewöhnliche Materialien wie Holz und Filz in das additive Bauteilmaterialspektrum.

■ 10.6 Großvolumige additive Bauteile

Bauteile mit einer Kantenlänge von circa 400 mm bis 600 mm gelten in der additiven Fertigung schon als große Bauteile und sind in der Regel hochpreisig. Werden die zur Verfügung stehenden Anlagen betrachtet, wird schnell klar, dass es kaum kommerzielle Systeme gibt, welche Kantenlängen von 1000 mm erreichen. Stellenweise liegt dies an der Komplexität der Skalierung der verschiedenen Verfahren. Relativ einfach lässt sich die Verfahrensgruppe Extrusion skalieren, bei der auch einige kommerzielle Systeme erhältlich sind. Es ist aber klar, dass große Bauteile, welche mit einer Z-Auflösung von 0,8 mm und einer X-Y-Auflösung von 1 mm erzeugt werden, hohe Herstellkosten und Produktionszeiten haben, insbesondere wenn diese neben den großen Abmaßen auch noch ein großes Volumen darstellen. In der Verfahrensgruppe UV-Aushärtung ist die Stereolithographie-Anlage Mammoth der Firma Materialise NV in Leuven mit einem Bauraum von 2100 × 700 × 788 mm das weltweit größte System. Mit einer Z-Auflösung von 0,1 mm können hier die Bauteile in vier verschiedenen Materialien gefertigt werden:

- Poly1500 – lichtdurchlässiges Material,
- ProtoGen White,
- TuskXC2700T – transparent,
- Tusk Somos SolidGrey3000 – hohe Stoßfestigkeit und hoher Grad an Steifigkeit.

 Ein großer Anteil der sich im Einsatz befindenden additiven Systeme überschreitet Bauteilkantenlängen von 400 mm kaum. Additive Systeme, welche Bauteile mit einer Kantenlänge von 1000 mm erzeugen, sind wesentlich seltener im Einsatz, auch hinsichtlich Dienstleitung. Ab einer Bauteilkantenlänge von 2000 mm sind die Systeme nur über Dienstleitung bei den jeweiligen Herstellern nutzbar oder es existieren nur prototypische Systeme. Viele der großen additiv erzeugten Bauteile sind Musterteile, seltener Teile, welche direkt im Produkt genutzt werden oder ein Produkt darstellen. Villeroy & Boch setzt zum Beispiel für die Herstellung ihrer Muster von Badewannen einen BigRep one mit einem Bauraum von 1000 × 1005 × 1005 mm ein.

Bei der Inanspruchnahme der Mammoth-Dienstleistung werden drei Arbeitstage für das Rüsten der Maschinen veranschlagt. Das System ist nicht kommerziell erhältlich und kann nur über die Firma Materialise NV genutzt werden.

Das Fused Deposition Modeling der Verfahrensgruppe Extrusion besitzt mit der Fortus 900mc der Firma Stratasys Ltd. aus Eden Prairie ein kommerziell erwerbbares System. Das System besitzt einen Bauraum mit 914 × 610 × 914 mm und kann elf verschiedene Thermoplaste nutzen. Im Einzelnen sind das die Typen ABS-ESD7, ABSi, ABS-M30, ABSM30i, ASA, FDM Nylon 12, PC, PC-ABS, PC-ISO, PPSF und ULTEM 9085. Es sind drei Z-Auflösungen von 0,178, 0,254 und 0,330 mm möglich.

Im Bereich Fused Layer Modeling sind noch zwei weitere kommerzielle Systeme zu nennen. Die German RepRap GmbH aus Feldkirchen bietet mit dem X1000 einen Bauraum von 1000 × 800 × 600 mm an. Die Z-Auflösung liegt beim minimalsten Wert bei 0,02 mm bei einer X-Y-Auflösung von 0,4 bis 0,6 mm. Bei dem System ist es möglich, thermoplastische 1,75-mm-Standard-Filamente zu nutzen. Auch kommerziell erhältlich ist das Fused-Layer-Modeling-System BigRep Pro der Firma BigRep GmbH aus Berlin mit einem Bauraum von 1000 × 1005 × 1005 mm. Die Z-Auflösung reicht von 0,1 bis 0,8 mm bei einer X-Y-Auflösung von 1 mm. Als Bauteilmaterial stehen Acrylester-Styrol-Acrylnitril (ASA) und Polyamid (PA) 66 zur Verfügung. Außerdem unterstützt das System wasserlösliches Stützmaterial.

Die Firma Ultimaker aus Utrecht versucht mittels Anpassung des Fused Layer Modeling neue Applikationen zu erschließen und entwickelt prototypische Systeme für spezifische Applikationen. Ein Beispiel hierfür ist der KamerMaker. Der KamerMaker wurde für ein Hausbauprojekt des Architekturbüros DUS aus den Niederlanden entwickelt. Der Bauraum des Systems ist sechs Meter hoch bei einer Grundfläche von sechs mal sechs Meter. Die größten additiv erzeugten Bauteile mittels KamerMaker für das Hausbauprojekt Canal House haben die Maße 2000 × 2000 × 3500 mm und ein Gewicht von circa 180 Kilogramm. Als Bauteilmaterial wird der transparente Thermoplast Macromelt 6900 E der Firma Henkel verwendet. Macromelt ist ein biobasiertes Polyamid, das auf pflanzlichem Öl basiert. Macromelt 6900 E besteht zu 77 % aus biologisch nachwachsenden Rohstoffen. Beim KamerMaker wird direkt thermoplastisches Granulat über einen Extruder mit gekoppelter Düse verarbeitet und nicht über das sonst übliche Filament. Dadurch kann einerseits der Zwischenschritt der Filamentherstellung umgangen werden, andererseits können höhere Verarbeitungsgeschwindigkeiten erreicht werden, um die großvolumigen Bauteile in annehmbarer Zeit zu fertigen.

Die Firma Cincinnati Incorporated aus Harrison hat in Zusammenarbeit mit dem Oak Ridge National Laboratory (ORNL) das Big Additive Area Manufacturing (BAAM), ein großvolumiges Fused Layer Modeling, entwickelt. Der Bauraum des BAAM ist mit circa 6100 × 2360 × 1830 mm einer der größten weltweit. Das BAAM arbeitet wie der KamerMaker direkt mit thermoplastischem Granulat, das über eine mit einem Extruder gekoppelte Düse verarbeitet wird. Das verarbeitete Material reicht von Acrylnitril-Butadien-Styrol (ABS), Polyphenylensulfid (PPS), Polyetherketonketon (PEKK) bis hin zu Polyetherimid (PEI/ULTEM). Durch das Hinzufügen von Carbon- und Glasfasern können die thermische Beständigkeit sowie die Festigkeit verbessert werden. Gedruckt wird mit einem Massenstrom von 17,24 kg pro Stunde bei einem Düsendurchmesser von 7,62 mm, wobei verschiedene Düsendurchmesser eingebaut werden können. Durch die relativ grobe X-Y-Auflösung des Systems kann die Herstellzeit zwar reduziert werden, jedoch sind die typischen Extrusionsraupen der Verfahrensgruppe Extrusion sehr deutlich auf der Oberfläche der Bauteile zu erkennen. Diese können nachträglich mittels Fräsen geglättet werden. Das System ist nicht kommerziell zu erwerben, jedoch sind Dienstleitungen oder Kooperationen möglich.

BAAM wurde in Kooperation mit dem US-Automobilhersteller Local Motors eingesetzt, um den Strati zu fertigen. Bei diesem Fahrzeug sind das Fahrgestell, der Rahmen, die Außenverkleidung und Teile der Innenausstattung mithilfe des BAAM an einem Stück hergestellt worden. Der Strati hat als Plattform den Renault Twizy und konnte innerhalb von 44 Stunden gefertigt werden. Durch die Kombination von Industrierobotern und additiven Verfahren ist eine Integration der additiven Fertigung in Fertigungslinien mit klassischer Fertigung möglich und denkbar.

Die Firma Syncree UG aus Blumberg (www. syncree.com) ist auf die Kombination von additiver Fertigung und Industrierobotern spezialisiert. In Kooperation mit der Volkswagen-Konzernforschung wurde ein prototypisches, robotisches Fused-Layer-Modeling-System entwickelt, welches durch die Nutzung aller verfügbaren Achsen in der Lage war, direkt auf Spritzgussbauteile mit Freiformflächen Erweiterungen dreidimensional zu applizieren. Aktuell fokussiert das Unternehmen auf die Kombination von Robotern und Laminated Object Manufacturing (LOM). Dabei ist es möglich, großvolumige Bauteile aus verschiedenen Materialien auch in Kombination (Multimaterial) herzustellen. Die Ausgangswerkstoffe sind verschiedene kostengünstige Materialien in Plattenform, welche mittels Laser, Fräser oder Oszillationsmesser geschnitten und anschließend mit abgestimmten Klebstoffen schichtweise gefügt werden. Dazu werden zwei Industrieroboter eingesetzt, wobei eines der Systeme den Schneidevorgang übernimmt und das zweite den Fügeprozess. Stützstrukturen und Verschnitt werden zudem strategisch minimiert und nicht mit dem Bauteil über Klebung verbunden, was wiederum eine leichte mechanische Entfernung ermöglicht. Die Z-Auflösung liegt bei dem Syncree-System zwischen 1 bis 10 mm. Eine X-Y-Auflösung hingegen existiert ähnlich wie bei allen Laminated-Object-Manufacturing-(LOM-) und Digital-Light-Processing-(DLP-)Systemen nicht, da die jeweilige Schicht in einem Vorgang mittels Trennen oder Belichten erzeugt wird. Dieses führt zu verkürzten Herstellzeiten und stark reduzierten Herstellkosten bei großvolumigen Bauteilen, aber auch zu einer deutlichen Stufenbildung (vgl. Bild 10.6).

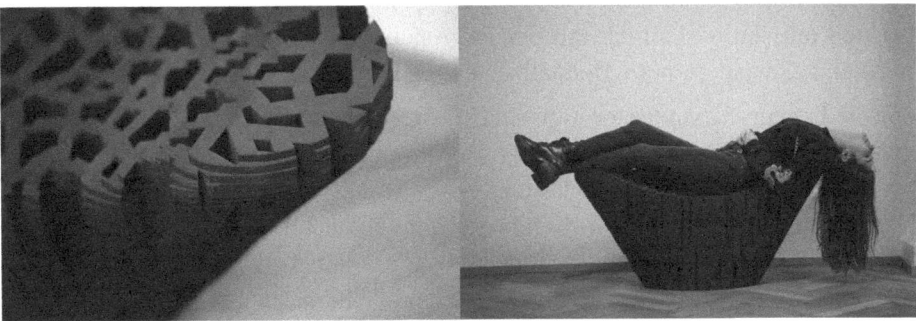

Bild 10.6 Mit Foam Laminated Object Manufacturing (FLOM) hergestellte 1,2 Meter breite Sitzbank aus Polyethylen-(PE-)Platten mit 10 mm Z-Auflösung (Uhlemann 2018)

Da mit dem System vornehmlich Produkte im Möbelbereich produziert werden, gibt es aus Sicht von Syncree drei Möglichkeiten, mit dieser Stufenbildung umzugehen:

- unbehandelt als Designmerkmal der Produkte,
- Kaschieren mit Stoffen oder Folien,
- nachträgliches Fräsen der Endkontur.

Eine weitere noch in Erprobung stehende Lösung, um die Stufenbildung zu eliminieren, ist, die Winkel der Schnittkanten so anzupassen, dass sich keine Stufen mehr ergeben. Im Ergebnis wäre diese Lösung dann vergleichbar mit dem nachträglichen Fräsen der Endkontur ohne die negativen Faktoren wie Erhöhung der Herstellzeit und Abtragen von Material.

Das Foam-Laminated-Object-Manufacturing-System besitzt keinen klassischen Bauraum wie andere additive Systeme. Die aktuell maximal bearbeitbare Grundfläche für den Trennvorgang beträgt 2000 × 2000 mm. Die Höhe des Fügevorgangs ist grundsätzlich nur durch statische Begebenheiten limitiert, welche durch innenliegende Hilfsstrukturen kompensiert werden, die im Bauteil verbleiben können.

■ 10.7 Faserverstärkte additive Bauteile

Verbundwerkstoffe aus Kunststoffmatrix und Fasern bekommen einen immer höheren Verbreitungsgrad, da Faser-Kunststoff-Verbund-Bauteile durch die Gewichtseinsparung und die einhergehende Ressourcenschonung insbesondere auch für die sich rasant entwickelnde Elektromobilität eine hohe Bedeutung haben. Klassisch werden diese Bauteile schon vermehrt in der Luft- und Raumfahrt eingesetzt. Verbundwerkstoffe mit Fasern sind allerdings nur teilweise automatisiert herstellbar und müssen deshalb oft mit einem großen Anteil von Handarbeit produziert werden, was wiederum die Herstellkosten für Verbundwerkstoffbauteile erhöht.

Für die Erzeugung von Faser-Kunststoff-Verbund-Bauteilen mittels additiver Fertigung sind die Kunststoffsysteme der Verfahrensgruppen Sintern und Extrusion am besten geeignet. Weiterhin besteht aber auch die Möglichkeit, mittels der Verfahrensgruppe Laminieren Verbundwerkstoffe herzustellen. Beim Selective Laser Sintering (SLS) der Verfahrensgruppe Sintern werden Polyamide (PA) mit Kohlefasern eingesetzt, um Faser-Kunststoff-Verbund-Bauteile additiv herzustellen. Die mit diesen Polyamidpulvern erzeugten Bauteile weisen eine erhöhte Steifigkeit und Festigkeit bei geringem Gewicht auf. Weiterhin ist eine elektrische Leitfähigkeit durch den Kohlefaseranteil der Bauteile vorhanden. Die mechanischen Eigenschaften unterscheiden sich jedoch in den drei Raumachsen, was auf die prozessbedingte X-Y-Ausrichtung der Fasern zurückzuführen ist.

Bei der Verfahrensgruppe Extrusion bestehen zwei Möglichkeiten zur Erzeugung von Faser-Kunststoff-Verbund-Bauteilen. Bei Systemen des Fused Layer Modeling (FLM), welche direkt Kunststoffgranulat über einen integrierten Extruder verarbeiten, können Kurzfasern zusätzlich zugeführt werden. Bei Kurzfasern handelt es sich um Fasern mit einer Länge von 0,1 bis 1,0 mm. Diese Strategie wird zum Beispiel bei den Systemen KamerMaker oder Big Additive Area Manufacturing (BAAM) eingesetzt. Die zweite Möglichkeit, Faser-Kunststoff-Verbund-Bauteile mittels FLM herzustellen, ist die Integration von Endlosfaser, welche mindestens eine Länge von 50 mm aufweisen. Hier existieren drei mögliche Strategien, wobei eine kommerziell verfügbar ist: der Mark One. Beim Mark One der Firma Markforged aus Watertown wird mit Endlosfaser gefülltes thermoplastisches Filament eingesetzt. Als Matrixmaterial für das mit Endlosfaser gefüllte Filament wird Polyamid (PA) benutzt. Die Z-Auflösung für das Endlosfaser-Filament beträgt beim Mark One 0,2 mm und der Bauraum des Systems ist 305 × 160 × 160 mm groß. Komplexe Bauteile können nur bedingt erzeugt werden, da kein lösliches Stützmaterial vorhanden ist und auch das Ablegen des Faser-Kunststoff-Verbunds zu Einschränkungen führt.

Ein weiterer Ansatz zur additiven Fertigung von Verbundwerkstoffen liefert der am Stuttgarter Fraunhofer IPA entwickelte 3D Fibre PrinteR. Bei dem Industrieroboter-basierenden FLM-System wird die Endlosfaser direkt in die Schmelze des thermoplastischen Materials eingebracht. In der speziellen Schmelzdüse des 3D Fibre PrinteR werden die Fasern vollständig mit dem Kunststoff ummantelt. Bei dem System wird der Thermoplast als normales Filament zugeführt und durch eine Vorschubeinrichtung in die Düse gefördert. In der Düse wird das Filament aufgeschmolzen und die Fasern werden seitlich eingebracht. Die Förderung der Endlosfasern erfolgt hierbei durch die Schmelze des Matrixmaterials, was eine einfache An- und Abschaltung der Faserintegration ermöglicht. Die X-Y-Auflösung des Systems beträgt 1 mm und kann bei dieser Auflösung maximal mit einem 1 K Faser Roving betrieben werden. Ein 1 K Faser Roving besteht aus 1000 Fasern mit 7 mm Durchmesser. Der Faservolumenanteil von Bauteilen, die mittels dieses Systems erzeugt wurden, liegt bei ca. 10 Prozent. Neben Kohlefasern können auch Glas- und Aramidfasern mit diesem System verarbeitet werden. Das thermoplastische Matrixmaterial des Faser-Kunststoff-Verbunds muss jeweils mit der Schlichte der Fasern kombinierbar sein, da sonst die Funktion der Ummantelung und Förderung durch die Schmelze des Systems nicht gegeben ist.

Der 3D Fibre PrinteR nutzt 3 mm Filament und ist mit drei Fördersystemen ausgestattet. Die mittlere Einheit ist für den reinen Thermoplast-Betrieb ausgelegt, um zum Beispiel die Stützstrukturen zu erzeugen. Die beiden äußeren Fördereinheiten können durch den Einsatz der spezifischen Faserdüsen additiven Faser-Kunststoff-Verbund erzeugen. Der Bauraum des 3D Fibre PrinteR ist variabel und ergibt sich aus dem genutzten Industrierobotersystem. Beim KUKA KR60 HA sind dies circa 2000 × 1000 × 1000 mm.

■ 10.8 Additive Produkte und neue Applikationsgebiete

Beflügelt durch die hohe Verbreitung der additiven Fertigung, welche vornehmlich durch kostengünstige Fused-Layer-Modeling-Systeme erfolgte und durch Firmen wie Mattel und fischertechnik sogar bis ins heimische Kinderzimmer vordrang, entstehen bis heute neue additiv geprägte Verfahren, Systeme, Materialien, Produkte und Geschäftsmodelle. Im Folgenden soll dementsprechend eine Auswahl aktueller Entwicklungen rund um die additive Fertigung die Vielfältigkeit dieser Fertigungsstrategie aufzeigen und als Inspirationsquelle fungieren.

10.8.1 Ergonomische Personalisierung

Das Kickstarter-Unternehmen Formy (www.formygrips.com) widmet sich der Personalisierung von Fahrradgriffen. Für die spezifische Anpassung des Griffs auf den Kunden werden lediglich die Länge des Mittelfingers sowie die Breite der Handfläche benötigt. Diese zwei Steuerungsparameter genügen, da der grundsätzliche Aufbau einer Hand sich nicht unterscheidet, lediglich die Abmessungen sind unterschiedlich. Durch die Personalisierung wird der Druck auf das Lenkgestänge gleichmäßiger verteilt und das Verrutschen minimiert, was wiederum zu einem präziseren Fahrgefühl führt. Durch nachgiebigen Kunststoff als Werkstoff für die additive Fertigung soll der Fahrradgriff länger halten und die Druckverteilung verbessert werden. Neben der ergonomischen Anpassung bietet Formy außerdem die Auswahl von 23 Farben für die Griffe, zwei unterschiedliche Materialien für die Befestigungsmanschette und zwei mögliche Längen der Griffe. Hergestellt werden die Griffe auf einem kostengünstigen Fused-Layer-Modeling-System. Die personalisierten, additiv hergestellten Griffe wurden bereits in zwei olympischen Fahrrädern verbaut (vgl. Bild 10.7).

Bild 10.7 Personalisierte und additive gefertigte Fahrradgriffe der Firma Formy (Formy Grips 2019)

Die Firma Nextgen stellt ergonomische und personalisierte Messergriffe für die Profiküche und Hobbyköche her. Die Firma setzte neben 3D-Digitalisierung auch Fused Deposition Modeling (FDM) für die Erzeugung erster Funktionsprototypen und deren Tests ein. Die Nextgen-Messergriffe werden jedoch über den direkten Guss um die Klinge hergestellt oder gefräst. Die additive Fertigung wird hier klassisch in der Produktentwicklung eingesetzt.

Einen Schritt weiter geht hier das Schweizer Start-up Neiff (www.neiff.ch). Hier stehen vier verschiedene Klingen, Wunschfarben und Strukturen zur Auswahl. Der personalisierte Griff wird über Selective Laser Sintering (SLS) hergestellt und nachträglich nach Kundenwunsch gefärbt. Die ergonomische Personalisierung erfolgt mittels eines Anpasssets, welches der Kunde zugeschickt bekommt. In diesem Set befindet sich eine Klingenattrappe aus Holz und ein Stück lufttrocknende Modelliermasse, mit der der Handabdruck des Kunden erfasst wird. Nach der Rücksendung des Abdrucks wird dieser 3D-digitalisiert und additiv hergestellt. Die Neiff-Messer liegen preislich circa bei 782 Euro und werden innerhalb von zwei Wochen hergestellt. Ein weiteres Beispiel sind die Razor Maker Custom Grids von Gilette, jedoch ohne direkte Ergonomieanpassung. Der Rasierzubehörhersteller und Weltmarktführer Gillette entwickelte zusammen mit dem ehemaligen Kickstarter-Unternehmen und Stereolithographie-Anlagen-Hersteller Formlabs personalisierte Griffe für Systemnassrasierer. Die Kunden können über eine spezielle Webseite einen additiv gefertigten Griff konfigurieren. Dabei kann zwischen 48 Formen gewählt werden, die stellenweise so komplex sind, dass sie nur additiv hergestellt werden können. Zusätzlich zu der eigentlichen Form kann der Kunde wählen, ob sein Griff schwarz, weiß, rot, blau, grün, grau oder in Chrom gehalten ist, und noch einen Text hinzufügen. Die Griffe können entweder Gilettes MACH3- oder Fusion5-ProGlide-Rasierklingenkapseln nutzen und sind somit vollwertig einsetzbar. Die personalisierten und additiv gefertigten Griffe werden in circa zwei bis drei Wochen hergestellt und geliefert. Ein teilweise additiv gefertigter Griff mit einer schwarzen Gummierung liegt bei circa 17 Euro. Ein vollständig additiv gefertigter Griff ist für circa 23 Euro erhältlich und die Option Chrom liegt zwischen circa 35 bis 40 Euro.

10.8.2 Medizintechnik

Additive Fertigung in der Medizintechnik ist eine sehr etablierte Strategie bei der Erzeugung von Produkten, Teilprodukten oder Hilfsmitteln. Dies liegt zum einen an den relativ hohen erzielbaren Verkaufspreisen, aber auch daran, dass es sich bei den benötigten Bauteilen oft um spezifisch angepasste Einzellösungen handelt. In dieser Kombination konkurriert die additive Fertigung meist mit abtragenden Fertigungsstrategien oder Handarbeit. Zu beachten ist in diesem speziellen Anwendungsfeld, dass alle Teilbereiche der additiven Fertigung zertifiziert für Medizinprodukte sein müssen. Je nach eingesetztem Verfahren sind das Bauteilmaterial, Stützmaterial, additive Anlage, nachgelagerte Prozesse und Aufstellort.

Speziell diesem Thema hat sich die KUMOVIS GmbH aus München angenommen. Mit dem KUMOVIS R1, einem Fused-Layer-Modeling-(FLM-)System sollen patientenindividuelle Medizinprodukte wie Implantate erzeugt werden (vgl. Bild 10.8). Das System bietet über eine laminare Luftströmung eine Reinraumintegration in der Baukammer an und erfüllt so medizinische Standards. Das System ist offen für verschiedene thermoplastische Materialien. Diese reichen von Polylactide (PLA) bis hin zu Polyetherketonketon (PEKK). Der R1 kann die Baukammer homogen auf maximal 250 °C heizen und erreicht so eine hohe Festigkeit und Maßhaltigkeit der Bauteile.

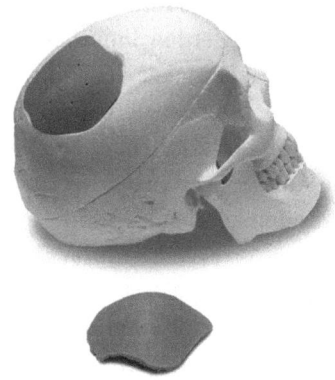

Bild 10.8 3D-gedrucktes Cranialimplantat aus dem Hochleistungskunststoff PEKK (Kumovis GmbH 2019)

Das 2016 gegründete Unternehmen Mercuris wiederum bietet über eine Online-Plattform personenspezifische Prothesen, Orthesen, Prothesenfüße, Prothesen-Cover und weitere Sonderlösungen an. Die Produkte werden additiv mittels Selective Laser Sintering (SLS) gefertigt und sind dadurch kostengünstiger und schneller in der Herstellung. Der größte Vorteil für die Kunden ist die Personalisierung, da die Prothesen individuell an die Bedürfnisse angepasst werden und auf dreidimensional digitalisierten Daten basieren. Neben der gewünschten Funktionalität kann der Kunde zusätzlich Einfluss auf Design, Farbe und Strukturen seines angepassten Produkts nehmen (vgl. Bild 10.9).

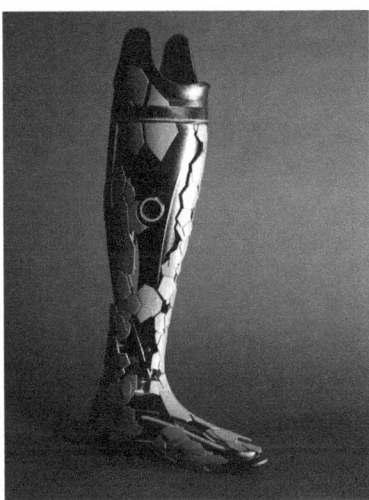

Bild 10.9 Additiv gefertigte Unterschenkelprothese Pangolin von Mercuris
(Rieth 2019)

Im Weiteren stellt das Unternehmen Formlabs kostengünstige Stereolithographie-(SLA-)Systeme her und setzt einen Einsatzfokus der Anlagen im zahnmedizinischen Bereich. Das aktuelle Einsatzspektrum reicht hier von Kronen- und Brückenmodellen, Urmodellen für Gießen oder Pressen, Aligner-Modellen für das transparente Vakuumformen, kieferorthopädischen Modellen für Hawley-Retainer über Bohrschablonen bis hin zu Aufbissschienen. Weiterhin arbeitet das Unternehmen an einem Material, welches längerfristig die Zulassung besitzt, in der Mundhöhle zu verbleiben, um Zahnprothesen additiv herzustellen. Diese personalisierten Prothesen sollen innerhalb von drei bis vier Stunden mit den Anlagen herzustellen sein. Im Vergleich dazu kann die klassische Herstellung von Zahnprothesen mehrere Wochen in Anspruch nehmen.

Einen Blick in die Zukunft der additiven Fertigung in der Medizintechnik lässt uns die Rice University mit dem „Stereolithography apparatus for tissue engineering" (SLATE) werfen. Ziel der Entwickler des Bioprinting-Systems ist es, komplexe Gefäßsysteme additiv herzustellen, welche das dicht besiedelte Gewebe mit Nährstoffen versorgen kann, und somit funktionellen Gewebeersatz zu ermöglichen. Additiver funktioneller Gewebeersatz kann den weltweiten akuten Organmangel mindern. Allein in den USA warten 114 000 Menschen auf eine passende Organspende. Nach Transplantationen müssen die Patienten weiterhin Immunsuppressiva nehmen, um eine Abstoßung zu verhindern. Additiv erzeugte Organe könnten das beenden, da aus den körpereigenen Zellen des Patienten die Organe hergestellt werden und so die Kompatibilität gewährleistet ist. Das System nutzt das Prinzip des Digital Light Processing (DLP), bei dem eine Vorhydrogel-Lösung durch blaues Licht schichtweise verfestigt wird, um die Objekte zu erzeugen. Die Auflösung der Schicht liegt beim SLATE-System bei Pixelgrößen zwischen 10 und 50 Mikrometern. Aktuell lassen sich so in wenigen Minuten wasserbasierte, biokompatible Gele mit komplexer, dreidimensionaler Innenstruktur erzeugen.

10.8.3 Lebensmittel, Latex und Beton

Die additive Fertigung eignet sich auch für viele Materialien, welche nicht im Kunststoff- oder Metallbereich liegen. Die personalisierte und additive Herstellung von Lebensmitteln findet Verwendung in den Bereichen Catering, Hotel und Gastronomie. Die Print2Taste GmbH aus Freising bietet hierfür den Lebensmittel-3D-Drucker Procusini an (vgl. Bild 10.10).

Bild 10.10 Additive Fertigung von Lebensmitteln (Print2Taste GmbH 2019)

Das System basiert auf der Fused-Layer-Modeling-(FLM-)Systematik und kann Teig, Schokolade, Marzipan und Fondant verarbeiten. Somit reicht das Einsatzspektrum des Procusini von speziellen Nudeln über personalisierte Schokoladenschriftzüge bis hin zu Marzipanfiguren des dreidimensional digitalisierten Brautpaars. Es können aber auch weitere Lebensmittel verarbeitet werden, wenn diese die richtige Konsistenz aufweisen. Erfolgreich wurden Teewurst, Kartoffelpüree, Kräuterbutter, Ziegenfrischkäse und Fruchtpüree Cassis additiv verarbeitet.

Ein weiteres nicht klassisches additives Verbrauchsmaterial ist Latex oder Kautschuk. An der Queen Mary University in London wird mittels Multi Jet Modeling (MJM) Latex und in Kombination Recycling-Kautschuk additiv verarbeitet. Elastomere und Kautschuk sind gängige Industriematerialien, welche vornehmlich im Spritzguss für Testobjekte, tragende Teile und viele andere kommerzielle Produkte verwendet werden. Kleinserien oder Sonderlösungen sind dadurch nicht kosteneffizient zu realisieren. Der Druckkopf ist in der Lage, viskose Flüssigkeiten sowie Flüssigkeiten mit hoher Feststoffbeladung (60 wt. %) zu verarbeiten. Bei Latex in Kombination mit mikronisiertem Kautschukpulver kann eine Feststoffbeladung von bis zu 10 wt. % erreicht werden.

Auch Beton kann additiv verarbeitet werden. Klassisch wird der Werkstoff Beton mittels Schalung in die gewünschte Form gebracht. Diese Art der Verarbeitung erzeugt neben Einschränkungen bei der Formgebung auch hohe Kosten und Herstellzeiten. Bestehen durch die spezifische Fertigung solche Einschränkungen, kann die additive Fertigung oft einen Verbesserungsansatz liefern, um diese zu reduzieren oder zu beseitigen. Für den Betondruck bestehen inzwischen verschiedene Ansätze mit großem Potenzial. Problematiken wie die Kopplung der Größe des Fertigungssystems an die Bauteilgröße konnten durch mobile Industrierobotersysteme teilweise behoben werden. Nach aktuellen Berechnungen der TU Dresden könnte ein Einfamilienhaus in zehn Stunden gedruckt werden. Dagegen würden bei klassischer Fertigung drei Arbeitskräfte sechs Tage für das Haus benötigen. Bei den Kosten würde sich ein Einsparpotenzial von 30 % durch die additive Fertigung ergeben. Dies ist bei Transportbeton insbesondere auf die Herstellung wie auch Lagerung zurückzuführen. Bei den nötigen Schalungsarbeiten werden zudem die Rohstoffe Holz und Kunststoff verbraucht. Auch im Betondruck spielen somit klassische Vorteile der additiven Fertigung wie die Reduktion der Gesamtherstellzeit, Kostenersparnis, ökologische Aspekte wie auch logistische Vorteile eine wichtige Rolle. Die am weitesten verbreitete Verfahrensstrategie im Betondruck ist die Systematik des Fused Layer Modeling (FLM), bei welcher Extrusionsraupen schichtweise aufeinander abgelegt werden. Durch die Extrusion mit spezifischem Schnellbeton wird die äußere Hülle oder Schalung erzeugt. Die dabei entstehenden Hohlräume werden in einem weiteren Prozessschritt mit Armierung versehen und mit kostengünstigem Beton aufgefüllt.

Eine klassische, jedoch interessante Applikation im architektonischen Umfeld bietet abschließend die Firma Fircone (www.fircone.eu) aus Bietigheim-Bissingen an. Hier wird es privaten Bauherren ermöglicht, vor der Errichtung des Traumhauses ein additiv hergestelltes Modell der Immobilie zu erwerben. Solche Architekturmodelle werden üblicherweise in Handarbeit mit stellenweise additiv erzeugten Elementen gefertigt. Durch diese Aufbaustrategie werden diese hochpreisigen Modelle hauptsächlich bei größeren Gebäuden und vornehmlich im öffentlichen Bereich genutzt. Weiterhin besitzen private Bauherren kaum dreidimensionale

Daten der Gebäude, sondern zweidimensionale Pläne. Dreidimensionale Daten werden in der Branche hauptsächlich für Visualisierungen und Vertriebszwecke erzeugt. Solche spezifischen Daten sind jedoch oft nicht für die additive Fertigung geeignet. An dieser Stelle setzt die Firma Fircone an. Sie übernimmt für ihre Kunden die Aufbereitung der Pläne in dreidimensionale, additiv fertigbare Daten. Die Hausmodelle werden komplett additiv über Fused Deposition Modeling (FDM) oder Selective Laser Sintering (SLS) hergestellt. Dadurch sind die Modelle im Gegensatz zu klassischen Architekturmodellen hoch belastbar und schnell verfügbar. Ein weiterer Unterschied ist, dass die Modelle von Fircone nicht nur die Fassade beinhalten, sondern über einen Steckmechanismus auch den detaillierten Innenraum der Stockwerke (vgl. Bild 10.11).

Bild 10.11 Additiv erzeugtes Architekturmodell mit steckbaren Stockwerken (Fircone 2019)

10.8.4 Die vierte Dimension

Mit dem sogenannten 4D-Printing bekommt die additive Fertigung dann zum Schluss noch die Zeit als zusätzliche Dimension. Der Begriff zielt jedoch nicht auf die eigentliche additive Fertigung ab, sondern auf die erzeugten Bauteile und ihre Fähigkeiten, die hauptsächlich über intelligente Materialien erzeugt werden. Vornehmlich wird hier das Fused Layer Modeling (FLM) eingesetzt, da die Möglichkeit besteht, gezielt Materialien im Bauteil zu kombinieren. Die vierte Dimension ist in diesem Zusammenhang die Selbsttransformation oder Formänderung der additiv erzeugten Objekte durch physikalische Aktivatoren. Diese Aktivatoren können Wasser, Licht, Feuchtigkeit, Wärme, Vibration oder auch Magnetfelder sein. Momentan befindet sich das 4D-Printing noch in der Forschungsphase und wird überwiegend für kleine Demonstratoren eingesetzt (vgl. Bild 10.12), jedoch sind viele Anwendungsmöglichkeiten in Zukunft denkbar:

- selbstanpassende Kleidung,
- Cochlea-Implantate für Gehörlose,

- Karosserietransformation zum Schutz des Passagiers während eines Unfalls,
- Klimatisierung durch intelligenten Sonnenschutz,
- Schläuche, die auf Wasser reagieren und somit als Pumpsystem fungieren,
- Minimierung der Produktgröße durch Entfaltung beim Kunden,
- Textilien, die sich dem Wetter anpassen.

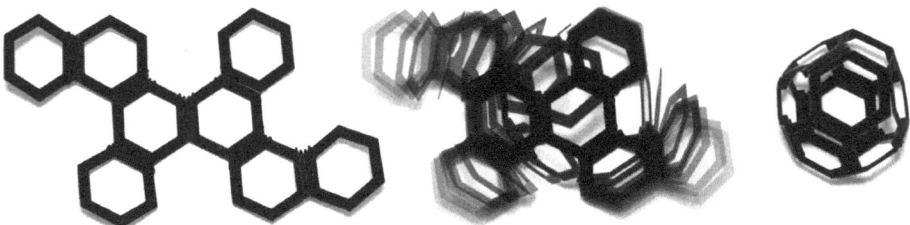

Bild 10.12 4D-Printing-Demonstrator aus Formgedächtnis-Kunststoff
(Self-Assembly Lab, MIT, Stratasys, Autodesk 2019)

■ 10.9 Die wichtigsten Punkte in Kürze

- Die Strategie, dreidimensionale Objekte über zweidimensionale Schnitte dieser zu erzeugen, ermöglicht der additiven Fertigung ein adaptives und vielseitiges Einsatzspektrum, welches bis heute noch nicht vollständig ausgeschöpft ist.
- Wird die Anlagenkapazität eines der größten additiven Dienstleiter in Europa betrachtet, liegt der Fokus auf den Kunststoffsystemen. Hierbei ist die Stereolithographie (SLA) noch Spitzenreiter, gefolgt von Selective Laser Sintering (SLS) und Fused Deposition Modeling (FDM). Jedoch sind aktuell auch Entwicklungen hinsichtlich kostengünstigerer Metallsysteme zu beobachten, was auf eine hohe Nachfrage schließen lässt.
- Additive Fertigung ist nicht bei jeder Applikation sinnvoll. Sollte das Produkt oder die Applikation einen der vier essenziellen Faktoren (vgl. Bild 10.13) aufweisen, sollte geprüft werden, ob additive Fertigung sinnvoll ist. Weist das Produkt oder die Applikation mehrere dieser Faktoren auf, erhöht sich die Wahrscheinlichkeit der sinnvollen additiven Fertigung bis hin zu dem Punkt, dass nur noch eine additive Fertigung möglich ist.

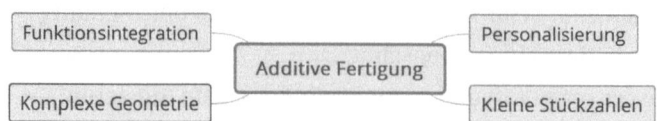

Bild 10.13 Produkt- und Applikationsfaktoren, die zu additiver Fertigung führen können (Fischer 2019)

Literatur

Fischer, A.; Gebauer, S.; Khavkin, E.: *3D-Druck im Unternehmen: Entscheidungsmodelle, Best Practices und Anwendungsbeispiele. Am Beispiel Fused Layer Modeling (FLM)*. Carl Hanser Verlag, München 2018

Fischer, A.; Rommel, S.; Verl, A.: *3D Printed Objects and Components Enabling Next Generation of True Soft Robotics*. In: Soft Robotics S. 198 – 208, Springer Verlag, Berlin, Heidelberg 2015

Zäh, M. F.: *Wirtschaftliche Fertigung mit Rapid-Technologien. Anwender-Leitfaden zur Auswahl geeigneter Verfahren*. Carl Hanser Verlag, München 2014

Gebhardt, A.: *Generative Fertigungsverfahren: Additive Manufacturing und 3D-Drucken für Prototyping – Tooling – Produktion*. Carl Hanser Verlag, München 2013

Jäger, H./Hauke, T.: *Carbonfasern und ihre Verbundwerkstoffe. Herstellungsprozesse, Anwendungen und Marktentwicklung. Die Bibliothek der Technik, Band 326*. Verlag Moderne Industrie, Landsberg 2010

Gebhardt, A.: *Rapid Prototyping. Werkzeuge für die schnelle Produktentstehung*. Carl Hanser Verlag, München 2000

Fischer, A.: *Thermoplaste: 3D-Druck für die Produktion. Kunststoffe, 11/2015. Special: Rapid Manufacturing*. Carl Hanser Verlag, München 2015

Fischer, A., Rommel S., Bauernhansl, T.: *New Fiber Matrix Process with 3D Fiber Printer–A Strategic In-process Integration of Endless Fibers Using Fused Deposition Modeling (FDM.)* In: IFIP International Conference on Digital Product and Process Development Systems S. 167 – 175, Springer Verlag, Berlin, Heidelberg 2013

Internet

iSQUARED AG: *Generic Consumables and Services for 3D Printing*. URL: https://www.isquared.eu.com/de/. Abgerufen am 9.7.2019

University of Applied Sciences Upper Austria: *Festo Fast Factory (FFF)*. URL: https://www.fh-ooe.at/fileadmin/user_upload/wels/fakultaet/aktuelles/events/2016/docs/fhooe-wels-lernfabrik40_2016 1020.pdf. Abgerufen am 8.8.2019

Materialise NV: *Stereolithographie*. URL: https://www.materialise.com/de/manufacturing/3d-druck-technologien/stereolithographie. Abgerufen am 9.8.2019

BigRep GmbH: *BigRep Pro*. URL: https://bigrep.com/de/bigrep-pro/. Abgerufen am 9.8.2019

3Faktur: *Metall 3D-Druck*. URL: https://3faktur.com/metall-3d-druck-verfahren-anwendungen/#150277 5574554-64b54736-e42c. Abgerufen am 13.8.2019

Formy: *Custom Grips*. URL: https://formygrips.com. Abgerufen am 19.8.2019

NextGen: *Das individuelle Chefkoch-Messer aus dem 3D-Drucker*. URL: https://www.3dnetzwerk.com/das-individuelle-chefkoch-messer-aus-dem-3d-drucker/. Abgerufen am 19.8.2019

Neiff: *Tailor Made Chef Knives*. URL: http://neiff.ch/about. Abgerufen am 19.8.2019

3druck: *Gillette führt Razor Maker-Konzept für anpassbare 3D-gedruckte Rasierergriffe ein.* URL: https://3druck.com/drucker-und-produkte/gillette-fuehrt-razor-maker-konzept-fuer-anpassbare-3d-gedruckte-rasierergriffe-ein-4576644/. Abgerufen am 27.8.2019

Kumovis: *Neuartige Komplettsysteme für medizinischen 3D-Druck.* URL: https://www.kumovis.com/de/. Abgerufen am 28.8.2019

Mercuris: *Die Digitalisierung der Prothetik und Orthetik.* URL: https://www.mecuris.com/. Abgerufen am 28.8.2019

Formlabs: *Digitale Arbeitsprozesse in der Zahnmedizin mit Formlabs.* URL: https://formlabs.com/de/industries/dental/. Abgerufen am 28.8.2019

Rice University: *Organ bioprinting gets a breath of fresh air.* URL: https://engineering.rice.edu/news/organ-bioprinting-gets-breath-fresh-air. Abgerufen am 29.8.2019

Procusini: *3D Food Printing System – Für Hotel, Catering, Event-Gastronomie und Konditorei.* URL: https://www.procusini.com/?lang=de. Abgerufen am 29.8.2019

Queen Mary University: *Additive Manufacturing with Liquid Latex and Recycled End-of-Life Rubber.* URL: https://www.liebertpub.com/doi/full/10.1089/3dp.2018.0062. Abgerufen am 29.8.2019

Detail: *Beton-3D-Druck auf der Baustelle.* URL: https://www.detail.de/artikel/beton-3d-druck-auf-der-baustelle-29487/. Abgerufen am 29.8.2019

Management Circle: *3D-Druck war gestern, die Zukunft gehört dem 4D-Printing!.* URL: https://www.management-circle.de/blog/4d-printing/. Abgerufen am 29.8.2019

Index

Die Herausgeber und Autoren

■ Die Herausgeber

Dr. Michael Lang ist als Führungskraft bei einem der größten IT-Dienstleistungsunternehmen Europas tätig. Zudem ist er Lehrbeauftragter für Projekt- und IT-Management sowie Herausgeber von über 20 Fachbüchern. Vor seiner aktuellen Tätigkeit war er unter anderem als IT-Inhouse-Consultant bei einem internationalen Unternehmen der Automobilindustrie beschäftigt.

Michaela Müller ist Führungskraft bei einem der größten IT-Dienstleistungsunternehmen Europas. Vor ihrer aktuellen Tätigkeit war sie mehrere Jahre in verschiedenen Führungspositionen bei einem Handelsunternehmen tätig.

■ Die Autoren

Dr. Thomas Barton ist Professor für Informatik an der Hochschule Worms. Nach Studium und Promotion an der TU Kaiserslautern war er zehn Jahre bei der SAP AG tätig. Seit 2006 arbeitet er an der Hochschule Worms als Professor für Informatik mit Schwerpunkt Wirtschaftsinformatik. Seine Tätigkeitsschwerpunkte liegen in den Bereichen Entwicklung betrieblicher Anwendungen, E-Business und Cloud-Computing. (E-Mail: barton@hs-worms.de, Web: www.prof-barton.de)

Prof. Jens Döring ist Gründer des Ulmer Büro 2av mit Fokus auf Gestaltung und Produktion digitaler Exponate und digitaler Produktentwicklung. Seit 2012 ist er Professor für Interaktionsgestaltung und Internet der Dinge – Gestaltung vernetzter Systeme an der Hochschule für Gestaltung Schwäbisch Gmünd.

Prof. Andreas Fischer studierte Industriedesign an der Bauhaus Universität Weimar und Produktentwicklung an der Hochschule Pforzheim. Als Inventor des 3D-Fibre-Printers und des damit verknüpften 3D-Robotic-Printing gründete er 2018 das Unternehmen Syncree, welches sich mit dem 3D-Druck von Möbeln beschäftigt. (E-Mail: fischer@syncree.com)

Prof. Dr. Michael Gröschel ist Wirtschaftsinformatiker an der Fakultät für Informatik an der Hochschule Mannheim. In Forschung und Lehre beschäftigt er sich seit vielen Jahren mit Themen des Geschäftsprozessmanagements und dem sinnvollen Einsatz von IT in Unternehmen im Rahmen neuer Geschäftsmodelle. Daneben arbeitet er als Trainer mit dem Schwerpunkt auf Geschäftsprozessmodellierung in BPMN. (E-Mail: groeschel@taxxas.com, Web: www.taxxas.com)

Prof. Dr. Bernd Heesen ist seit 2004 Professor für Wirtschafts-informatik an der Hochschule Ansbach und beschäftigt sich in seinem Schwerpunkt mit betrieblichen Informationssystemen, insbesondere Business Intelligence und Big Data Analytics. Vor seinem Wechsel an die Hochschule war er elf Jahre in der Unter-nehmensberatung tätig, zuletzt als Präsident der SAP SI America. Er ist weiterhin beratend tätig und bietet Workshops besonders zu Business Analytics an. (E-Mail: bernd@prescient.pro)

Prof. Dr.-Ing. Sandro Leuchter hat die Professur für verteilte und mobile Anwendungen der Fakultät für Informatik der Hochschule Mannheim inne und leitet das Steinbeis-Transferzentrum Verteilte und mobile Anwendungen. Vorher war er u. a. Dekan der Fakultät Kommunikation und Umwelt der Hochschule Rhein-Waal und Head of Software Engineering and Infrastructure Software bei Atlas Elektronik. (E-Mail: sandro.leuchter@dama.io, Web: www.dama.io)

Prof. Dr. Anett Mehler-Bicher ist seit 2002 Professorin für Wirtschaftsinformatik an der Hochschule Mainz. Zu ihren Forschungsschwerpunkten zählen innovative Mensch-Maschine-Interaktion, E-Business, insbesondere Geschäfts- und Preismodelle sowie Geo-Business-Intelligence-Lösungen. Seit 2008 berät sie Unternehmen hinsichtlich Augmented Reality.

Prof. Dr. Andreas Mitschele lehrt und forscht im Bereich Digital Business Management an der Dualen Hochschule Baden-Württemberg in Stuttgart. Er ist Diplom-Wirtschaftsingenieur und promovierte am Karlsruher Institut für Technologie (KIT) zu Anwendungen intelligenter IT-Methoden. Sein Fokus sind disruptive Technologien wie Blockchain und Künstliche Intelligenz sowie deren Implikationen auf Geschäftsmodelle. (E-Mail: andreas.mitschele@dhbw-stuttgart.de)

Prof. Dr. René Peinl promovierte im Bereich Wissensmanagement, ist seit 2010 Professor im Lehrgebiet Architektur von Web-Anwendungen an der Hochschule Hof und forscht am dortigen Institut für Informationssysteme im Bereich Systemintegration. Er versteht sich als Generalist und sucht Herausforderungen an der Schnittstelle zwischen Informatik und anderen Disziplinen.

Prof. Dr. Klemens Schnattinger ist Professor und Studiengangsleiter für Data Science an der Dualen Hochschule Baden-Württemberg und promovierte zum Thema „Text Mining". Er führt KI-Projekte zu Themen wie Sentiment-Analyse deutscher Banken, De-Identifikation personenbezogener Daten und Klassifikation von Tickets in Helpdesk-Systemen durch. (E-Mail: schnattinger@dhbw-loerrach.de)

Lothar Steiger ist seit 1985 Lehrkraft für besondere Aufgaben insbesondere für Wirtschaftsinformatik an der Hochschule Mainz. Seine Forschungsschwerpunkte sind IT-gestützte empirische Analysen und Augmented Reality. Seit 2008 berät er hierzu Unternehmen.

Prof. Dr. Irene Weber ist Diplom-Informatikerin und seit 2010 Professorin an der Fakultät Maschinenbau der Hochschule Kempten. Sie befasst sich mit Informationssystemen und Digitalisierung in Industrieunternehmen mit besonderem Interesse für Kollaboration, Wissensmanagement, Anwendungsintegration, Künstliche Intelligenz und Open Source.

Prof. Dr.-Ing. Markus Weinberger ist seit 2016 Professor im Studiengang Internet der Dinge der Hochschule Aalen. Davor hat er seit 2012 das Bosch Internet of Things Lab an der Universität St. Gallen und der ETH Zürich aufgebaut und geleitet. Er hat diverse Artikel zum Internet der Dinge und zu digitalen Geschäftsmodellen publiziert. Seit 2013 beschäftigt er sich zudem intensiv mit Blockchain-Technologie.